기후의 힘

기후의 힘

기후는 어떻게 인류와 한반도 문명을 만들었는가?

박정재 지음

바다출판사

　기후는 끊임없이 변화하면서 지구 생태계에 영향을 미친다. 다행히 지구의 자기 조절 능력은 생각보다 뛰어나다. 기후 변화에 의해 고등 생물의 생존이 위협받을 정도로 생태계가 변하는 경우는 흔치 않다. 간혹 급속한 기후 변화가 가져오는 충격으로 대규모 교란이 발생하기도 하지만 대부분 다시 회복된다. 또한 기온이 상승하면 식물의 생산성이 증대되듯이 이러한 변화가 긍정적인 효과를 가져올 때도 있다. 그러나 변화가 진행되는 동안 모든 생물은 불가피하게 고통을 겪는다. 변화의 결과가 설사 긍정적으로 나타나더라도 생물은 변화에 적응하기 위해 이전의 생활 방식을 바꿔나가는 수고를 감당해야 하기 때문이다. 그 과정이 원활하지 않으면 도태될 수밖에 없으며, 그 변화가 급격하다면 도태의 가능성은 더욱 커진다.

　기후 변화는 오랫동안 인류의 발전을 저해해온 걸림돌이었다. 인류는 과거 이 방해물이 나타날 때마다 우회해야 했다. 지금은 달라졌다. 우리는 산업혁명 이후 축적된 과학 기술 덕분에 기후 변화에 적절히 대처할 수 있는 시대에 살고 있다. 그러나 인간은 스스로 이룩한 발전의 긍정적 성과를 충분히 활용하지 못한 채 무분별한 욕심에 휘둘리면서 기후 변화의 보폭을 키우고 있다. 지금부터라도 지구 온난화라는 걸림돌을 차근차근 치워나가야 한다. 이를 소홀히 해 지구의 자정 능력까지 무력화되면 우회로까지 막혀 오도 가도 못하는 신세가 될 수 있다. 그렇다면 어디서부터 어떠한 방법으로 걸림돌을 치워야 가장 효과적일까? 그 순서와 방법을 결정하려면 무슨 자료에 어떻게 의지해야 할까?

* * *

최근 인문학과 과학을 통합해 지구와 인류의 역사를 밝히는 '빅히스토리Big History'가 관심을 끌고 있다. 관련 학계에서는 빅히스토리가 문헌을 무시하고 과학적 분석에 치중한다는 비판도 존재하지만, 그 인기는 점점 오르고 있다. 빅히스토리는 역사학에서 처음 파생된 개념이지만 인문학에 속한다고 보기는 어려울 듯하다. 역사학 외에도 천문학, 지질학, 기상학, 해양학, 생물학, 인류학, 고고학, 지리학 등 다양한 학문이 서로 얽혀 진행되는 학제 간 연구인 빅히스토리는 거시적인 관점에서 인류가 나아갈 방향을 알려준다. 빅히스토리의 관점에서 충분한 근거와 논리적인 추론을 토대로 생산된 정보의 가치는 무궁무진하다. 융합적 사고에 기반한 빅히스토리 연구는 지속 가능한 미래 구축에 필요한 정보를 생산한다는 점에서 과거를 다루지만 미래지향적이다. 역사학으로 충분하다고 생각하는 사람도 있을 것이다. 그러나 역사학의 영역에서 주로 다루는 것은 인간이며 환경에 대한 관심은 극히 제한된다. 빅히스토리가 보여주는 과거의 사례들을 통해 우리는 현재를 충분히 누리면서도 미래의 변화에 불안해하지 않고 현명하게 대처할 수 있다.

인간에게 환경 변화는 매우 위협적인 변수다. 과거에 그러했고 미래에도 그럴 것이다. 미래의 향상된 과학 기술로도 기후 변화가 가져올 파장을 막기에는 역부족일 것이다. 만약 지구상에서 인류가 사라진다면 환경 변화가 그 원인일 가능성이 크다. 시간이 흐를수록 환경에 대한 관심이 점점 높아질 수밖에 없는 이유다. 그러나 무작정 수많은 시간과 비용을 투입하는 일은 효율적이지 않다. 환경 변화에 대비해 미래를 모의하기 위해서는 우리는 과거를 참조해야 한다.

이런 측면에서 우리나라의 환경사 연구가 상대적으로 미진하다는 사실은 매우 안타깝다. 서양과 비교해 우리뿐 아니라 중국 서부를 제외한 동북아시아(중국 동부, 일본, 한국, 대만 등) 전체의 관련 자료는 부족한 편이다. 이는 이 지역에서 과거 환경을 복원할 수 있는 시료를 찾기 어렵다는 점에서 기인하는데, 기후가 양호한 중위도 지역에 오래전부터 인간이 거주해 고환경 연구에 주로 활용되는 호수 퇴적물이 대부분 교란되었기 때문이다.

그래도 일본이나 중국 동북부의 몇몇 자연 호수 밑바닥에는 소위 바브varve라 불리는 연층年層 퇴적물이 존재한다. 두 나라의 학자들은 이를 이용해 과거의 기후 및 식생의 변화를 상당히 정확하게 복원해내고 있다. 한편 우리나라는 적절한 시료 확보의 어려움과 고기후 변화에 대한 관심이 부족해 관련 연구가 상당히 지체된 편이다. 최근까지도 우리 학계에서는 한반도의 고환경을 설명할 때 중국이나 일본 자료를 활용해왔다. 그러나 최근 연구 결과에 따르면 동북아 지역 내에서도 기후 변화의 경향은 위도의 차이 및 해양과의 거리에 따라 국지적으로 상당히 다른 양상을 보인다. 이런 사실은 우리의 환경사 그리고 그와 관련된 인류사를 복원하는 데 한반도의 분석 자료가 꼭 필요하다는 점을 시사한다.

최근 우리나라에서도 습지 퇴적물 분석을 통해 상당한 양의 고환경 자료가 축적되고 있다. 지금까지 확보된 자료들의 양이나 질을 고려할 때, 이제는 개별적으로 제시된 자료들을 통합해 한반도의 전체적인 환경사를 복원할 때가 되었다. 이는 필자가 이 책의 집필을 결심하게 된 개인적인 이유기도 하다. 물론 자료의 해상도나 연대의 정확성을 고려할 때 그 과정에서 일부 추정은 불가피할 것이다. 한반도의 환경사와 관련된 연구 주제는 생각 외로 다양하다. 여전히 논란 속에서 결론에 이르지 못한 주제들도 상당히 많다. 이 책에서는 한반도에 인류가 유입된 이후의 환경사를 다룬다. 인류의 이동과 한반도의 인간 거주 역사, 농경의 기원과 전파, 한반도 과거 기후 변화, 기후 변화와 고대 사회 성쇠 등의 내용을 이 책에서 만나볼 수 있을 것이다.

앞에서 언급했듯이 특정 지역의 과거 환경 변화를 복원하기 위해서는 국지적 자료가 꼭 필요하다. 더불어 그 변화 과정의 동인을 정확히 알고 싶다면 다른 지역의 환경 변화도 전체적으로 파악하고 있어야 한다. 마침 과거 환경에 대한 연구가 관심을 끌면서 세계 전역에서 고환경 자료는 폭증하고 있다. 그러나 자료가 많으면 많을수록 신뢰할 만한 것들을 찾아 정리하는 작업은 더욱 고되기 마련이다. 이 책에서는 전 세계에서 보고된 과거 환경 변화 자료를 선별해 정리했고, 그 변화가 인류에 미친 영향을 살펴보았다. 그리고 전 세계의 변화를 배경으로 놓고 한반도 기후 변화의 동인과 환경사를 기술했다.

* * *

20세기 초만 해도 지리학계에서는 과거 문명의 성쇠가 대부분 기후에 의해 결정되었다는 환경 결정론적 시각이 팽배했다. 이러한 시각을 견지한 대표적인 학자로《문명과 기후Civilization and Climate》(1915)를 쓴 미국의 엘스워스 헌팅턴Ellsworth Huntington을 들 수 있다. 이후 과거 사회를 연구하는 데 환경 결정론적 접근 방식은 빠르게 인기를 잃었다. 문화·역사지리학자들은 인간의 역할을 더 중요하게 생각했고 환경 결정론적 연구가 갖는 논리적 비약을 경계했다. 오랜 기간 기후 변화와 같은 환경 문제는 고대 사회의 부침에 영향을 미친 여러 요인 가운데 하나일 뿐이라는 견해가 전반적으로 우세했다.

그러나 최근 분위기가 점차 바뀌고 있다. 기후 변화가 고대 사회의 성쇠를 결정했다는 연구 결과들이 속속 보고되고 있다. 환경 결정론적 접근이라고 터부시하기에는 무척 정교하다. 결과가 과거보다 정확해지고 다양한 종류의 고기후 프록시 자료가 생산되면서 환경 결정론적 해석이 다시금 힘을 얻고 있다. 과학 기술이 제대로 무르익기 전, 기후의 급격한 변화가 고대 사회에 준 충격은 가히 상상 이상이었을 것이다. 이러한 가정을 부인하기란 쉽지 않다. 그렇다면 미래는 어떠할까? 과연 우리는 개선된 과학 기술의 힘으로 기후 변화의 파도를 헤쳐나갈 수 있을까?

한반도를 포함한 동북아시아 지역은 인구 밀도가 매우 높은 지역으로, 미래의 기후 변화나 자연재해에 더욱 취약하다고 봐야 한다. 따라서 한반도의 환경사는 우리뿐 아니라 전 세계에서 관심을 가질 만한 주제다. 한편 우리가 미래 환경 변화에 적절하게 대처하기 위해서는 아무래도 한반도의 먼 과거보다는 가까운 과거에 대한 정보가 더 필요할 것이다. 이 책에서는 주로 한반도로 사람들이 최초로 이동한 후의 환경사를 다룬다. 대략 2만 년 전의 최종빙기 최성기 이후가 주된 시간적 배경이다. 지구의 장구한 역사에 비추어볼 때 매우 짧은 기간이다. 앞에서 중요성을 강조하며 여러 차례 언급한 빅히스토리의 아주 일부만을 다룬다고 할 수 있다. 그러나 이 짧은 기간 동안 인간은 지구 생태계에 막대한 영향을 미치는 핵심 요인으로 자리매김했다. 인류의 생존과 관련된 환경 문제에 대한 결정을 내려야 할 때, 이 기간에 대한 정보는 필수 불가결한 참고 자료가 될 것이다.

* * *

이 책의 1부에서는 인류의 진화 과정과 이주 역사에서 과거 기후 변화가 미친 영향을 살펴본다. 동시에 우리가 흔히 플라이스토세라고 부르는 빙하기에 대해 자세히 알아본다. 2부에서는 플라이스토세가 끝날 무렵부터 나타나기 시작한 지구 환경의 변화를 살펴볼 것이다. 자연적인 기후 변화에 의한 해수면 변동과 동식물상 변화 그리고 인위적인 농경 행위에 따른 생태계의 교란을 돌아본다. 3부에서는 홀로세 기후 변화를 일으킨 원인을 검토하고 기후 변화가 농경을 기반으로 문명을 완성해가던 인류에 미친 영향을 시기별로 살펴본다. 4부에서는 지구 온난화의 실체를 파헤쳐본다. 또한 앞서 살펴본 과거 사례들에 기반해서 기후 변화의 위험성을 진단하고 우리가 취할 수 있는 대처 방안도 함께 탐색해 볼 것이다.

그럼 이제 과거로 돌아가 인류의 최대 난제였던 기후 변화의 속성을 들여다보면서, 기후가 실제로 인간 사회의 성쇠를 좌우했는지, 또 인간은 거대한 기후 변화에 어떻게 맞서왔는지 등 흥미로운 질문에 대한 답을 구해보자. 책 전체를 관통할 시간 여행의 시작은 아프리카에서 인류가 진화되어 나오는 순간이다.

2021년 10월
박정재

프롤로그 5

1부   빙하기와 인간

1장   기후 변화, 인류의 진화를 추동하다   19
기후 변화와 인류의 이동

2장   빙하기란 무엇인가   42
제4기의 기후 변화

3장   지구에 엄청난 추위가 밀려들다   78
최종빙기 최성기

2부   변화와 교란

4장   빠르게 따뜻해지는 지구   99
만빙기의 변화

5장   끊임없이 변화하는 해안선   112
홀로세 해수면 변동과 한반도 신석기인의 흔적

6장   거대 동물이 갑자기 사라지다   125
대형 포유류 멸종 미스터리

7장   자연을 길들이다   143
농경의 시작

3부 기후 변동과 인간의 대응

8장   대홍수와 함께 다시 찾아온 강추위   171
      8.2ka 이벤트

9장   생태계가 풍요로워지다   182
      홀로세 기후최적기

10장 흑점 수 변동이 가져온 파장   194
      태양 활동의 변화와 홀로세 기후

11장 가뭄과 고대인의 수난   207
      홀로세 후기의 대가뭄과 고대 사회의 대응

12장 작은 기후 변화가 인간 사회를 뒤흔들다   230
      중세 온난기와 소빙기

4부 기후 변화와 미래

13장 지구 온난화는 허구인가?   263
      온실 기체와 기온 상승

14장 지구를 위협하는 변화의 증후들   287
      무엇이 기후 변화를 추동하는가?

에필로그 308
감사의 글 312
참고문헌 314
이미지 출처 347
찾아보기 348

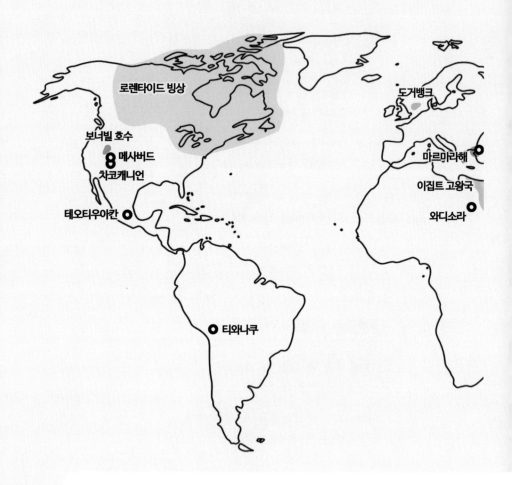

단위: 만 년 전

제4기					
플라이스토세(빙하기)					
	이미안 간빙기			최종빙기 최성기	만빙기
260	13.5	11.5	2.4	1.9	1.47

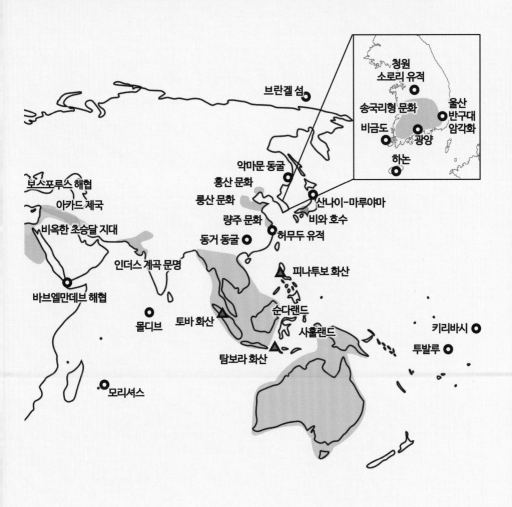

제4기					
		홀로세			
뵐링-알레뢰드	영거 드라이아스기		홀로세 기후최적기		소빙기
1.28	1.17	0.9	0.5	기원후 1350년	1850년

일러두기

1. 본서는 국립국어원 한국어 어문 규범을 따랐고, 외래어의 경우 외래어 표기법(문화체육관광부 고시 제2017-14호)을 따랐다. 단, 외래어의 경우 이미 익숙한 지명 및 기관 명칭은 관례에 따랐다.

2. 단행본과 정기간행물 등은 겹꺾쇠(《 》)로 표기했으며, 논문·기사·단편·시·장절 등의 제목은 홑 꺾쇠(〈 〉)로 표기했다.

3. 본서에서 지명과 기관, 단체 등의 명칭을 표기할 때 대체로 원어를 음차하였으며, 번역어가 익숙 한 경우 우리말로 번역하였다.

4. 본문에서 * 표시로 된 각주는 해당 내용에 관한 부가 설명이며, 번호로 표시된 미주는 해당 내용 의 출전 및 참고문헌으로 책 말미에 번호에 맞춰 기재했다.

5. 생물명 중 라틴어 학명은 기울임체로 표시하였다.

6. 각종 단위 기호는 한글로 표시하였고, 온도의 표시는 섭씨를 기준으로 하였다.

1부

빙하기와 인간

1장

기후 변화, 인류의 진화를 추동하다

기후 변화와 인류의 이동

중생대 백악기 말의 운석 충돌에 따른 환경 변화로 공룡이 멸종한 후, 지구는 온화한 제3기로 접어들었다. 그러나 제3기 후반부 마이오세부터 기온이 점차 하강해 지구에는 빙하가 나타나기 시작했다. 이후 플라이오세를 거쳐 제4기가 시작되면서 기온은 더욱 떨어졌다. 낮아진 기온 탓에 지구의 빙하는 거대해졌다. 제4기는 우리가 흔히 빙하기라 부르는 시기다.

기후 변화와 직립보행

중앙아프리카 차드에서 화석이 발견된 사헬란트로푸스 차덴시스Sahelanthropus tchadensis와 동아프리카 케냐에서 확인된 오로린 투게넨시스Orrorin tugenensis는 고인류 학계에서 최초의 인류 후보로 꼽

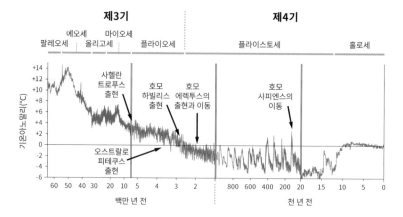

그림 1.1 지질 시대 기후 변화와 인류 사헬란트로푸스와 오스트랄로피테쿠스의 출현은 기후가 건조해지면서 아프리카 초원이 확대된 것이 원인이었던 것으로 보이며, 호모 에렉투스의 이동은 점차 건조해지는 기후 환경을 극복하기 위함이었다. 반면 호모 사피엔스의 경우, 이미안 간빙기에 온화해진 기후로 유라시아로 건너갈 수 있는 통로가 조성된 것이 이동의 계기였을 것으로 추정된다. Y축(기온아노말리)은 과거 기온과 최근 30년의 연평균 기온(1960~1990년) 차이를 보여준다.

는 종들이다. 특히 오로린은 넓적다리뼈의 형태가 직립보행의 특징을 갖추고 있어 인류의 최초 조상일 가능성이 크다. 이들이 아프리카에서 처음 등장했을 때는 대략 700만~600만 년 전으로 지구의 한랭화가 시작되던 마이오세 말이다(그림 1.1). 기후 변화는 이 최초의 인류가 인간-침팬지의 공통 조상으로부터 분기한 뒤 초기의 직립보행 기능을 얻게 되는 과정에서 핵심적인 역할을 했다.[1] 당시 아프리카에서는 기후가 눈에 띄게 건조해지면서 빠른 속도로 환경 변화가 나타나고 있었다. 숲은 감소했고 사바나 지역은 늘어났다.

축소되던 숲의 주변부에서 나무 열매에 의지하며 살아가던 인류의 조상 중 일부가 사바나 지대로 내려왔다. 먹을거리를 두고 벌이던 경쟁에서 밀렸거나 아니면 모험심이 강한 개체였을 수 있다. 이들은 기후 변화로 나타난 새로운 환경에 적응하기 위해 직립보행을 시작하게 된다. 사바나 환경에서는 두 발로 서서 움직일 수 있는 능력을 갖춘 동물이 유리했다. 숲보다 먹을거리가 부족한 사바나 지대에서 살아남으려면 훨씬 많이 움직여야 했기 때문이다. 장거리 이동을 할 때는 네 발로 걷는 것보다는 두 발로 걷는 것이 에너지 소비 측면에서 효율적이다.[2] 또한 사바나 지대에서 채집할 거리를 찾거나 곳곳에 도사리고 있는 맹수를 피하기 위해서라도 두 발로 서서 시야를 확보하는 것이 유리했다.

오스트랄로피테쿠스 아파렌시스*Australopithecus afarensis*는 거의 완전한 형태로 출토된 인골 덕분에 우리에게 비교적 잘 알려져 있다. '루시'라는 이름이 붙은 이 인골은 대략 390만 년에서 320만 년 전 사이에 살았던 한 여성의 뼈대로 추정된다. 루시의 뼈 형태에서 드러나듯이 오스트랄로피테쿠스는 확실히 두 발로 서서 돌아다닐 수 있었다. 기후가 지속적으로 건조해지면서 오스트랄로피테쿠스는 숲이 사라진 자리로 비집고 들어오는 사바나 식생에 적응해야 했다. 이들은 부드러운 열매가 아닌 질긴 풀, 뿌리, 씨앗을 주식으로 삼았다. 당시 오스트랄로피테쿠스는 사냥을 하지 못했으므로 맹수들이 먹고 남긴 동물의 썩은 시체는 이들의 중요한 단백질 공급원이었다. 오스트랄로피테쿠스의 턱뼈는 식물을 잘게 부수기에는 좋았지만 살코기를 물어뜯기에는 적합하지 않았다. 이들은 동물 뼈에 붙어 있는 고기를 떼 토막 내기 위해서라도 도구를 사용해야 했다. 인류가 도구를 사용한 역사는 장구하다.

이후 약 280만 년 전, 호모 속의 첫 단계인 호모 하빌리스*Homo habilis*가 아프리카에서 모습을 드러냈다. 이어 190만 년 전에는 호모 에르가스테르*Homo ergaster**와 호모 에렉투스*Homo erectus*가 출현했다.

호모 에렉투스는 오스트랄로피테쿠스보다 어금니 크기가 확실히 작았다. 성분이 부드러운 뿌리 열매 혹은 고기를 지속적으로 먹으면서 나타난 결과였다. 죽은 동물의 살코기는 오랫동안 고인류에게 단백질을 제공하는 중요한 먹을거리 가운데 하나였지만, 다른 동물과의 경쟁 속에서 원하는 만큼 확보하기란 쉽지 않은 일이었다. 이에 호모 에렉투스는 수동적인 청소부 역할에서 벗어나 적극적인 수렵 활동을 펼치는 전문 사냥꾼으로 변모하게 된다.

호모 에렉투스는 사냥감을 쫓아 아프리카를 빠져나와 유라시아는 물론 멀리 인도네시아까지 진출했다. 동남아시아까지 퍼져나간 호모 에렉투스의 장거리 이동은 직립 원인을 뜻하는 '에렉투스erectus'라는 명칭에서 보듯이 두 발로 보행하면서 에너지 소비량이 크게 감소했기 때문에 가능한 일이었다. 그러나 직립보행은 이미 오래전, 즉 오스트랄로피테쿠스 이전에 이루어진 변화였으므로 직립한 사람이라는 뜻인 호모 에렉투스라는 학명은 그리 정확해 보이지 않는다. 물론 호모 에렉투스가 엉덩이뼈와 다리뼈 등의 진화를 통해 에너지 측면에서 이전 고인류보다 효과적으로 장거리를 이동할 수 있던 것은 사실이다.[3]

또한 이들은 두 발로 걸으면서 부수적으로 손과 팔의 자유를 얻었다. 자유로워진 손으로 채집 도구나 무기를 사용할 수 있게 되면서 식량을 확보하기가 더 쉬워졌다. 도구로 가공된 음식물을 섭취함에 따라 영양분의 흡수율은 높아졌다. 직립보행 덕에 손짓을 이용한 의사소통이 상시 이루어지면서 동료와의 협업 수준이

---

* 아시아와 아프리카에서 확인되는 호모 에렉투스 간에 차이가 확인되면서 아프리카의 호모 에렉투스를 호모 에르가스테르라는 별도의 종으로 구분해 부르고 있다. 호모 에르가스테르를 호모 에렉투스의 선조로 보는 시각도 존재한다.

올라갔다. 무엇보다 정확한 소통에 기반한 긴밀한 협동 덕에 대형 동물을 사냥할 수 있게 되었다.

직립보행과 함께 초기 인류의 뇌 기능 또한 크게 상승했다. 이전에 먹을거리 확보와 소화에 투입되던 에너지의 일부를 뇌로 돌릴 수 있게 되었기 때문이다. 사바나 지역에 서식하던 대형 포유류의 사냥을 위해 협업이 일상화되고 상호 교류가 활발해진 것도 뇌의 용량이 점차 커지는 방향으로 진화하는 데 일조했다.[4] 무엇보다 제4기 빙하기의 혹독한 환경에서 살아남기 위한 생존 본능은 호모 속의 뇌 기능을 폭발적으로 향상시켰다. 그들은 뇌의 발달로 몸동작과 함께 표정까지 다양해졌고, 결국 언어를 구사하는 단계에 다다르게 된다. 인간은 다른 동물보다 상대적으로 우월한 뇌를 지녔기 때문에 지구에서 가장 강한 동물로 자리매김할 수 있었다. 인간의 뇌 발달은 결국 기후 변화가 인간의 직립보행을 유도하고 생존 본능을 일깨운 결과로 창출된 것이라 할 수 있다. 이렇듯 기후는 인류의 기원과 진화에 지대한 영향을 미친 요인이었다.

낮아진 해수면과 인류의 장거리 이동

몸의 진화 덕에 호모 에렉투스는 장거리 이동을 할 수 있게 되었지만, 그것이 호모 에렉투스가 아프리카를 탈출해 전 세계로 퍼져나간 이유가 될 수는 없다. 진화는 광범위한 확산의 필요조건이지, 충분조건은 아니다. 호모 에렉투스는 왜 이동하기 시작했을까? 사바나 식생이 확장하면서 인류의 조상이 처음 두 발로 걷기 시작했던 것처럼 기후 변화로 인한 환경 변화가 호모 에렉투스를 자극했을 가능성이 있다. 호모 에렉투스가 출현하고 이동했던

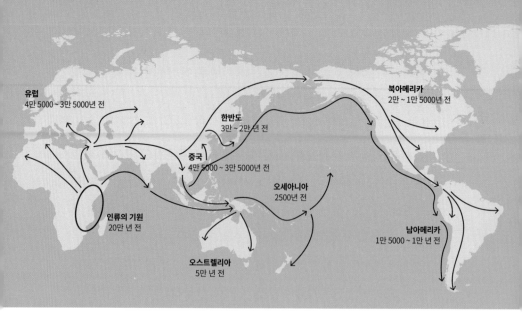

그림 1.2 호모 사피엔스의 주이동 경로

190만~160만 년 전은 지구가 빙하기로 진입한 후 지속적으로 기후가 악화되는 시기였다. 기후가 건조해지면서 먹을 것을 찾기 어려워진 호모 에렉투스는 생존을 위해 이동을 결심한다.[5,6] 또한 기온 하강으로 해수면이 낮아지면서 도보로 홍해를 통과해 아프리카를 빠져나오는 것이 가능했다는 점도 그들이 유라시아로 퍼져나갈 수 있던 한 요인이었다.[7]

한편 최근에는 호모 에렉투스나 호모 에르가스테르가 아프리카가 아니라 아시아에서 처음 기원한 후 아프리카로 유입되었을 가능성을 고려해야 한다고 주장하는 학자들이 늘고 있다.[8] 그들은 '아프리카 밖으로Out of Africa'라는 오랜 가설을 좀더 객관적으로 바라볼 필요가 있다고 생각한다. 최근 이 가설의 신빙성에 의구심을 갖게 만드는 예상 밖의 고인류학적 증거들이 확인되고 있기 때문이다.[9,10] 호모 에렉투스가 아시아에서 기원했다는 주장은 곧 호모가 아닌 오스트랄로피테쿠스가 아프리카에서 먼저 이동해 나와 아시아에 정착했고, 이들로부터 호모가 기원했을 가능성을 염두에 둔 것이다.

현 인류인 호모 사피엔스*Homo sapiens* 또한 아프리카에서 처음 나타난 이후 수차례에 걸쳐 유라시아 전역으로 퍼져나갔다. 호모 에렉투스의 기원과 관련해서는 앞서 봤듯이 이견이 존재하지만 호모 사피엔스가 아프리카에서 발원했다는 사실을 믿지 않는 사람은 거의 없다. 한편 호모 사피엔스의 이동은 호모 에렉투스의 경우와는 다른 조건에서 이루어졌다. 그들은 습윤해진 기후 덕에 사하라 사막의 일부가 스텝이나 사바나 식생으로 덮여 이동 통로가 확보될 때 움직였다.[11] 식생 지대를 따라 북부 아프리카를 건넌 후 홍해의 양 끝을 통해 아라비아 사막이나 레반트 지역으로 이동했다. 지구 자전축의 세차운동*에 의해 북반구에 유입되는 일사량이 증가하고 열대수렴대Intertropical Convergence Zone, ITCZ의 위치가 북쪽으로 이동한 시기가 12만 5000년 전, 10만 년 전, 7만 5000년 전, 5만 5000년 전, 3만 년 전이다. 대략 2만~2만 5000년 주기로 북부 아프리카 지역의 강수량은 늘어났고 아프리카와 중동의 사막은 축소되었다. 이러한 환경 변화는 호모 사피엔스의 이동 욕구와 모험심을 자극하기에 충분했다.

호모 사피엔스의 최초 이동이 언제 있었는지 그리고 몇 차례에 걸쳐 아프리카 밖으로 이동했는지에 대한 학계의 합의는 아직 이루어지지 않은 상황이다. 대략 11만~9만 년 전에 아프리카에서

---

* 지구의 자전축이 움직이지 않는 어떤 축의 둘레를 회전하는 현상을 의미한다. 팽이가 힘이 다해 쓰러지기 직전에 요동치며 도는 모습과 유사하다. 뒤에서 상술하겠지만 세차운동은 지구의 장기 기후 변화에 영향을 미친다.

1차 이동이 있었고, 이후 7만~5만 년 전에 2차 이동이 있었다고 보지만 아직 근거가 부족하다. 단 호모 사피엔스의 이동이 촉발된 계기를 세차운동에 따른 기후 변화로 보는 시각에는 여러 학자가 동조하고 있다.[12]

대략 7만 4000년 전, 인도네시아의 토바 화산에서 엄청난 폭발이 일어나 지구 생명체의 상당수가 사라진 적이 있었다. 토바 화산 폭발은 '여름이 사라진 해'로 잘 알려진 1815년의 탐보라 화산 폭발보다 100배 이상 위력적이었던 것으로 추정된다. 화산 폭발로 발생한 이산화황이나 먼지 등이 수증기와 결합해 대기 중에 거대한 막을 형성했다. 지표로 유입되는 태양 복사에너지의 양은 크게 감소해 당시 기온을 3~5도가량 낮췄다.[13] 당시의 토바 화산 폭발은 전 세계 호모 사피엔스의 이동을 가로막고, 그들의 생존에 중대한 위기를 가져온 대형 자연재해였다. 혹독한 환경 변화를 극복하고 살아남은 아프리카의 호모 사피엔스들은 약 7만 년 전 홍해 끄트머리의 바브엘만데브 해협을 건너 아라비아 반도로 넘어갔다. 이전에 아프리카를 빠져나와 유라시아로 건너간 고인류는 토바 화산 폭발이 가져온 기후 변화에 그 수가 크게 감소한 상태였다. 아프리카의 호모 사피엔스보다 위도가 높고 추운 지역에서 살아가던 네안데르탈인*Homo neanderthalensis*과 같은 구인류의 피해는 더욱 컸다.

13만~11만 년 전 아프리카 밖으로 첫발을 내디딘 호모 사피엔스는 당시 중동 지역으로 남하하던 네안데르탈인과 처음으로 조우했다. 다행스럽게도 첫 만남은 평화로웠던 것으로 보인다. 그러나 토바 화산 폭발 후 아프리카를 빠져나와 유럽까지 이동해 온 호모 사피엔스는 만만치 않았다. 게다가 대략 4만 년 전 이탈리아 나폴리 근처에서 발생한 연이은 화산 폭발과 급격한 기온 하락은 당시 호모 사피엔스와의 경쟁에서 밀리던 네안데르탈인에게는 치명적이었다. 결국 3만 9000년 전 네안데르탈인은 절멸에 이르게 된다. 흥미로운 점은 중동 지역에서 5만 4000~4만 9000년 전 사이에 호모 사피엔스와 네안데르탈인 간에 교잡이 있었다는 사실이다. 그 결과 우리 몸에는 네안데르탈인의 DNA가 2퍼센트가량 포함되어 있다.[14]

한편 아프리카를 빠져나온 후 계속 동쪽으로만 움직였던 호모 사피엔스 무리도 있었다. 그들은 이동 경로로 주로 해안을 선호했다. 아라비아 반도를 지나 인도의 해안선을 따라 동쪽으로 이동하던 호모 사피엔스들은 인도차이나 반도에 도달하자 사바나로 덮여 있던 내륙 안쪽으로 들어가기 시작했다. 오랜 기간 아프리카의 사바나 환경에 익숙한 호모 사피엔스에게 인도차이나 반도 남쪽으로 넓게 펼쳐진 사바나 지역은 해안 못지않게 손쉬운 이동 통로였다. 그들은 사바나 식생 지대를 관통해 당시 낮아진 해수면으로 아시아와 연결되어 있던 남쪽의 순다랜드까지 이동해 들어갔다. 그들이 순다랜드에 도달한 시기는 대략 6만 년 전~4만 5000년 전 사이로 추정된다.[15]

곧이어 그들은 순다랜드와 바다로 분리되어 있던 사훌 지역까지 건너갔다. 순다랜드와 사훌랜드의 경계부는 해심이 깊어 해수면이 낮았던 빙하기에도 뭍으로 드러나지 않았으며 동물의 이동이 거의 불가능했다. 그러나 당시 순다랜드의 인간들에게는 바다가 별다른 장애로 작용하지 않았던 모양이다.* 수만 년 전 초기 호모 사피엔스들이 배를 만들어 항해를 할 수 있었다니 그저 놀랍기만 하다. 그들이 이용한 배의 형태나 종류에 대해서는 전혀 알려진 바 없다. 당시 동남아시아에 광범위하게 분포한 대나무를 이용했을 가능성이 대두된다. 한편 사훌 지역으로 건너간 사람들은 그곳에서 고립되어 살아가던 여러 대형 포유류(유대류)의 멸종을 불러왔다. 오스트레일리아를 포함해 전 세계에서 나타난 대형 포유류의 멸종에 대해서는 뒤에서 좀 더 자세히 다룰 것이다.

사훌은 해수면이 낮아진 빙기에 오스트레일리아를 중심으로 북쪽의 뉴기니섬 그리고 남쪽의 태즈메이니아섬 사이의 대륙붕이 드러나면서 형성된 대륙의 이름이다. 순다랜드는 빙기에 육상부로 연결된 말레이 반도와 인도네시아의 섬들 그리고 그 사이사이에 지금은 바다 밑에 잠겨 있지만 당시에는 뭍으로 드러났던 부분을 포함하는 생물지리학적 지명이다. 빙기에 뭍으로 드러난 순다랜드의 저지대는 대부분 사바나 식생이 점유했고, 말레이 반도와 인도네시아의 섬들은 해수면 하강으로 지금보다 해발 고도가 높아져 산지를 이루었다. 이곳은 지형성 강우 덕에 강수량이 유지되어 건조했던 빙하기 때도 울창한 삼림으로 덮여 있었다. 공기 덩어리가 산 사면을 타고 고지대로 이동할 때에는 기온이 떨어지면서 구름이 쉽게 형성되므로 강수량이 많아진다.

호모 사피엔스, 한반도로 진입하다

그렇다면 최초로 한반도에 들어와 터를 잡고 살기 시작한 호모 사피엔스는 어디에서 왔을까? 아프리카에서 출발해 순다랜드

---

* 순다랜드와 사훌랜드가 서로 가까이 있음에도 두 지역에 분포하는 동물 간에는 큰 차이가 나타난다. 진화론의 숨은 창시자로 알려져 있는 러셀 월리스Russel Wallace는 이곳의 독특한 동물 분포에 많은 관심을 가졌다. 이후에 '다윈의 불도그'란 별명으로 유명한 토머스 헉슬리Thomas Huxley가 두 지역의 경계에 월리스선이라는 이름을 붙였다. 순다랜드와 사훌랜드의 경계부를 지시할 때는 월리시아Wallacea라는 명칭이 흔히 사용된다.

북부에 도착한 호모 사피엔스 중 일부는 북쪽으로 다시 이동해 동시베리아, 중국 북부, 만주 등에 정착했다(그림 1.3).[16,17] 그들이 북쪽으로 이동하던 때는 산소동위원소층서Marine Isotope Stage, MIS 3에 해당하는 시기로, 빙기치고는 비교적 따뜻했다. MIS는 깊은 바다 밑 퇴적물 속에 침전된 유공충** 껍질의 산소동위원소를 분석하고 기후를 추정한 후 그 결과를 토대로 제4기를 시대 구분한 것이다. 구분이 모호한 경우가 많아 보통 장기간의 기후를 대략적으로 기술할 때 활용된다. 산소동위원소층서 뒤에 붙는 숫자는 추웠던 시기와 따뜻했던 시기를 번갈아 지시한다. 예를 들어 MIS1과 MIS3은 따뜻했고 MIS2와 MIS4는 추웠다.

순다랜드에서 북상해 중국 북부와 만주에서 살아가던 수렵·채집민은 얼마간의 시간이 흐른 후 남쪽으로 재차 확장한다. 그중 만주의 수렵·채집민 중 일부가 대략 3만 년 전에서 2만 년 전 사이에 한반도로 들어온 것으로 보인다. 이들의 남하는 아마도 당시 차가워진 기후 때문이었을 가능성이 크다. 2만 9000년 전부터 지구의 기후는 점차 한랭해지기 시작했다. 바로 MIS2 시기의 시작이다. 그 후 2만 4000년 전에서 1만 9000년 전 사이 지구의 추위는 절정에 달했다. 한랭화의 정점에 이르렀던 이 시기를 학계에서는 최종빙기 최성기Last Glacial Maximum, LGM라 부른다. 홀로세 이전, 대략 11만 년 동안 지속된 마지막 빙기 중 가장 추웠던 시기를 지시한다. 이 시기에 대해서는 뒤에서 좀더 자세히 다룰 것이다.

** 유공충은 크기와 형태가 다양한 단세포 생물로 탄산칼슘CaCO₃으로 이루어진 껍데기를 갖고 있다. 이 껍데기 표면에 구멍이 많이 있어서 유공충이라는 이름이 붙여졌다. 해양고기후학자들은 퇴적물 속에 포함된 유공충 껍데기의 안정산소동위원소 비율을 분석해 과거 기후를 추정한다.

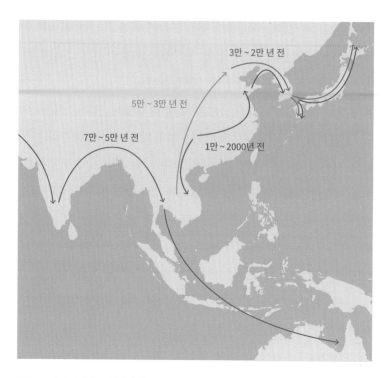

그림 1.3 호모 사피엔스의 (잠정적) 동아시아 이주 경로와 이주 시기 동중국과 만주에서 이동해온 수렵·채집민(녹색)과 남중국에서 이동해온 농경민(파란색)이 한반도 원주민의 근간을 형성했다.

러시아 악마문 동굴Devil's Gate cave에서 발굴된 인골의 미토콘드리아 DNA 정보는 과거 한반도에서 살아가던 수렵·채집민의 기원을 보여주는 중요한 자료다. [18, 19] 악마문 동굴은 북중국에서 동쪽으로 이동해온 수렵·채집민이 살았던 신석기 주거지로, 블라디보스토크 북쪽 해안에 위치한다. MIS2 시기 들어 기후가 한랭·건조해지자 북중국의 수렵·채집민들은 따뜻한 해안을 향해 대거 남동진했다. 그중 일부가 연해주 지역과 한반도로 들어와 구석기 수렵·채집 사회를 구성하였고 훗날 한민족의 바탕이 되었다.

MIS2 시기의 시작과 함께 해수면이 하강하면서 서해의 면적은 빠르게 감소했다. 최종빙기 최성기에는 바다가 멀리 후퇴해 서해 전체가 뭍으로 드러났다. 당시 한랭 건조한 기후로 한반도와 서해를 포함하는 동북아 지역 대부분은 스텝 식생으로 덮여 있었으며 지금의 몽골 초원과 유사했다.[20] 한편 동해는 해수면 하강으로 거대해진 동북아 내륙과 일본 열도에 둘러싸여 호수와 같이 존재했다. 당시 한반도는 반도가 아니라 호수(동해)를 끼고 있는 대륙의 해안이었기 때문에 수렵·채집민이 이동해 들어오기도 수월했고 생활 여건도 괜찮은 곳이었다.

마지막 빙기가 끝나고 홀로세로 접어들면서 전 세계적으로 주된 생계 경제 활동이 수렵·채집에서 농경으로 전환되는 모습이 뚜렷하게 나타났다. 동북아시아도 예외가 아니었다. 중국 북부를 중심으로 조와 기장 농경이, 남부를 중심으로 벼농경이 수렵·채집을 대체하기 시작했다. 중국에서 농경은 홀로세 초기부터 시작되었으나 한반도 전파는 비교적 늦었다. 중국에서 한반도로 조와 기장이 전파된 시기는 대략 5500~5000년 전이다.[21] 한반도에서 벼농경이 시작된 시기는 아직 여러 의견이 분분한데 학자들은 대체로 3500년 전에서 3000년 전 사이로 본다.[22]

최근의 유전자 연구에 따르면, 한국인은 남중국인과 유전적 구성 측면에서 상당히 유사한 편이며 베트남인과도 유전체를 공유한다.[19] 양쯔강 하류의 벼농경민이 해안을 따라 남북으로 이동하면서 북쪽으로는 한반도, 남쪽으로는 베트남에 정착한 결과이다. 양쯔강의 농경민은 이동 중에 북중국 해안의 거주민들과 유전적으로 섞였고 한반도로 들어오면서 반도의 수렵·채집민과 다시 섞였다. 외모가 유사한 편인 몽골인과 한국인, 일본인 간에 부계 유전을 보여주는 Y염색체 하플로그룹ʰᵃᵖˡᵒᵍʳᵒᵘᵖ*에서 차이가 나타나는 이유도 남중국에서 출발해 한반도로 이동해 들어온 벼농경민과 관련이 있다.

한반도 농경 문화의 전파와 시작은 불명확한 부분이 많아 이에 대해 기술하기가 쉽지 않다. 한반도에서는 적은 수의 북중국 이주민들에 의해 홀로세 중기에 처음으로 조, 기장 등의 작물 농경이 도입된 후, 새로운 문화의 전파가 지지부진한 상태에서 농경민과 수렵·채집민이 공존했던 것으로 보인다. 아니면 외부인의 유입 없이 농경 문화나 아이디어만 전달된 형태였을 수도 있다. 유럽과 달리 한반도를 포함한 동북아시아의 농경 확산 속도는 그리 빠르지 않았다.

최근 고 DNA 분석이 활발하게 진행되면서, 루카 카발리 스포르자ᴸᵘᶜᵃ ᶜᵃᵛᵃˡˡⁱ⁻ˢᶠᵒʳᶻᵃ**의 연구 이후로 유럽 학계에서 광범위하게 받아들여진 단순한 집단 확산 모델demic diffusion model, 즉 유럽에서 아나톨리아의 농경민이 서쪽으로 이동하면서 유전자, 농경 문화, 언어 등이 동시에 전파되었다는 가설에 많은 수정이 이루어졌다. 유럽 농경민의 이주 및 유전적 교잡과 관련해 다양한 이야기들이 나오고 있는데, 그 가운데 발트해 인근 북유럽의 농경 전파 과정

---

* Y염색체는 일반 염색체와 달리 쌍으로 존재하지 않고 부계를 통해서만 전달된다. 이런 유형의 DNA에 존재하는 특정한 염기 배열을 하플로타입haplotype이라 한다. 하플로그룹은 유전적 거리가 가까운 하플로타입을 묶어 그룹으로 분류한 것이다. 하플로타입이 유사하다는 것은 공통 조상을 공유한다는 의미다.

** 현대인의 유전자 분석을 통해 인류의 이주 과정을 복원하려 했던 유전학자로 1994년 《인간 유전자의 역사와 지리The History and Geography of Human Gene》라는 책을 출간해 유명세를 탔다. 최근 고인골의 DNA 분석이 활발히 진행되면서 과거 그가 제시한 여러 모델에 오류가 발견되고는 있지만, 인류의 과거를 밝히는 연구 분야에서 유전학의 잠재력을 발견한 그의 선구자적 창의성은 존중받아 마땅하다.

은 한반도에서 농경이 시작된 과정을 논할 때 참고할 만하다. 이 곳에서는 우선 수렵·채집 사회에 농경 문화가 전달되고 난 후에 농경민의 점진적인 유입이 이루어졌다. 남부 유럽과 달리 농경과 유전자의 전파가 동시에 이루어지지 않은 이유는 무엇보다 북유 럽의 척박한 토양이 남쪽 농경민들의 이주를 막는 방해물 역할을 했기 때문이었다. 그리고 발트해 주변의 수렵·채집민은 먹을거리 가 널려 있는 바다를 지척에 두고 있었기 때문에 농경을 접한 후 에도 그 필요성을 느끼기 힘들었다. 그 결과 이 지역의 농경은 다 른 지역보다 시기적으로 뒤처질 수밖에 없었다.[14]

한반도의 경우도 이와 유사했을 것으로 추정된다. 수렵·채집 사회에 농경 문화가 처음 전파된 후 한반도에서 농경이 주된 생계 방식이 될 때까지는 꽤 많은 시간이 소요되었다. 한반도는 삼면이 바다로 둘러싸여 먹을거리가 풍족했는데, 성공 여부가 불확실한 농경에 군이 모험을 걸 필요가 있었겠는가. 한반도의 수렵·채집 민이 중국의 농경 문화를 최초로 접한 시기는 우리의 추정을 훨씬 앞지를지도 모른다. 그러나 본격적인 농경은 남중국 벼농경민의 대대적인 이주가 있고서야 이루어졌다.

과거 유럽 등의 사례를 볼 때 농경민의 확산은 남성 Y염색 체의 전반적인 교체로 이어지는 것이 보통이었다.[23] 농경민 집단 은 인구 규모 면에서 수렵·채집민 집단을 능가했기 때문에 생활 공간을 확보하기 위한 싸움에서 더 유리했다. 농경민과의 치열 한 싸움에서 우위를 점하고 자신의 유전자를 후대에 전달할 수 있 었던 남성 수렵·채집민은 그리 많지 않았다. 유럽에서 발굴된 고 인골의 유전자 분석 결과는 당시의 상황을 잘 보여준다. 서유럽 인들은 9000~5000년 전에 과거 중동에서 이주한 농경민 그리고

5000~4500년 전 유라시아 스텝 지역에서 이주한 목축민으로부터 대부분의 유전자를 물려받았다. 반면 수렵·채집민에서 유래한 유전자는 많이 갖고 있지 않다. 특히 남부 유럽으로 갈수록 수렵·채집민의 유전자 비율은 더욱 감소하는 경향을 보인다.[14, 24]

　　유럽인과는 다르게 한민족은 남쪽에서 올라온 농경민뿐 아니라 북쪽에서 내려온 수렵·채집민의 유전자도 적지 않게 지니고 있다.[19] 한반도에서는 농경민에 의한 파괴적인 인구 교체가 일어나지 않은 관계로 농경으로의 생업 경제 전환이 빠르게 이루어지지 않았다.[21] 산과 바다에는 먹을거리가 풍부해 수렵·채집민이 농경 문화를 받아들이는 데도 많은 시간이 필요했다. 그럼에도 한국인은 상대적으로 농경민에서 유래한 유전자를 많이 갖고 있다. 이는 과거 농경민과 수렵·채집민 사이에 존재한 출산율 차이 때문일 것이다. 농경민은 농사에 필요한 노동력을 확보하기 위해 가급적 아이를 많이 낳으려 했지만, 수렵·채집민은 끊임없이 이동해야 했으므로 자식을 많이 갖기가 어려웠다. 또한, 농경민 여성은 이유식을 통해 모유 수유 기간을 단축하여 가임 기간을 늘릴 수 있었던 반면, 수렵·채집민 여성은 그러지 못해 평생 가질 수 있는 아이의 수가 상대적으로 적을 수밖에 없었다.

　　한반도에서는 농경민 사회와 수렵·채집민 사회가 한동안 공존한 것으로 보인다. 하지만 홀로세 후기 남중국으로부터 상당수의 벼농경민이 한반도로 이주하면서 상황은 돌변했다. 농경 사회의 인구가 급속히 늘어나면서 수렵·채집 사회와의 갈등은 증폭될 수밖에 없었다. 한국인의 유전자 분석을 통해 확인되는 약간의 '성편향적인 이주' 흔적은 이러한 갈등이 낳은 결과라 할 수 있다. 악마문 동굴 거주인과 현대 한국인의 미토콘드리아 유전체는 서로 매우 가깝다.[19] 이는 동일한 모계 조상을 가지고 있음을 의미한다. 한편 한국인의 Y염색체 분석 결과에서는 북방계보다 남방계 유전자가 다소 우세하게 나타나는데, 이는 한반도로 유입된 남중국의 농경민이 수렵·채집민과 섞일 때 농경민 남성의 유전자 전달이 상대적으로 많이 이루어졌음을 시사한다.[25] 미토콘드리아 DNA는 어머니로부터 전달되며 Y염색체 DNA는 아버지로부터 전달된다. 농경민과 수렵·채집민의 싸움에서 인구가 많은 농경민이 이기는 경우가 많았을 것이다. 싸움에서 승리해 권력을 갖게 된 농경민의 남성 자손은 수렵·채집민 여성을 두고 벌이는 경쟁에서 수렵·채집민 남성에 앞설 수 있었고, 그 결과는 우리를 포함한 현대인의 유전자에 고스란히 남아 있다.

오랜 기간 우리 학계에서는 한민족의 구성을 북쪽과 남쪽에서 이주해 들어온 사람들이 적당히 반반씩 섞여 있는 형태로 봤다. 틀린 말은 아니나 북중국인이나 만주인 또한 원래는 순다랜드 북부에서 이동해온 사람들이니, 한민족은 남쪽에서 다른 시기에 이주해온 사람들의 혼합이라고 보는 것이 조금 더 정확하다. 거기에 서북쪽 동시베리아에서 이동해온 사람들도 일부 섞였을 것이다. 또한 오래전 동북아시아로 이동한 조몬 수렵·채집민 가운데 소수가 한반도에서도 살아가면서 다른 집단들과 섞였을 가능성도 배제할 수 없다.

참고할 고유전체 자료가 없다 보니 여러 의문점이 남는다. 가령 두 집단이 한반도 내에서 혼합한 것이 아니라 외부에서 섞인 이후에 한반도로 들어왔을 수도 있다. 또한 이들의 혼합이 한두 차례에 걸쳐 대규모로 일어난 것인지 작은 규모로 여러 번 일어난 것인지도 확인할 방법이 없다.[26] 두 종류의 주된 집단이 혼합하여 한반도인을 형성했다는 가설 자체는 명료하나 그 과정은 상당히 복잡했을 가능성이 크다. 우리나라에서 현대 한국인의 유전자 분석 결과를 활용하여 한반도 인류의 기원을 밝히려는 연구들이 빠르게 늘고 있는 것은 사실이다. 그러나 한반도 내의 고유전체 분석 결과가 거의 없는 상황에서 현대인의 유전자 분석 결과만을 토대로 신뢰할 만한 가설을 제시하기는 어려워 보인다.

또 아쉬운 것은 우리나라에서는 언어학적 연구도 거의 없다시피 해 한반도 인류의 기원을 밝히는 데 전혀 도움이 되지 못한다는 점이다. 그래도 미국의 존 휘트먼John Whitman과 독일의 언어학자 마르티너 로베이츠Martine Robbeets 등 서구의 언어학자들이 언어와 농경의 전파를 연결시켜 제시한 두 가설은 관심을 가져볼 만하다. 최근 들어 동북아시아 고언어의 전파와 관련하여 많은 저작을 발표하고 있는 로베이츠는 초기 한국어와 일본어가 조·기장 농경 문화와 더불어 5500년 전에 한반도로 유입되었다고 주장한다. 반면 원시 일본어는 벼농경과 함께 3500~3300년 전에 한반도로 전달된 후 2800년 전 즈음해서 한반도의 벼농경민이 일본으로 이주할 때 같이 건너갔다고 본다.[27] 로베이츠는 두 언어 모두 랴오둥(요동) 지역에서 유래했다고 주장하고 있다. 로베이츠의 가설이 맞다면 랴오허(요하)의 조·기장 농경 문화인이 랴오둥을 거쳐 한반도로 이주하면서 북쪽에 남은 사람들과 공간적으로 격리된 것이 현 한국어와 일본어의 차이를 가져온 원인일 수 있다. 한국인과 일본인은 서로의 언어를 사용하여 소통하는 것이 거의 불가능하다. 한국인과 일본인의 유전적 차이 그리고 양국 간 물리적 거리를 고려할 때 언어의 차이가 무척 큰 편이다.

휘트먼은 원시 한국어가 2300년 전 랴오닝(요령) 지역에서 동검을 지니고 한반도로 들어온 사람들과 관련 있다고 보았다. 반면 원시 일본어는 원시 한국어가 유입되기 전 랴오둥에서 벼농경과 함께 한반도로 그리고 일본으로 순차적으로 전달되었다고 주장했다.[28] 원시 일본어와 벼농경민의 관련성을 언급한 부분은 로베이츠의 생각과 대동소이하다. 휘트먼의 가설이 옳다면, 한국어와 일본어의 차이를 고려할 경우 3500~3300년 전에 한반도로 들어온 벼농경민과 약 1000년 후 동검과 함께 한반도로 진입한 무리들은 모두 북쪽에서 남하했지만 서로 다른 문화 및 언어적 배경(농경민-유목민)을 가지고 있었을 가능성이 크다. 실제 2300년 전까지 수백 년간 랴오허에는 목축 문화에 기반한 사회가 자리하고 있었다.

그러나 로베이츠와 휘트먼의 가설 모두 원시 한국어가 벼농경민의 이주와는 관계가 없다고 가정하고 있어 동의하기가 쉽지 않다. 한반도에서는 홀로세 후기 벼농경의 시작과 함께 인구가 급증한 것이 사실이다. 그런데 로베이츠나 휘트먼은 벼농경민이 아닌 다른 사람들이 원시 한국어를 전파했다고 주장하고 있다.[29] 한반도에서 과거 한민족을 형성한 수렵·채집민과 농경민의 이동 시기나 경로를 밝히는 일은 매우 어려운 과제다. 이 문제를 정교하게 풀어내려면 앞으로도 적지 않은 시간과 노력이 필요할 것이다.

흥수아이는 구석기 시대의 한반도인인가?

최근 들어 과거 인골의 DNA 분석이 호모 사피엔스의 기원과 이동이라는 오랜 난제를 풀 방안으로 각광을 받고 있다. 그러나 그 이전 전 세계적으로 관련 연구를 선두한 것은 뼈의 형태를 분석하는 고인류학적 접근 방법이었다. 아쉽게도 우리나라에서는 지금까지 고인류 화석이 발굴되는 경우가 거의 없었기 때문에 고인류학 연구가 지지부진했다. 전문가들은 우리나라의 토양이 대부분 강한 산성을 띠는 것을 그 이유로 본다. 그렇지만 강원도나 충청북도 등에 화석이 생성될 수 있는 환경인 석회암 동굴이 존재함에도, 이곳에서조차 분석할 만한 가치가 있는 고인류 화석은 발견되지 않고 있다. 이런 점을 고려하면 남한 지역에서 고인류의 수 자체가 적었을 가능성도 배제하기 어려울 듯하다.

남한에서는 고인류 화석이 거의 발견되지 않지만 북한에서는 간혹 보고되기도 한다. 북한에서 출간된 보고서들은 력포리, 만달산, 승리산 등지에서 확인된 고인류 화석을 기술하고 있다. 그러나 뼈 화석들이 북한에 보관되어 있어 직접 관찰할 수 없기 때문에 활용 가치가 제한적이다. 고인류 화석이 잘 발견되지 않는 것도 문제지만 북한이나 남한에서 발굴된 고인류 화석의 연대가 불분명하다는 점도 연구를 진행하는 데 큰 장애로 작용한다. 1982년 충청북도 청원군 두루봉 동굴에서 발견된 흥수아이는 대표적인 사례다.[30]

흥수아이는 발굴된 이래 뼈가 완전히 갖춰져 있는 구석기 시대 인골이라는 이유로 대중의 관심을 끌었다. 흥수아이는 두루봉 동굴 주변의 석회석 광산 현장 책임자였던 최초 발견자 '김흥수'의 이름을 딴 명칭이다. 충북대학교 발굴단은 흥수아이 인골을 약 4만 년 전에 살았던 4~6세 아이의 뼈로 추정했다. 이 뼈는 오랫동안 우리나라의 대표적인 고인류 화석으로 소개되어왔으며, 여전히 많은 학생이 전시된 흥수아이를 보기 위해 충북대학교 박물관을 방문하고 있다.[31] 그러나 최근 흥수아이가 실제 구석기 시대에 살았던 아이의 뼈인지에 대해 학계에서 논란이 증폭되는 중이다. 제대로 된 연대 측정 결과가 없기 때문이다.

홍수아이는 4만 년 전의 고인류 화석으로 알려져 있지만, 단순 추정일 뿐 결과가 학술 논문으로 발표된 적은 없다. 과거 방사성탄소 연대 측정*을 여러 번 시도했으나 시료가 불량해 대부분 실패했다. 프랑스 연구진의 2011년 측정치 또한 매우 최근 것(17~19세기)으로 나오면서 홍수아이를 둘러싼 논란은 더욱 확대되었다. 충북대학교 측에서는 이 결과를 받아들이지 않았으며, 출토 직후 인골에 경화제를 사용했기 때문에 이 뼈에 대한 정확한 연대 측정은 원천적으로 불가능하다고 주장했다. 경화제도 문제지만 홍수아이가 발굴된 1980년대 초는 시료 관리에 대한 인식이 전반적으로 부족했으므로 뼈의 오염 가능성 또한 배제할 수 없다. 인골의 직접적인 연대 측정이 어렵자 홍수아이가 발견된 층 바로 아래에서 숯을 찾아내 연대를 측정해보기도 했다. 그러나 그 결과 또한 만족스럽지 않았다. 구석기가 아니라 홀로세 직전에 묻힌 숯이었다.[32] 숯의 연대가 이렇게 뒤늦은 것으로 나온 이유는 무엇일까? 퇴적층이 교란되었기 때문일 수도 있지만 실제 그 뼈가 구석기 시대의 것이 아닐 수도 있다.[31]

구석기의 고인류 화석에서 충치가 발견되는 경우는 흔치 않다. 그러나 홍수아이의 입에는 충치가 유별나게 많다. 아이 치아가 대부분 썩기 쉬운 젖니이기 때문에 그랬을 수 있다. 아니면 유

* 방사성탄소 연대 측정은 탄소의 방사성동위원소인 ^{14}C의 잔류량을 측정해 물질의 연대를 추정하는 기법이다. 생물체는 생존하는 동안 생물권으로부터 ^{14}C을 지속적으로 받아들인다. 그러나 죽는 즉시 생물권과 단절되면서 체내의 ^{14}C은 자연적으로 감소하게 된다. 방사성 동위원소의 양이 반으로 감소하는 데 걸리는 시간을 반감기라 하는데, ^{14}C의 경우 5730년이다. 방사성탄소 연대 측정법으로 5만~6만 년 전의 연대까지 측정하는 것이 가능하지만 오래된 연대일수록 오차 범위가 커져 정확도는 확연히 떨어진다. 탄소 연대 측정 결과는 보정되지 않은 연대 BP(before present)로 산출되며 여기서 '현재'란 핵실험이 본격적으로 진행되기 전인 1950년을 뜻한다. 대기 중 ^{14}C의 양은 매년 달라지기 때문에 이를 보정하는 과정이 필요하다. 이때는 오래된 나무의 나이테 속에 포함된 ^{14}C 양의 측정치를 활용한다.

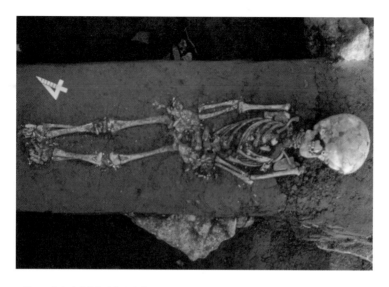

그림 1.4 흥수아이의 화석 충북대학교 박물관 제공.

전적으로 치아가 약했을 수도 있다. 그러나 흥수아이가 살던 때는 농경이 시작되기 전이라 다수의 충치가 한 사람에게서 발견되는 것은 드문 일이라 한다.[31] 흥수아이의 뼈 상태 또한 의구심을 더한다. 고인류 화석이 석회암 동굴에서 주로 발견되는 이유는 인골의 화석화가 잘 일어나기 때문이다. 시신은 매장 후 얼마 지나지 않아 뼈까지 모두 썩는 경우가 대부분이다. 그래서 인골이 화석화되지 않는 한 그 흔적을 찾기 어렵다. 석회암 동굴에서 흐르는 지하수에는 탄산칼슘이 많이 녹아 있다. 지하수에서 탄산칼슘이 침전되어 뼈가 썩어 들어가는 자리를 천천히 메우면 뼈의 형태가 장기간 남을 수 있다. 즉 화석이 된다. 그런데 흥수아이 뼈는 화석이 아니라 인골에 가깝다. 인골이 화석화되지 않은 상태에서 4만 년을 버텼다는 점에서 석연치 않은 부분이 있다. 4만 년 전이라는 뼈 연대에 의심이 드는 것이 사실이다.

선사 시대 연구의 성패는 추정한 연대의 정확성 여부에 달려 있다고 해도 과언이 아니다. 연대가 명확하지 않은 상태에서 써 내려가는 연구 결과는 소설이라고 논박을 당해도 마땅히 대응할 방법이 없다. 진리를 탐구하는 학자라면 정확한 연대에 기반해 객관성을 최우선으로 놓고 연구에 임하는 것이 옳은 자세일 것이다. 현재 홍수아이의 연대가 불분명해 깊은 논의가 어려운 상황이다. 그러나 이후 연대 측정이 정확히 이루어져 구석기 시대의 뼈라는 것이 확인만 된다면 학술적으로도 큰 반향을 불러올 것이다. 우리나라에서는 고인류의 뼈가 거의 발견되지 않아 한민족의 기원을 연구할 때 악마문 동굴과 같이 한반도 바깥의 연구 결과를 참조해야 하는 상황이니 더욱 그러하다.

* * *

지금까지 기후 변화가 인류의 진화와 이동에 미친 영향을 살펴봤다. 다음 장에서는 인류가 진화해오는 동안의 기후는 어떠했는지 그리고 당시의 기후를 결정한 요인들은 무엇이었는지 알아볼 것이다. 과거의 장기 기후 변화는 태양을 중심에 두고 지구의 위치와 방향이 규칙적으로 변화하는 중에 나타났기 때문에 주기성을 띤다. 기후의 주기적 변화는 지금의 인간 사회가 만들어지는 과정에 지대한 영향을 미쳤을 뿐 아니라 앞으로의 기후를 결정해 미래 인류의 향방을 가를 수 있으니 정확히 인지할 필요가 있다.

2장

빙하기란 무엇인가

제4기의 기후 변화

제3기 내내, 즉 6000만 년 전부터 아프리카의 기후는 지속적으로 건조해졌고 사바나 식생은 크게 확대되었다. 고인류는 사바나 환경에서 충분한 먹이를 확보하기 위해 직립보행을 시도했다. 두 손이 자유로워지면서 도구의 사용이 가능해졌다. 이어 나타난 빙하기(제4기)는 제3기보다 훨씬 더 추웠고, 주기적으로 나타난 기후 변화의 규모도 무척 컸다. 그렇지만 호모는 빙하기의 혹독한 조건을 극복하고 생존에 성공했다. 왜소하고 연약한 호모가 살아남을 수 있었던 요인은 육체의 힘이 아니라 생각의 힘에 있었다. 도구와 불의 사용은 소화를 촉진시켰다. 남은 여분의 에너지를 두뇌로 돌리자 호모의 사고력은 더욱 높아졌다. 사냥을 위해 협동을 하게 되면서 사회적 관계를 돈독하게 유지하는 것이 점차 중요해졌고, 성체가 된 후에도 어릴 때의 부드러운 모습을 유지하는 '유형성숙*현상이 나타났다. 환경의 변화를 극복하는 과정에서 기술의 발전 또한 두드러졌다. 제4기 빙하기 내내 되풀이된 극심한 기후 변화 속에서 일부 호모는 절멸하기도 했지만, 자연과의 투쟁에서 살아남은 호모들의 능력은 시간이 흐를수록 높아졌다. 호모 사피엔스는 이렇게 수많은 기후 변화를 극복하고 살아남은 고인류의 후손이다. 20만 년 전부터 나타나기 시작한 이들은 털 없는 얼굴과 큰 두뇌를 갖고 있었으며 현란한 도구를 사용할 줄 알았다.

빙기와 간빙기

플라이오세를 마지막으로 제3기가 끝난 후 대략 260만 년 전부터 제4기가 시작된다. 제4기는 플라이스토세와 현재 우리가 살아가고 있는 시기인 홀로세로 구성되므로 제4기의 시작은 곧 플라이스토세의 시작이다. 학자들이 말하는 빙하기는 대체로 플라이스토세를 의미한다. 그러나 빙하기라는 단어는 종종 혼란을 불러오기도 한다. 지금의 홀로세와 같이 상대적으로 따뜻해 빙하의 면적이 감소한 시기가 플라이스토세 중간중간에 주기적으로 존재했기 때문이다. 이런 이유로 의미를 명확하게 하기 위해 보통 플라이스토세 전체는 빙하기Ice Age라 부르고 플라이스토세 내 따뜻했던 시기들을 간빙기Interglacial Period, 그 외 나머지 시기를 빙기Glacial Period로 구분해 칭한다.

---

* 동물이 성적으로 성숙하여 짝짓기가 가능한 성체가 되어서도 어렸을 때의 모습을 유지하는 것을 말한다. 발달이 지연되는 것으로 볼 수 있다. 큰 머리, 납작한 주둥이 등 귀여운 외모가 특징적이며 사람의 호의가 필요한 가축이나 애완동물에게서 두드러지게 나타난다. 인간 사회에서도 귀여운 얼굴이 타인의 경계를 늦춰 협업에 유리하게 작용하므로 진화 과정에서 유형성숙이 선호될 수 있었다.

홀로세는 기후적인 측면에서 볼 때 과거 플라이스토세 기간에 20차례 이상 나타난 간빙기들과 별로 다르지 않다. 플라이스토세가 곧 제4기라고 말해도 크게 틀린 것은 아니다. 단 인간이 농경 행위를 통해 지구 환경에 심대한 영향을 미치기 시작한 것이 약 1만 년 전이므로, 대략 이때부터 시작된 간빙기를 홀로세로 특별 대우해주는 것뿐이다. 그러나 최근에는 지구에 미친 인간의 영향을 더 강조해 지질학 연대표에서 인류세Anthropocene라는 시기를 따로 구분할 필요가 있다는 주장까지 나오고 있다.[1]

플라이스토세 후반의 간빙기는 대략 11만~12만 년마다 나타나 1만 년 정도 지속되었다. 13만~12만 년 전에 존재한 간빙기가 마지막 간빙기였다. 플라이스토세 기간에 간빙기가 주기적으로 도래한 이유는 무엇일까? 세르비아의 천문학자 밀루틴 밀란코비치Milutin Milankovitch는 지구와 태양의 상대적인 위치 그리고 지구 자전축의 변화를 관찰해 빙하기의 기후 변화 메커니즘을 밝힌 학자로 잘 알려져 있다. 그는 플라이스토세 기후 변화의 원인을 공전 궤도의 이심률, 자전축의 기울기, 자전축의 세차운동에서 찾았다.

밀란코비치의 이론을 살펴보기 전에 우선 제4기의 기후 변화에서 지구 북반구의 계절성이 갖는 의미를 이해할 필요가 있다. 북반구는 여름과 겨울의 온도 차이가 크고 남반구는 그 차이가 작다. 육지가 많은 북반구와 달리 남반구는 대부분 바다로 덮여 있어 쉽게 달궈지거나 식지 않기 때문이다. 남반구에서는 바다의 높은 비열 덕분에 장기적인 기후 변화 또한 두드러지게 나타나지 않았다. 반면 북반구에서 발생한 장기 기후 변화는 기후의 원격상관teleconnection*을 통해 곧 전 지구의 기후 변화로 이어졌다. 제4기 내내 전 지구의 기후 변화를 주도한 것은 북반구의 기후 변화였다.

북반구의 계절성 변화는 고위도의 빙하 크기를 좌우함으로써 플라이스토세의 기후 변화를 가져왔다. 여름이 서늘하고 겨울이 따뜻한(즉 여름과 겨울의 온도 차가 적어 계절성이 작은) 상황을 가정해보자. 얼음이 여름에 잘 녹지 않는 데다 겨울에는 바닷물의 증발이 활발해지면서 눈이 많이 내리기 때문에 빙하의 크기는 커지게 된다. 반대로 여름이 뜨겁고 겨울이 추우면(즉 계절성이 크면), 여름에 빙하가 많이 녹고 겨울에는 강설량이 감소해 빙하의 크기는 작아진다. 따라서 고위도의 빙하는 계절성이 작을 때는 커지고 계절성이 클 때는 축소된다. 한편 확장된 빙하는 반사도를 높여 지구 표면에 전달되는 태양 복사에너지를 감소시키므로, 지구 온도는 더 떨어지게 되고 빙하는 더욱 커지게 된다. 이처럼 서로 상대의 변화 추세를 더욱 강화시켜나가는 경향을 '양의 피드백positive feed-back'이라 부른다. 양의 피드백 효과가 제어되지 않고 지속되어 북반구의 빙하 면적이 크게 확대되면 결국 빙기로 접어들게 된다.

　　밀란코비치 법칙의 세 요소는 바로 이 계절성과 관계가 있다. 첫째, 지구가 태양 주위를 공전할 때 공전 궤도는 원형과 타원형 사이에서 주기적으로 변화한다. 이를 이심률이 변한다고 표현하는데, 여기서 이심률이란 물체의 궤도가 완전한 원 모양에서 벗어나 있는 정도를 수치화한 것이다. 그 모양이 원형에서 장단축의 차이가 가장 큰 타원형으로 변하는 데 걸리는 시간이 대략 5만 년

---

* 　　기후원격상관이란 기상학 용어로 수천 킬로미터 이상 떨어진 두 지역에서 거의 동시에 유사한 수준의 기후 변동이 나타날 때 사용한다. 적도 태평양의 양편에서 주기적으로 나타나는 수온과 기압 변화인 엘니뇨 남방진동El Niño-Southern Oscillation, ENSO 현상은 기후원격상관의 대표적인 예로 볼 수 있다. ENSO 현상은 다양한 원격상관을 통해 전 지구 기후에 영향을 미친다. 따라서 적도 태평양이 우리나라로부터 멀리 떨어져 있는 곳이긴 하지만 이곳의 상황 변화를 주의 깊게 관찰할 필요가 있다.

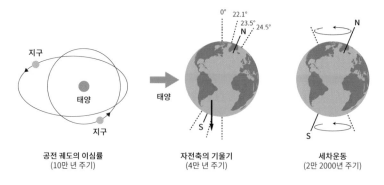

| 공전 궤도의 이심률 | 자전축의 기울기 | 세차운동 |
| (10만 년 주기) | (4만 년 주기) | (2만 2000년 주기) |

그림 2.1 밀란코비치 주기의 세 가지 요소

이다. 따라서 이심률의 변화 주기는 대략 10만 년 정도다. 둘째, 지구 자전축의 기울기는 고정되어 있지 않다. 현재 기울기는 23.5도지만 약 4만 1000년 주기로 22.1도와 24.5도 사이에서 끊임없이 변화한다. 셋째, 지구의 자전축이 향하는 방향 또한 항상 일정한 것이 아니다. 자전축은 약 2만 3000~2만 6000년 주기로 마치 팽이가 요동하듯이 움직인다. 이를 지구 자전축의 세차운동이라 하는데, 지구의 자전축이 움직이지 않는 어떤 축의 둘레를 회전하는 현상으로 이해하면 쉽다. 팽이가 힘이 다해 쓰러지기 직전에 어떻게 도는지 떠올려보라.

그럼 이 세 요소의 변동이 어떻게 기후 변화로 이어지는지 살펴보자. 앞서 말한 바와 같이 북반구의 여름이 서늘하고 겨울이 따뜻해야 빙하가 커지고 빙기가 찾아온다. 북반구의 계절성이 이처럼 약해지려면 첫째 이심률이 커져 공전 궤도가 타원형이 되어야 하고, 둘째 자전축의 기울기 각이 작아져야 하며, 셋째 세차운동의 결과, 공전 중인 지구의 북반구가 태양과 멀 때 여름철이어야 하고 가까울 때 겨울철이어야 한다. 지구의 공전 궤도가 원형

46

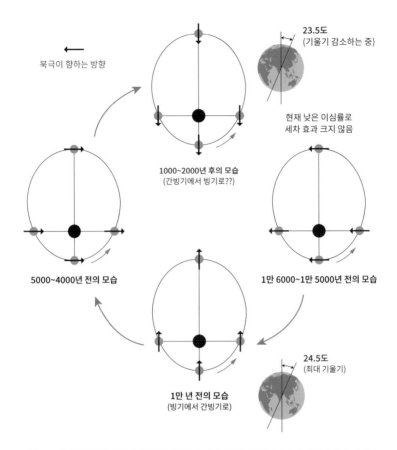

그림 2.2 빙기의 주기와 세차운동 현재 이심률이 낮아 세차운동의 효과가 그리 크지 않은 관계로 앞으로도 수만 년간 이러한 상태가 유지될 것으로 보인다. 따라서 (이전 간빙기들과는 달리) 홀로 세가 상당히 오래 지속될 가능성이 있다. 반면 자전축의 기울기 변화가 갖는 영향력은 커질 것으로 추정된다.

에서 타원형으로 변할수록 초점(태양)이 한쪽으로 치우치며 북반구의 계절성이 강해지거나 약해진다. 북반구의 계절성이 강해지면 간빙기가 도래하고 계절성이 약해지면 빙기가 찾아온다는 점을 기억하라. 한편 공전 궤도가 원형에 가까울 때에는 빙기나 간빙기로 전환되는 기후 변화가 나타나지 않는다.

빙기가 도래하려면 지구가 타원을 그리면서 공전할 때 북반구의 여름철에 지구가 태양으로부터 멀리 떨어져 있어야 한다. 이러한 상황이 되면 여름의 태양 복사에너지는 감소한다. 그럼 겨울에는 어떨까? 지구가 한쪽으로 치우친 태양을 초점으로 타원 궤도를 따라 돌고 있으므로 여름의 경우와는 반대로 겨울에는 지구가 태양에 무척 가까이 위치할 것이다. 또한 자전축의 기울기가 작아지면 북반구가 겨울에 태양 쪽으로 더 기울어지는 셈이므로 겨울의 태양 복사에너지의 양이 늘어나게 된다. 요컨대 지구가 타원형으로 공전할 때 자전축이 수직에 더 가깝고 북반구의 여름에 지구가 태양에서 먼 원일점에 있게 되면, 북반구의 여름은 서늘해지고 겨울은 따뜻해지면서 간빙기에서 빙기로의 이행이 일어날 수 있다(그림 2.2).[2] 그렇다면 반대의 경우는 어떨까. 지구가 타원형으로 공전할 때 자전축의 기울기가 크고 북반구의 여름에 지구가 태양에 가까운 근일점에 위치한다면, 지구의 기후는 빙기에서 간빙기로 전환될 수 있다.

심해저 유공충의 산소동위원소 분석 결과에 의하면, 플라이스토세가 시작된 이후 대략 125만~70만 년 전까지 빙기는 약 4만 년 주기로 나타났다. 그 이후로는 약 10만 년 주기로 찾아왔다(그림 2.3).[3] 학계에서는 이러한 주기 변화가 나타난 125만 년 전에서 70만 년 전까지를 중기 플라이스토세 기후 전환기Mid-Preistocene Transition라 부른다. 기후 전환기 이전에는 지구 자전축의 기울기 변화가, 그 이후부터는 지구의 이심률 변화가 빙기와 간빙기 변화를 불러왔음을 알 수 있다.[*]

중기 플라이스토세 기후 전환기 이후로 이심률 변화가 지구의 빙기-간빙기 전환에 중요한 요인으로 작용하면서 대략 11만

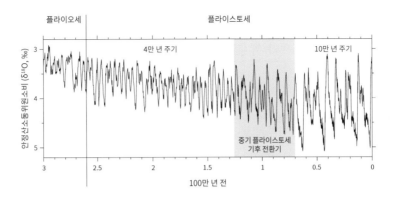

그림 2.3 심해저 유공충의 플라이스토세 시기 산소동위원소 분석 결과 125~70만 년 전, 중기 플라이스토세 기후 전환기에 기후 변화 주기가 4만 년에서 10만 년으로 변했다. 빙기에는 기온 저하로 빙하가 성장하고 여기에 가벼운 ^{16}O이 많이 포함되면서 해수의 $\delta^{18}O$ 값은 높아지게 된다.

년의 빙기 후에 1만 년의 간빙기가 도래하는 현상이 반복적으로 나타났다. 아프리카에서 처음 호모 사피엔스가 나타난 시기가 대략 20만 년 전이므로 사피엔스는 두 번의 빙기와 두 번의 간빙기를 거친 셈이 된다. 호모 사피엔스는 대략 13만 년 전부터 시작된 마지막 간빙기에 처음 아프리카를 빠져나온 것으로 보인다. 간빙기의 시작으로 북부 아프리카의 강수량이 상승하고 아프리카와 중동의 사막이 축소되면서 사피엔스가 유라시아로 건너갈 통로가 조성된 것이다. 마지막 간빙기가 끝나고 지구가 재차 빙기에 접어든 후에도 세차운동의 결과로 아프리카의 환경이 양호해질 때면 사피엔스들은 여지없이 유라시아로 진출을 시도했다.

* 빌란코비치 이론에 따르면 이심률의 변화에 따른 일사량의 차이는 매우 작다. 하지만 플라이스토세 후기의 10만 년 주기 기후 변화는 매우 뚜렷했다. 이심률의 변화만으로는 설명이 되지 않는다. 연쇄적인 양의 피드백이 이심률 변동에서 촉발된 기후 변화의 폭을 확대시킨 것으로 보인다.

한편 세차운동으로 자전축이 그리는 작은 원 위에서 1만 1700년 전 홀로세가 시작될 때의 자전축은 현 자전축의 반대편에 놓여 있었다. 홀로세가 시작될 때 지구의 북극은 직녀성Vega을 향하고 있었다. 세차운동 측면에서 볼 때 북반구의 계절성이 상대적으로 강해져 간빙기가 올 수 있는 조건이었다. 지금은 지구 북극이 북극성Polaris을 바라보고 있어 북반구의 계절성은 홀로세 초기보다 낮아진 상태다. 지구는 2만 3000~2만 6000년 주기로 세차운동을 하므로 빙기가 (지질학적 시간으로) 곧 도래할 가능성을 배제할 수 없다.

실제 일부 사람들은 과거 기후 변화의 사례와 세차 주기에 근거해 대략 1500~2000년 후가 빙기가 다시 나타날 시점이라고 예측했다.[4] 그러나 최근에는 홀로세가 지금의 따뜻한 기후를 수만 년 이상 더 유지할 수 있을 것으로 믿는 학자들이 많아졌다.[5] 다시 말해 보통 1만 년 정도였던 이전의 간빙기들과는 달리 이번 간빙기인 홀로세는 더 오래 지속될 것이라는 이야기다. 이런 생각의 주된 이유는 밀란코비치 이론에 근거할 때 이심률이 한동안 낮은 값을 유지할 가능성이 커 세차운동의 효과가 그리 크지 않을 것으로 추정되기 때문이다. 한편 현재 가속화되고 있는 지구 온난화는 또 다른 변수다. 전례 없는 속도로 지구 온난화가 진행되고 있는데, 자연적인 주기를 따라 빙기가 과연 나타날 수 있을까? 먼 미래의 일이긴 하지만 그 모습이 어떠할지 상상해보는 것도 재미있는 일이다.

빙기가 항상 추웠던 것은 아니다

플라이스토세는 수많은 빙기와 간빙기가 교차하며 나타난

시기이다. 현재 우리가 살고 있는 홀로세는 약 1만 1700년 전부터 시작된 일종의 간빙기로 후빙기라고도 한다. 홀로세 전 최종 간빙기는 13만 년 전부터 약 1만 5000년 동안 지속되었으며 이미안 Eemian 간빙기*라 불린다. 지금의 홀로세와 기후 측면에서 상당히 유사했다. 한편 최종 간빙기와 홀로세 사이에 나타났던 최종빙기는 260만 년의 플라이스토세 기간에 나타난 빙기 가운데에서 가장 추웠다. 그러나 추위가 매서웠던 최종빙기에도 비교적 따뜻한 시기들이 주기적으로 나타나곤 했다. 모두 동의하는 것은 아니나 대략 1500년 주기로 25차례 정도 나타났다고 본다.[6] 고기후학자들은 이 시기들을 아간빙기 interstadials라 한다.

아간빙기는 흔히 단스고르-외슈거 (온난) 이벤트라고도 불리는데, 그린란드 빙하의 안정산소동위원소 비율($\delta^{18}O$)이 뚜렷하게 높았던 시기들이다(그림 2.4).[7] 안정산소동위원소 분석은 과거의 기후 변화를 밝히려 할 때 가장 많이 활용되는 연구 방법이다. 학자들은 빙하 코어, 석회암 동굴의 석순, 심해저 퇴적물의 유공충, 산호, 나이테 등 다양한 시료 속에 포함된 안정산소동위원소들의 상대적 비율 변화를 구해 과거 기후를 복원한다. 안정산소동위원소는 자연에서 중성자의 개수에 따라 세 가지 형태(^{16}O, ^{17}O, ^{18}O)로 존재한다. ^{17}O은 비율이 매우 낮아 동위원소 분석시 고려하지 않고 나머지 두 동위원소인 ^{16}O과 ^{18}O의 상대적 비율을 표준 시료**와

---

*   이미안 간빙기는 지구 온난화의 결과를 예측해볼 수 있는 과거의 온난했던 시기로, 많은 고기후학자의 관심을 받고 있다. 당시 북반구의 계절성이 높아 그린란드와 남극 빙하는 지금보나 띄쳤고 낭내 해수면은 8~9미디 높있민 깃으로 추정뵌나.

**   표준 시료로는 전 세계 여러 바다에서 가져온 해수를 섞고 증류한 정제수인 '빈 표준 평균 해수 Vienna Standard Mean Ocean Water'를 사용한다. 시료에 빈이라는 도시명이 붙은 이유는 이를 공표한 국제원자력기구(IAEA)가 빈에 있기 때문이다.

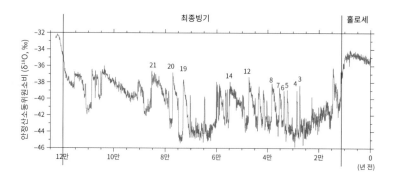

그림 2.4 그린란드에서 시추한 NGRIP 빙하 코어의 δ¹⁸O 자료 그래프 안의 번호는 최종빙기에 나타난 주요 아간빙기들을 나타낸다. 아간빙기는 흔히 단스고르-외슈거 (온난) 이벤트라고도 불린다. 그린란드 빙하의 δ¹⁸O 값이 뚜렷하게 높았던 시기로 빙기임에도 비교적 따뜻했다.

비교해 값($\delta^{18}O$, 단위는 ‰)을 구한다. 이 $\delta^{18}O$ 값의 변화 양상을 토대로 과거 기후 변화를 추정할 수 있다.

빙하의 안정산소동위원소 분석 결과가 기후 변화 복원에 활용되는 원리는 다음과 같다. 기온이 낮을수록 바다에서 증발된 수증기는 극 지역에 도달하기 전에 액화되어 바다로 돌아가는 비율이 상승한다. 이때 무거운 수증기($H_2^{18}O$)가 가벼운 수증기($H_2^{16}O$)보다 액화되기 쉬우므로 대기가 차가울수록 극까지 도달하는 무거운 수증기의 비율은 낮아지게 된다. 반대로 따뜻할수록 극에 도달하는 수증기량 자체도 늘어나고 무거운 수증기의 비율도 함께 증가하게 된다. 빙하 시료의 $\delta^{18}O$ 값이 높다는 말은 표준 시료에 비해 ^{18}O의 비율이 높다는 뜻이며, 따라서 그 빙하 층이 형성될 당시가 비교적 따뜻했음을 의미한다.

한편 심해저 퇴적물의 유공충 $\delta^{18}O$ 값 또한 빙하의 $\delta^{18}O$ 수치와 마찬가지로 과거 기후를 반영한다. 빙하의 $\delta^{18}O$ 값과는 정반대의 방향으로 움직이는 것이 다를 뿐이다. 바다의 유공충은 해수의 온도가 낮을수록 무거운 ^{18}O을 잘 받아들이는 경향이 있다. 그러나 현재의 바닷물 온도와 유공충 $\delta^{18}O$ 수치의 관계를 안다고 해서 심해저 퇴적물의 유공충 $\delta^{18}O$ 자료로부터 과거 해수의 온도를 바로 복원할 수 있는 것은 아니다. 유공충의 $\delta^{18}O$ 값은 해수의 온도뿐 아니라 지구상에 존재하는 빙하의 부피에도 크게 좌우되기 때문이다. 빙하의 규모가 커지면 가벼운 ^{16}O이 빙하에 많이 갇혀 유공충의 $\delta^{18}O$ 값은 전체적으로 높아지게 되고 유공충의 $\delta^{18}O$ 값 또한 함께 상승한다. 해수와 유공충의 $\delta^{18}O$ 값을 결정하는 위의 두 요인을 굳이 분리해서 생각할 필요는 없다. 기후가 한랭해지면 해수 온도는 낮아지고 빙하의 부피는 커지는데, 두 변화 모두 해수의 $\delta^{18}O$ 값을 높이기 때문이다. 그 결과 심해저 유공충의 $\delta^{18}O$ 그래프에서 빙기와 간빙기는 명확히 구분되어 나타난다(그림 2.3).

단스고르-외슈거 이벤트는 최종빙기 중에 대략 25회 나타났다. 이 이름은 두 명의 유명한 고기후학자의 성을 딴 것이다. 윌리 단스고르Willi Dansgaard는 최초로 빙하에 포함되어 있는 산소동위원소를 측정해 과거 기후를 복원한 덴마크의 고기후학자이다. 한스 외슈거Hans Oeschger는 단스고르와 함께 전 세계 빙하 코어 연구를 선도한 스위스의 과학자로 빙하 코어를 분석해 과거의 대기 중 이산화탄소 변화량을 최초로 복원한 사람으로 잘 알려져 있다. 그는 온실 효과의 강화가 가져올 재난을 두려워했으며 기후 변화에 대한 사회적 경각심을 높이기 위해 다방면으로 노력했다. 1990년에 완성된 기후변화에관한정부간협의체Intergovernmental Panel on Climate Change, IPCC[*]의 첫 보고서도 그가 주도해 작성한 것이다.

아간빙기, 즉 단스고르-외슈거 (온난) 이벤트는 보통 급작스

러운 기온 상승과 함께 시작되어 기온의 완만한 하강으로 끝이 나
곤 했다. 그린란드의 산소동위원소 분석 결과에 따르면, 아빙기에
서 아간빙기로의 이행 과정에서는 수십 년 사이에 기온이 5~16도
상승할 정도로 변화 폭이 컸다.[8] 이 정도의 폭이면 플라이스토세
의 간빙기와 빙기 간에 나타난 기온 차이와 크게 다르지 않다.

　　단스고르-외슈거 (온난) 이벤트가 최종빙기 중에 상대적으로
따뜻한 시기들을 의미한다면, 이와 함께 자주 언급되는 하인리히
이벤트는 상대적으로 추웠던 아빙기를 가리킬 때 주로 쓰인다. 하
인리히 이벤트는 단스고르-외슈거 (한랭) 이벤트 중 규모가 큰 것
들과 시기적으로 겹친다. 하인리히 이벤트라는 명칭은 독일의 해
양지질학자이자 고기후학자인 하르트무트 하인리히 Hartmut Heinrich
의 성을 딴 것이다. 하인리히는 1988년 논문에서 북대서양 바다
밑에 분포하는 조립질 퇴적층을 분석한 결과를 발표해 세계 고기
후학계에 큰 반향을 일으켰다.[9]

　　북대서양 심해저에서 시추한 퇴적물 코어를 절개하면 10~15
센티미터 두께의 조립질 층들이 불규칙한 간격을 두고 분포하는
것을 볼 수 있다. 과거 북대서양의 빙산이 남하 중에 녹아 사라질
때 빙산 속에 갇혀 있던 조립질의 광물이 밑으로 가라앉으면서 쌓
인 층들이다. 층을 형성하는 조립질 광물은 빙산에 의해 해양으로
운반된 침식 물질이라 해서 빙운쇄설물 ice-rafted debris 이라 부른다.
빙운쇄설물 층이 쌓인 시기는 빙산이 남쪽으로 많이 내려온 시기

＊　　IPCC는 1988년 유엔 환경계획과 세계기상기구가 지구 온난화에 대처하기 위해 설립한
국제 기구다. 전 세계의 과학자들이 공동으로 작업한 보고서를 5~10년마다 발간한다. 이 IPCC
의 평가보고서는 과학적 근거를 토대로 기후 변화를 설명하고 지구 온난화의 위험성을 낮출
수 있는 여러 대응 정책들을 제시한다. 또한 유엔 기후변화회의에서 정부 간 협상을 위한 기본
자료로도 활용되고 있다.

로 볼 수 있다. 하인리히는 이들과 기후의 관계를 탐색하는 중요한 연구 업적을 남겼다.

그러나 빙운쇄설물 층의 존재를 처음 확인한 사람은 하인리히가 아니라 미국의 해양지질학자인 윌리엄 러디먼William Ruddiman이었다.[10] 러디먼은 북대서양의 조립질 층을 처음으로 발견한 학술적 공로도 있지만, 그보다는 여러 가설과 다양한 저서로 더욱 유명한 사람이다. 그는 독특한 가설을 제시하고 이와 관련된 논쟁을 즐기는 학자다. 특히 인류세의 시작을 산업혁명이 촉발된 18세기가 아니라 집약적 농경이 시작된 8000년 전으로 봐야 한다고 주장한 것으로 잘 알려져 있다.[11] 그의 주장은 온실 기체의 자연스러운 변화 경향이 달라지기 시작한 시기가 8000년 전이라는 자신의 분석 결과에 기반한다. 8000년 전부터 지구상에 농경 문화가 본격적으로 전개되면서 온실 기체의 양이 크게 증가했다는 것이다.

이렇듯 초반에는 러디먼과 하인리히가 빙운쇄설물 연구를 주도했지만, 이 연구의 가치를 실질적으로 높인 공로는 두 사람보다는 하인리히 이벤트라는 명칭을 처음 사용한 미국 컬럼비아대학교의 제러드 본드Gerard Bond에게 돌아가야 할 것이다. 그의 연구진은 북대서양 퇴적물을 분석해 최종빙기 중에 빙산이 남쪽으로 확산된 시기가 여섯 번 정도 있었음을 확인하고 이러한 변화를 하인리히 이벤트(H1-H6)로 명명했다(그림 2.5).[12] 또한 하인리히 이벤트의 발생 시기와 그린란드 $\delta^{18}O$ 값이 낮았던 시기를 비교해 빙산의 남하가 당시의 기후 변화에 의한 것임을 밝혀냈다.[13] 이 시기에는 다수의 대형 빙산이 해양으로 떨어져 나오면서 엄청난 양의 민물이 북대서양에 공급되었다. 민물이 유입될 때마다 북대서양의 열염순환thermohaline circulation은 심한 방해를 받았고 북반구에는 갑

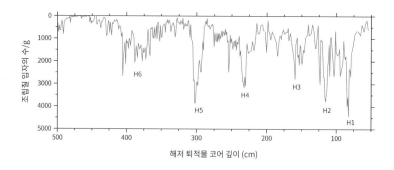

그림 2.5 하인리히 이벤트(H1~H6) 기후의 한랭화로 평소보다 북대서양 빙산의 수가 늘면서, 북대서양 심해 퇴적물 내에 빙산에 의해 운반된 조립질이 갑자기 증가하는 시기다.

작스러운 기후 변화가 나타났다.

대서양 자오선 역전순환의 변동

열염순환은 고기후학적으로 매우 중요한 개념이라 그 원리를 명확하게 짚고 넘어갈 필요가 있다. 열염순환은 바닷물의 열에너지thermo와 염 농도haline 변화에 의해 형성되는 해류의 장기적 흐름을 의미한다. 과거 급격한 기후 변화 대부분이 대서양 남북 방향에서 일어난 열염순환과 관련이 있었기 때문에, 지금은 열염순환 대신 대서양 자오선 역전순환으로 더 많이 불리고 있다. 이 순환이 원활하게 이루어지지 않으면 북반구를 중심으로 갑작스러운 한랭기가 나타날 가능성이 커진다.

열염순환은 미국 컬럼비아대학교 라몬트-도허티연구소의 월리스 브뢰커Wallace Broecker에 의해 그 존재가 처음 입증되었다. 그는 1970년대에 지구 온난화를 사회에 처음 소개한 과학자들 가운데 한 명으로 해양이 기후 변화에 미치는 영향을 밝혀낸 가히 기후 변화 연구의 선구자라 할 수 있다. 특히 대기에서 바다로 녹아

든 방사성탄소의 연대를 측정해 북대서양에서 시작되는 심층수의 순환을 확인함으로써 이후의 기후 변화 연구에 크게 기여했다. 그는 이러한 해양 순환을 '컨베이어 벨트'라 불렀는데, 과거 이 벨트가 오작동할 때마다 갑작스러운 기후 변화가 일어났다며 지구온난화가 앞으로 지속된다면 유사한 일이 반복될 수 있다고 경고하기도 했다.

실제 과거 열염순환의 오작동으로 약 4만 4000년 전에서 4만 년 전 사이에 나타난 세 번의 단스고르-외슈거 (한랭) 이벤트는 동시기에 현생인류의 친척인 네안데르탈인이 급감한 원인 가운데 하나로 지목받고 있다.[14] 하지만 네안데르탈인의 멸종에 기후 악화가 절대적인 영향을 미쳤다는 주장에는 논리적으로 설명이 안 되는 부분이 있다. 열염순환의 교란은 그 이전에도 수차례 반복적으로 지구에 영향을 미쳤는데, 갑자기 4만 4000년~4만 년 전에 발생한 이벤트에 네안데르탈인이 유독 심한 충격을 받았다고 볼 근거는 어디에도 없기 때문이다. 분명 호모 사피엔스와의 경쟁, 질병의 창궐, 화산 폭발, 출산율 감소 등 다른 요인도 영향을 미쳤을 것이다. 특히 자원을 두고 벌이는 경쟁에서 언어를 매개로 한 협업에 익숙했던 사피엔스를 네안데르탈인이 이기기란 쉽지 않았을 것이다. 과연 무엇이 일차적인 요인이었는지 아직은 정확히 알 수 없지만, 빙하기의 변덕스러운 기후 변화에 힘겨워하던 네안데르탈인이 소통 능력에서 앞선 호모 사피엔스와의 경쟁에서 밀려났다고 보는 것이 자연스럽다. 주된 이유가 무엇이었든 유럽에서 호모 사피엔스는 경쟁 상대인 네안데르탈인을 밀어내고 최종 승자가 될 수 있었다.

대서양 자오선 역전순환은 북쪽으로 향하는 표층 해수와 남

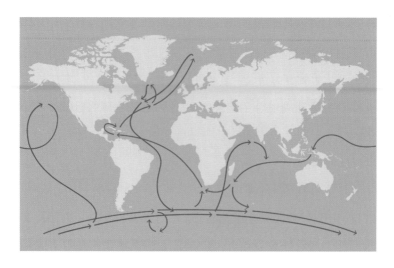

그림 2.6 열염순환 빨간색 선은 따뜻한 표층수를, 파란색 선은 차가운 심층수를 나타낸다. 저위도 지역의 잉여 에너지가 차가운 고위도 지역으로 전달되면서 지구의 열평형을 유지하는 역할을 한다. 열염순환이 교란되면 고위도 지역을 중심으로 한랭화 현상이 빠르게 나타날 수 있다.

쪽으로 향하는 심층 해수의 연결된 흐름으로 대서양에서 나타난다. 남대서양의 표층 해수는 적도를 지나 북쪽으로 이동하는 과정에서 고위도의 차가운 대기에 많은 열을 빼앗긴다. 또한 따뜻한 적도 지역을 통과할 때 증발이 활발하게 일어나므로 바닷물의 염도는 높아지게 된다. 수온의 저하와 염도의 상승으로 바닷물의 밀도는 그린란드 부근에서 크게 높아지며 해수는 더는 표층에 머무르지 못하고 가라앉는다. 심해로 가라앉은 바닷물은 남쪽으로 이동하는 심층 해수에 합류한다(그림 2.6). 표층 해수의 이러한 흐름은 적도 지역과 남반구의 잉여 에너지를 북반구로 전달하는 역할을 한다. 저위도 지역에서 전달되는 열 덕분에 북대서양의 고위도 지역은 같은 위도대의 다른 곳들보다 기후가 온난한 편이다. 그러나 기온 상승으로 빙하가 녹아 북대서양으로 대량의 민물이 유입되면 밀도가 낮아진 표층 해수가 잘 가라앉지 않아 열염순환이 느려지게 되는데, 이러한 경우가 최종빙기 동안 수차례 있었다. 열염순환의 교란이 나타날 때마다 북반구는 차가워졌고 생태계는 큰 충격을 받았다.

대서양 자오선 역전순환과 함께 자주 등장하는 가설이 양극간 시소 현상bipolar seesaw이다. 빙하에서 녹은 민물이 북대서양으로 유입되면 열염순환이 약해져 북쪽으로 전달되어야 할 열에너지가 남반구에 쌓이게 된다. 이렇게 되면 북반구는 차가워지지만 남반구는 오히려 따뜻해진다.[15] 양극간 시소 현상의 존재는 1000년 이상의 주기로 나타나는 장기적 기후 변화에서 열염순환과 같은 해양 순환이 대기 순환보다 더 중요했다는 것을 의미한다. 대기 순환은 해양 순환보다 기후 변화 신호를 지구 전체에 빠르게 전달하는 속성을 갖고 있다. 만약 대기 순환이 더 중요했다면 과거 양극간 시소 현상은 그리 뚜렷하게 나타나지 않았을 것이다. 북반구와 남반구의 기후 변화가 반대 양상을 보였다는 가설은 여러 고환경 자료와 기후 모델링 자료로 입증되고 있다.[16]

그렇다면 과거 대서양 자오선 역전순환의 교란은 왜 일어난 것일까? 앞에서 언급했듯이 학자들은 북대서양으로 담수가 유출되면서 발생한 현상으로 본다. 그러나 이 설명만으로는 부족하다. 애초에 담수가 생성된 원인을 정확히 알지 못하기 때문이다. 이와 관련해 여러 가설이 제기되었지만 아직 정확한 메커니즘은 밝혀지지 않았다. 현재로서는 태양 흑점 수가 늘어날 때 지구의 기온이 높아져 바다로 유입되는 융빙수가 증가했다는 가설이 가장 설득력 있어 보인다.[17] 그러나 흑점 수가 관여하는 일사량 변화는 극히 미미해 극 지역의 빙상에 직접적인 영향을 미칠 정도는 아니다. 만약 태양 활동의 증감이 전 지구적 기후 변화로 이어진 것이 맞다면, 다양한 종류의 피드백 작용이 중요한 역할을 했을 것이다.

앞서 하인리히 이벤트를 설명할 때 소개한 제러드 본드는 대서양 자오선 역전순환의 교란 및 단스고르-외슈거 이벤트의 원인을 태양 활동 변화에서 찾으려 한 사람들 중 하나였다. 그는 자신의 연구에서 홀로세 기후 변화가 1500년 주기의 태양 활동 변화에 따른 것임을 확인했고, 이를 토대로 단스고르-외슈거 이벤트 또한 태양 활동과 관계가 있을 것으로 추정했다.[18] 그러나 많은 학자가 연구를 거듭하고 있음에도, 여전히 최종빙기의 기후 변화와 흑점 수 변화에 1500년이라는 공통된 주기가 존재했는지, 두 변수의 변화가 상호 조응했는지는 명확하게 밝혀지지 않고 있다. 최종빙기의 기후 변화를 가져온 원인을 찾는 일은 향후 학계에서 해결해야 할 중요 연구 과제 중 하나다.

한편 홀로세에 1500년 주기로 나타난 단기 한랭기들은 이를 처음 확인한 본드의 이름을 따 본드 이벤트라 불린다. 대중에게 잘 알려진 소빙기 또한 여러 본드 이벤트 중 하나로 간주된다. 그러나 홀로세의 기후 변화는 빙기 때와 비교할 때 매우 미약하고 불분명하기에 본드 주기라는 것이 실제 존재하는 것인지에 대한 논란 또한 여전히 남아 있다.[19]

그린란드 빙하를 분석한 결과 밝혀진 단스고르-외슈거 이벤트와 북대서양의 심해저 퇴적물을 분석해 밝혀진 하인리히 이벤트는 서로 관련이 있다. 하인리히 이벤트와 단스고르-외슈거 (한랭) 이벤트는 거의 동시기에 일어난 것으로 확인된다. 즉 그린란드에서 한랭했을 때 빙상이 활발하게 붕괴하면서 많은 빙산이 생성되었고 이것들이 대량으로 남하했다는 말인데, 언뜻 잘 이해가 되

(a) 빙상 최대 확장기와 압력으로 가라앉은 지형

4.5 km

(b) 심해 수온 상승으로 빙상 후퇴 시작

4.5 km

(c) 수온 상승 가속화와 빙상의 빠른 후퇴

4.5 km

(d) 빙상의 후퇴와 앞 지형 융기

4.5 km

그림 2.7 하인리히 이벤트에 의한 빙상의 변화 (a) 빙상이 최대로 전진한 상태. 빙상의 앞부분 바닥이 해수면보다 수백 미터 아래에 있다. (b) 심해수가 따뜻해지면서 빙상이 후퇴한다. (c) 빙상이 (온도가 더 높아진) 심해수와 만나면서 빙상의 후퇴가 빨라진다. (d) 빙상 끝부분이 무너지면서 빙상이 한참 뒤로 물러난다. 앞쪽의 지형이 솟아오르면서 (온도가 높은) 심해수가 차단되고 빙상은 다시 성장하기 시작한다.

지 않는다. 텔레비전 방송에서 지구 온난화의 위기를 다룰 때 가장 자주 나오는 화면이 바로 빙하 가장자리가 무너지는 모습이 아니던가. 보통 빙하의 붕괴는 기온이 올라갈 때 일어나는 것으로 여겨진다.

오래전부터 학계에서는 빙하가 커져 질량이 증가하면 기저면에 접한 빙하 아랫부분이 강한 압력을 받아 녹고, 이 녹은 부분이 윤활 역할을 해 얼음의 가장자리가 육지 밖으로 돌출된 후 떨어져 나간다는 가설이 있었다.[20] 그러나 육상 빙하의 내부 변화만으로 하인리히 이벤트와 단스고르-외슈거 (한랭) 이벤트가 동시에 나타나는 현상을 설명하기는 쉽지 않았다. 빙상의 확대가 빙산의 생성으로 이어진다는 보장이 없었기 때문이다. 빙산이 생성되기 위해서는 일정 수준의 외부 충격이 필요해 보였다.

최근에 이러한 모순을 해결하기 위해 다음과 같은 메커니즘이 제시되었다(그림 2.7).[21] (1) 단스고르-외슈거 (온난) 이벤트가 나타나 지구의 기온이 올라간다. 온난 이벤트가 발생하는 이유는 명확하지 않으나 태양의 흑점 수 증가 그리고 뒤이은 피드백 작용과 관련이 있을 것으로 추정된다. (2) 북아메리카의 빙하가 녹아 민물이 북대서양으로 유입된다. (3) 대서양 자오선 역전순환의 속도가 감소하면서 한랭기로 접어든다. (4) 표층의 차가운 해수가 잘 가라앉지 못하면서 북대서양의 심해 수온은 증가한다. (5) 높아진 심해 수온으로 빙상 가장자리의 아랫부분이 약해지고 윗부분이 붕괴됨으로써 빙산이 형성되고 빙상은 후퇴한다. (6) 빙상의 후퇴 이후 얼음의 압력이 사라지면서 빙상 앞쪽 지형이 솟아오른다. (7) 솟아오른 지형 덕에 빙하는 저층의 따뜻한 바닷물로부터 더는 영향을 받지 않는다. (8) 대서양 자오선 역전순환의 교란으로 대기는 한랭한 상태이므로 빙상은 다시 확장한다. 요약하면 심해 수온의 상승으로 빙상 가장자리가 충격을 받아 빙산(유빙)이 만들어졌다는 것이다. 이는 대서양 자오선 역전순환이 교란되면서 대서양 고위도 지역은 추워졌지만 빙상의 붕괴는 활발해졌다는, 일견 모순되는 듯한 현상을 논리적으로 설명한다.

하인리히 이벤트와 제주도 하논 분화구

우리나라에서는 극히 최근에서야 하인리히 이벤트 혹은 단스고르-외슈거 이벤트에 대한 연구가 발표되고 있다. 그러나 중국이나 일본 고기후 학계에서는 이미 1990년대 중반부터 이 이벤트들에 대한 관심이 높았다. 예를 들어 중국 내륙의 뢰스loess 평원에서 보고된 고토양-뢰스 분석 결과에서는 하인리히 이벤트와 단스고르-외슈거 이벤트 대부분이 확인되었다. 연구진은 이 연구 결과를 토대로 최종빙기 때 대기 상층의 편서풍이 남북으로 움직이면서 북대서양의 기후 변화가 동아시아로 전달되었다는 가설을 제시했다.[22]

또한 중국 동북부와 일본에서 보고된 호수 퇴적물 분석 결과와 동중국해, 북중국해, 동해 등지에서 시추된 분석 결과에서도 북대서양과 동아시아의 기후 변화는 상당히 유사했던 것으로 나타나고 있다. 무엇보다도 중국 석회암 동굴의 석순 산소동위원소 분석 결과는 북대서양과 동아시아 간에 존재했던 기후원격상관을 뚜렷하게 보여준다. 중국 시안자오통대학교의 하이쳉Hai Cheng을 위시한 중국의 고기후 연구팀은 상당히 신뢰할 만한 석순 $\delta^{18}O$ 자료[*]를 지속적으로 생산해내고 있다. 그의 연구팀은 중국 난징 인근의 훌루 동굴Hulu cave에서 고해상의 $\delta^{18}O$ 자료를 얻은 후, 이를 그린란드 $\delta^{18}O$ 자료와 비교해 두 지역에서 최종빙기의 기후가 변화하는 경향이 유사했음을 밝혔다. 특히 두 지역에서 하인리히 이벤트들이 나타난 시기들이 대부분 일치했다(그림 2.8).[23] 훌루 동굴 논문은 지금까지 2600번 이상 인용되었을 정도로 전 세계 고기후 학계에 큰 영향을 미쳤다.

이후 그들은 중국 남동부의 동거 동굴Dongge cave에서 확보한 석순을 분석해 동아시아의 홀로세 기후 변화를 복원하기도 했는데, 이 결과 또한 그린란드의 홀로세 자료와 유사했다.[24] 최종빙기에 이어 홀로세에도 두 지역의 기후가 서로 연동하면서 변화했음을 의미한다. 특히 태양 활동 변화와 그린란드 및 동거 동굴 자료에서 복원된 홀로세 기후 변화가 의미 있는 상관관계를 보임으로써 태양 활동이 홀로세 기후를 결정한 주요인이었다는 본드의 가설이 더욱 설득력을 얻게 되었다. 이 연구 또한 인용 횟수가 1900번에 달한다. 훌루 동굴과 동거 동굴의 산소동위원소 분석 결과는 학술적 가치 측면에서 세계에서 가장 중요한 고기후 자료 중 하나라 해도 과언이 아니다.

우리나라에서는 강원도 관음굴 석순의 $\delta^{18}O$ 자료에서 단스고르-외슈거 이벤트 20, 21, 22번이,[25] 제주도 서귀포 인근 고호소의 퇴적물 분석 자료에서 하인리히 이벤트 1, 2, 3번과 단스고르-외슈거 이벤트 3, 4번이 확인된 바 있다.[26] 그러나 최종빙기의 기후

---

* 석순은 석회암 동굴의 천장에 붙어 자라는 종유석에서 바닥으로 낙하한 지하수 내 탄산칼슘이 지속적으로 침전되면서 만들어진다. 석순은 시간의 흐름에 따라 차츰 성장하므로 연대 측정과 함께 $\delta^{18}O$ 분석을 수행하면 과거 기후 변화를 복원해낼 수 있다. 석순을 반으로 절개했을 때 하단부의 안쪽이 제일 오래전에 형성된 부분이며 상부로 갈수록 보다 최근에 형성된 것이다. 석순의 $\delta^{18}O$ 값에 미치는 환경 인자들이 다양해 자료 해석 시 간혹 논란이 일기도 하지만, 석순은 빙하 및 나이테와 함께 가장 신뢰할 만한 분석 시료라 할 수 있다. 보통 $\delta^{18}O$ 값이 낮으면 습한 기후를, 높으면 건조한 기후를 지시한다.

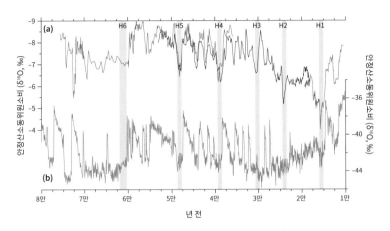

그림 2.8 기후원격상관의 증거 (a) 중국 훌루 동굴의 석순 δ¹⁸O 자료와 (b) 그린란드 빙하 δ¹⁸O 자료의 비교. 두 지역에서 최종빙기의 기후가 변화하는 경향이 상당히 유사했다. 여섯 번의 하인리히 이벤트가 두 지역에서 동시에 나타났음을 알 수 있다. 최종빙기 내내 북대서양과 동아시아 간에 강한 기후원격상관이 존재했음을 지시한다.

변화를 보여주는 자료가 극히 부족해 가치 있는 논의는 이루어지기 어려운 상황이다.

그나마 제주도에서 최근에 최종빙기 후반의 기후 변화를 상세히 보여주는 고해상 자료가 생산되어 우리나라의 최종빙기 연구에 숨통이 트였다. 제주도 서귀포 인근에는 하논이라 불리는 마르 호가 존재하는데, 우리나라에서는 거의 유일하게 최종빙기 중에 쌓인 호수 퇴적물을 얻을 수 있는 곳이다(그림 2.9). 고기후 변화를 복원하기 위해 다양한 종류의 퇴적물을 분석하지만, 그중 연구에 가장 적합한 것은 자연 호수에서 얻은 퇴적물이다. 범람원이나 습지에 비해 호수는 퇴적률이 일정해 퇴적된 층의 연대를 더 정확하게 유추할 수 있기 때문이다. 따라서 자연 호수가 거의 남아 있지 않은 우리나라에서 과거 자연 호수였던 하논의 퇴적물이 갖고 있는 고기후 정보의 가치는 매우 크다고 할 수 있다. 동해안에 다수의 석호가 존재하긴 하나 이곳에서 최종빙기에 쌓인 퇴적층을 찾기는 쉽지 않다. 참고로 우리나라의 석호 퇴적물은 홀로세 초기의 해수면 상승 탓에 퇴적률 또한 일정하지 않아 고기후 연구에는 그리 적합하지 않다.

　제주어로 '하다'는 '많다'는 의미다. 하논이라는 이름은 많은 논을 의미하는 '한논'에서 유래되었다. 하논이 놓여 있는 분화구는 '마르Maar'라는 지형으로 분류되는데, 마르는 마그마가 지하수를 만나 형성된 수증기가 지하 깊은 곳에서 순간적으로 폭발하면서 만들어진 분화구를 뜻한다. '마르'는 명칭의 근원지인 독일 그리고 멕시코와 중국 동북부 지역에 집단으로 분포한다. 용암 분출로 형성된 일반적인 화구들과 비교할 때 면적은 넓지만 깊지는 않으며, 분화할 때 방출된 화산쇄설물이 화구 주변에 환상으로 쌓여 낮은 화구륜을 형성한다.

그림 2.9 하논 분화구 지형학적으로 마르 호수로 분류되며 우리나라에서는 거의 유일하게 최종빙기 중에 쌓인 호수 퇴적물을 얻을 수 있는 곳이다. 낮은 화구륜이 감귤밭과 논으로 이루어진 화구 바닥을 둘러싸고 있는 모습이 인상적이다. (사)하논분화구복원 범국민추진위원회 제공.

하논은 과거 빙하기 때부터 호수였으나 500여 년 전 주민들이 벼농사를 짓기 위해 화구의 일부를 터 호숫물을 뺐다고 전해진다. 지금은 제주도에서 거의 유일하게 벼농사를 짓는 곳이다. 제주도는 지표의 90퍼센트 이상을 현무암이 덮고 있어 물이 대부분 지하로 빠져나간다. 따라서 하천이나 습지를 찾아보기 힘들며 하논을 제외하면 벼농사를 할 수 있는 곳이 거의 없다고 해도 무방하다.

2000년대 초반 서귀포시는 하논 분화구를 이용해 야구장을 짓겠다는 어처구니없는 계획을 세우기도 했다. 다행히 환경 단체의 반대로 무산되기는 했지만 당시 자연환경에 대한 사람들의 인식 수준을 엿볼 수 있다. 수년 전부터 하논 분화구의 독특한 지형과 경관 그리고 분화구 내 호수 퇴적물의 연구 가치가 강조되면서 호수를 과거 상태로 복원하려는 계획이 진행 중이다.[27] 하논이 호수로 복원된다면, 원시 상태의 자연을 복원한다는 상징적인 의미도 있고 미래의 타임캡슐로써 후세대의 과거 생태계 변화 연구에 활용될 수도 있으니 복원에 드는 비용 이상의 장기적 이익이 있을 것이다.

한 가지 꼭 염두에 두어야 할 점은 생태 복원은 단견으로 쉽게 결정하고 진행할 수 있는 사안이 아니라는 것이다. 무엇보다 복원 목표가 명확해야 하는데, 근거로 삼을 만한 것이 딱히 없다. 그러다 보니 어느 시기의 자연환경을 원형으로 삼을지 상당히 애매하다. 예를 들어 조선 시대 주민들이 하논 분화구에서 호숫물을 빼기 이전이 적절한지, 아니면 농경민이 육지에서 제주도로 진출하기 전이 적절한지, 아니면 홀로세가 시작되기 전이 적절한지 결정하기가 어렵다.

하논 퇴적물의 꽃가루 분석에 의하면, 최종빙기에는 호수가 꽤 깊었는데 홀로세로 접어들면서 수위가 상당히 낮아졌던 것으로 추정된다. 그렇다면 어느 정도 수위의 호수가 원형으로 적당한 것일까? 그리고 이상적인 생태계는 무조건 인간의 영향이 최대한 배제된 상태여야만 하는가? 인간도 생태계의 일부이므로 굳이 배제하지 않는다면, 소위 '자연스러운 경관'이라는 것이 포함할 수 있는 인간의 간섭 정도는 어느 정도 수준일까? 이러한 다양한 물음에 제대로 된 답을 내기 위해서는 현 수준의 고환경 연구로는 어림도 없다. 앞으로 더욱 많은 노력이 필요하다.

최근 하논 복원 계획이 속도를 내지 못하는 듯하다. 사업이 지지부진한 것 같아 안타깝기도 하고 혹시 충분한 숙고 없이 졸속으로 복원이 이루어질까 염려되기도 한다. 언제가 될지 모르겠으나 앞으로 재탄생하게 될 하논 분화구가 생태계 복원의 훌륭한 본보기가 되길 희망해본다. 어쨌든 하논 분화구에 야구장을 건설하려던 시도가 우스꽝스러운 해프닝으로 끝난 것은 다행이다. 세계적으로 웃음거리가 될 뻔했다.

하논 퇴적물의 프록시 자료에서는 하인리히 이벤트와 단스고르-외슈거 이벤트 외에도 최종빙기 중 가장 추웠던 2만 4000년 전부터 1만 8000년 전까지의 한랭·건조했던 기후가 뚜렷하게 확인된다.[28] 여기서 잠깐, '프록시proxy'라는 단어가 의미하는 바를 짚고 넘어가자. 극히 상식적인 얘기지만 과거의 실제 기온이나 강수량 자료는 타임머신을 타고 과거로 직접 가지 않는 한 얻을 방법이 없다. 그래서 학자들은 다양한 생지화학적 분석을 통해 얻은 자료를 토대로 과거 기후를 복원하게 되는데, 이때 그 자료들을 프록시라 부른다. 탄산염과 빙하의 산소동위원소비, 나이테의 폭, 꽃가루의 종류 등은 기온이나 강수량을 직접 수치로 보여주지는 못하지만 간접적으로 기후를 추정할 수 있게 도와주는 프록시 자료로 가장 많이 활용되는 것들이다.

과거 기후 변화의 거울들

빙하

남극, 그린란드와 같은 극 지역 그리고 남아메리카의 안데스산지나 아프리카의 킬리만자로산과 같은 고지대에는 과거에 내린 눈이 두꺼운 얼음으로 변해 거대한 빙하를 이루고 있다. 20세기 초반부터 전 세계 고기후학자는 이러한 빙하로부터 얼음 코어를 시추해 다양한 분석을 수행해왔다. 과거 기후에 대해 우리가 아는 지식은 대부분 최고 80만 년 전까지 거슬러 올라가는 극 지역 빙하를 분석해 얻은 것이라 해도 과언이 아니다. 빙하 연구를 통해 중요한 고기후 프록시 자료를 다수 확보할 수 있었다. 그중 과거 기온을 정량적으로 보여주는 빙하의 산소동위원소 자료는 현재 전 세계 고기후학자가 가장 많이 찾는 프록시 가운데 하나다.

빙하 속에 포집된 과거 공기를 분석하면 이산화탄소나 메탄가스 같은 온실 기체 농도의 시기별 변화 또한 알 수 있다. 이 프록시 자료는 과거의 기후 변화뿐 아니라 현재 우리가 겪고 있는 지구 온난화의 실체를 파악하는 데도 도움이 되므로 학술적 가치가 높다. 과거 수십만 년 동안 이산화탄소와 메탄가스 농도의 변화 모습은 기온의 변화 모습과 놀랍도록 일치했다. 온실 기체량의 변화가 기온 변화를 촉반한 것은 아닌 듯하다. 반대로 기온이 온실 기체 농도를 조절해왔다는 것이 중론이다. 즉 과거 빙하기 내내 밀란코비치 주기에 따라 기온이 상승했을(하강했을) 때 대기 중 이산화탄소와 메탄가스 농도가 증가(감소)했다는 것이다. 학자들은 기온과 온실 기체 간 관계를 논리적으로 설명하기 위해 다양한 가설들을 내놓고 있다. 한편 빙하 속에는 바다에서 기원한 해염이나 춥고 건조한 시기에 육지에서 날아온 먼지 그리고 화산 폭발로 쌓인 재나 황산염 등도 포함되어 있다. 빙하고기후학자들은 이러한 입자들의 시기별 농도를 측정해 과거의 기후와 환경 변화를 유추하곤 한다.

석순

석회암 동굴의 밑바닥에 있는 석순들은 최근 들어 빙하 못지않게 각광을 받고 있는 고환경 시료다(그림 2.10). 석순의 구성 물질인 탄산칼슘$CaCO_3$의 산소동위원소를 분석하면 고해상의 고기후 자료를 얻을 수 있다. 석회암 동굴 상부의 지표로부터 땅속으로 스며든 빗물은 토양의 이산화탄소를 흡수해 약산성을 띠고 주변의 석회암을 녹인다. 빗물이 석회질로 포화된 채 기압이 낮은 동굴에 다다르게 되면 이산화탄소를 방출하게 되는데, 이때 탄산칼슘이 침전되면서 석순이나 종유석 같은 독특한 형태의 암석이 만들어진다. 석순은 종유석과 달리 내부가 석회질로 단단히 채워져 있어 동위원소 분석에 더 적합하다. 한편 석순의 연대를 측정할 때 자주 활용하는 우라늄-토륨 연대 측정은 에러 범위가 좁아 탄소 연대 측정보다 정확한 결과를 산출하므로, 석순 자료의 신뢰도는 퇴적물 자료보다 높은 편이다.

고기후학자들은 석순을 구성하는 탄산칼슘에 포함된 산소동위원소 비율을 분석해 동굴 주변 지역의 과거 습윤 혹은 가뭄 정도를 파악한다. 단 석순의 산소동위원소비에 직접적인 영향을 미

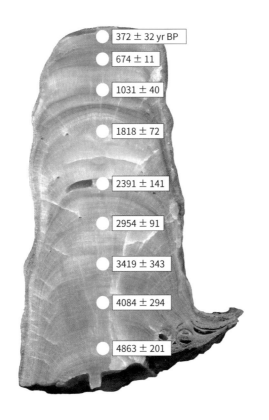

372 ± 32 yr BP

674 ± 11

1031 ± 40

1818 ± 72

2391 ± 141

2954 ± 91

3419 ± 343

4084 ± 294

4863 ± 201

2cm

그림 2.10 강원도 영월군 삼각산 수직굴의 석순 연구진이 우라늄-토륨 연대 측정을 위해 석순 표면에서 시료를 떼어낸 위치와 연대 측정 결과가 함께 표시되어 있다. 석순의 산소동위원소 분석은 연대 측정보다 더 촘촘히 이루어진다. 석순은 동굴 천장의 종유석에서 떨어지는 빗물에 의해 성장하므로 상부로 갈수록 최근에 형성된 층이 나타난다. 강원대학교 조경남 교수 제공.

치는 강수의 산소동위원소비가 국지적인 기후 변화를 정확히 반영하지 못하는 경우도 있으므로, 강수량 관측 자료와 석순의 산소동위원소비 간에 관련성이 있는지를 먼저 확인할 필요가 있다. 실제 최근 들어 중국의 석순 자료들이 동굴이 위치한 중국의 기후변화가 아닌, 이 동굴들로 수증기를 공급하는 인도 몬순의 상태 변화를 반영한다는 주장이 잇따르면서 지금까지 동아시아 기후

변화의 지침서와도 같았던 중국의 석순 자료를 이제는 재검토해야 하는 것은 아닌지 논란이 일고 있다.[29]

나이테

나이테의 불규칙한 폭은 나무가 서식하는 곳의 최근 기후를 반영한다. 앤드루 더글러스Andrew Douglass는 나이테의 이러한 속성을 이용해 과거 기후를 복원하려 한 선구적 인물이다. 그는 전 세계 나이테 연구의 산실이라 할 수 있는 미국 애리조나대학교 나이테연구실Laboratory of Tree-Ring Research의 설립자이기도 하다. 그는 특히 태양이 기후에 미치는 영향에 관심이 많았는데 흑점 수의 주기적 변화가 기후의 변화를 가져오고 나이테는 그 변화 과정을 고스란히 기록한다고 믿었다. 그가 고안한 다양한 연구 방법과 기기들 덕에 나이테를 분석해 과거의 연대와 기후를 밝히는 학문인 연륜연대학dendrochronology과 연륜기후학dendroclimatology은 지난 수십 년간 전 세계 고기후 연구를 이끄는 한 축이 될 수 있었다.

수목으로부터 시료를 채취할 때에는 자그마하고 기다란 코어러corer를 사용한다. 나이테 하나하나의 폭은 각 해의 기후를 반영하는데, 연구 지역에 따라 나이테 폭의 변화가 의미하는 바가 서로 다를 수 있다. 예컨대 건조한 곳에서는 나이테의 폭이 습윤 혹은 건조의 정도를 반영하며, 추운 곳에서는 기온의 고저를 반영한다. 나이테 폭이 큰 해는 습윤했거나 따뜻했고 폭이 좁은 해는 건조했거나 추운 해로 해석한다. 연륜기후학자들은 보통 수목한계선에서 자라는 나무에서 나이테 목편 시료를 채취하는 것을 선호한다. 이러한 곳의 나무들이 기온과 강수량에 민감하게 반응하기 때문이다.

나이테 자료는 기후 복원뿐 아니라 탄소 연대 측정 결과의 보정에도 중요한 역할을 한다. 나무들의 수명은 보통 길어봐야 수백 년이지만, 미국 남서부 건조 지역의 강털소나무Pinus longaeva와 같이 수명이 5000년에 가까운 나무들도 존재한다. 미국의 연륜연대학자들은 살아 있는 강털소나무와 죽어서 화석 상태로 남은 강털소나무의 나이테를 연결해 무려 8000년이 넘는 기간의 연륜연대를 구축하는 데 성공한 바 있다. 이 자료는 현재 탄소 연대 측정 결과를 보정할 때 필요한 핵심 정보를 제공한다. 나이테 자료를 이용한 탄소 연대 보정과 관련해서는 나중에 다시 살펴보자.

나이테 자료는 다른 프록시보다 연대가 매우 정확하다는 강점이 있지만 나무의 짧은 수명 탓에 장기간의 기후 변화 연구에는 적당하지 않다. 이러한 단점을 상쇄하기 위해 나이테를 연구하는 고기후학자들은 죽은 나무뿐 아니라 고건축물의 목재까지 활용하여 장기간의 나이테 연대기를 구축한다. 서로 다른 기원의 시료들에서 비슷한 폭의 나이테를 찾아 연결하는 일은 그야말로 엄청난 끈기를 요하는 고된 작업이다. 그럼에도 고기후학계에서 나이테 연구의 인기는 계속 상승하고 있다. 고기후 연구에서 연대가 정확한 고해상의 나이테 자료가 갖는 잠재력은 다른 프록시와는 비견할 수 없이 무궁무진하기 때문이다

꽃가루

꽃가루 분석은 20세기 초부터 널리 사용된 고생태학 및 고기후학 연구 방법이다. 시료 채취부터 분석까지 약간의 실습 교육만 받으면 누구나 손쉽게 할 수 있다. 오래된 분석 기술임에도 여전히 많은 이들이 찾는 이유다. 꽃가루 분석을 하기 위해서는 과거

환경 변화 연구에 적합한 퇴적물부터 확보하는 것이 우선이다. 오랜 기간 퇴적이 안정적으로 이루어지는 호수는 최적의 퇴적물을 얻을 수 있는 곳이다. 호수나 고산습지에서 퇴적물 코어를 채취한 후 반으로 절개하고, 노출된 퇴적물 표면에서 규칙적인 간격으로 시료를 채취한다. 이후 여러 종류의 산을 이용해 시료들을 전처리하면 꽃가루만 남게 되는데, 이를 슬라이드로 제작해 현미경으로 관찰한다.

꽃가루는 식물에 따라 매우 다양한 형태와 크기를 띠므로 보통 속genus 수준까지는 정확한 판별이 가능하다. 그러나 나무와 달리 초본류의 꽃가루는 형태가 엇비슷해 과family 수준의 동정에 만족해야 할 때가 많다. 한 시료당 300~500개 정도의 꽃가루를 동정해 종류별로 상대적 비율을 구한다. 우리나라를 포함한 동아시아의 꽃가루 자료에서는 참나무속의 비율이 절대적으로 높으며, 그 다음이 소나무속이다. 식생 분포는 절대적으로 기후에 의해 결정되므로 꽃가루 분석을 통해 과거의 식생 변화뿐 아니라 기후 변화까지 유추할 수 있다. 예를 들어 우리나라의 극상종인 참나무속 꽃가루가 많으면 온난 습윤했고, 초본류인 쑥속 꽃가루가 많으면 한랭 건조했다는 식의 정성적인 해석이 가능하다.

시료 확보가 쉽고 분석이 간편하며 과거 식생의 변화 과정을 밝힐 수 있다는 점에서 매력적이지만 고기후 프록시로서 꽃가루가 갖는 근본적인 한계 또한 존재한다. 정성적인 해석은 가능하지만 정량적인 결과를 산출하기는 쉽지 않다는 것이다. 식물별로 꽃가루 생산량이 천차만별인 것도 문제다. 예를 들어 바람에 의한 수분을 번식 전략으로 활용하는 소나무나 참나무는 꽃가루를 많이 생산하는 반면, 수분 과정에서 곤충의 도움을 받는 나무들은 꽃가루를 매우 조금 생산한다. 따라서 꽃가루 자료에서 일명 '충매화'라 불리는 식물들은 항상 과소 추정된다. 이외에도 식물별로 꽃가루의 이동 거리가 다르고 종 수준의 동정이 불가능해 기후 변화의 정확한 복원이 어렵고, 인간의 거주 역사가 오래된 곳에서는 인간의 영향이 함께 반영되는 등 다양한 한계점이 존재한다. 이러한 이유로 과거의 꽃가루 연구는 대부분 식생 변화에 초점을 맞췄고 기후 변화에 대해서는 간단하게 언급하고 넘어갈 때가 많았다. 그러나 지금은 꽃가루를 다루는 고생태학자들이 연대 측정치를 최대한 많이 확보하고 초고해상도의 분석을 시도하면서 이전보다 높은 수준의 연구 결과들을 발표하고 있다. 최근에는 현재의 꽃가루 분포와 기상 자료를 비교해 회귀 모형을 만든 후, 이를 이용해 과거 꽃가루 자료로부터 과거 기온이나 강수량을 복원하는 정량적 연구도 활발하다. 이러한 시도들은 꽃가루 분석이 갖고 있는 한계를 무색하게 한다.

퇴적물

꽃가루 외에도 퇴적물 분석을 통해 얻을 수 있는 고환경 프록시들은 다양하다. 기후 변화를 보여주는 산소동위원소비, 호수의 환경 변화를 보여주는 규조류Diatom,[*] 사면 침식을 지시하는 대자율Magnetic Susceptibility[**]과 X선 형광분석자료X-Ray Fluorescence[***], 호수나 주변의 생산성을 지시하는 유기물량과 탄소동위원소비, 과거

---

[*] 식물성 플랑크톤으로, 껍질이 단단한 규산질로 이루어져 있어 퇴적물에서 오랜 기간 보존된다. 꽃가루와 마찬가지로 종마다 형태와 크기가 달라 현미경으로 구분할 수 있다. 규조류는 종별로 선호하는 수문/수질 환경(수온, 산성도, 염도, 영양염의 양, 수심 등)이 각기 다르다. 따라서 퇴적물 속 규조류를 분석하면 과거 호수의 환경 변화 과정을 복원할 수 있다.

산불의 역사를 보여주는 탄편, 종 수준까지 동정 가능한 식물 유체 등 여러 프록시 자료를 퇴적물로부터 확보할 수 있다.

마지막으로 바다 깊이 퇴적된 심해저 퇴적물에 대해서 간단히 언급하고 프록시 자료에 대한 설명을 마무리하겠다. 심해저 퇴적물 속 유공충의 산소동위원소 분석을 수행해 복원된 과거 수백만 년의 기후 변화 자료는 우리가 갖고 있는 가장 핵심적인 고기후 정보 가운데 하나다. 이 자료는 기후 변화뿐 아니라 과거 플라이스토세의 해수면 변동을 복원하는 데도 활용된다. 고해양학자들은 심해저 퇴적물의 지화학적 분석을 통해 과거 해수면의 온도 변화를 추정하기도 하는데, 이들의 연구는 과거나 지금이나 지구의 기후 변화에 절대적인 영향을 미치고 있는 해양 순환을 이해하는 데 큰 도움을 주고 있다.

* * *

플라이스토세에 존재한 수많은 빙기 중 가장 추웠던 것이 마지막에 나타난 최종빙기였다. 최종빙기 내에서도 가장 추웠던 2만 4000~1만 8000년 전까지의 한랭기를 최종빙기 최성기라 부른다. 이 시기는 우리나라 제주도 하논의 꽃가루 분석 결과에서도 뚜렷하게 확인된다. 이때 기후는 매우 혹독했기 때문에 호모 사피

** 대자율은 물질이 얼마나 자화되었는가를 보여주는 수치로 측정이 간편해 퇴적물 연구에서 자주 활용된다. 보통 퇴적물의 대자율은 주변에서 침식이 많이 일어나 사면 물질이 호수나 습지로 많이 유입될 때 높아진다. 만약 특정 시기에 대자율이 높아졌다면 기후 변화나 인간의 영향에 의해 사면의 산림이 훼손되었을 가능성이 있다.

*** 보통 XRF라 부른다. 이 분석을 통해 퇴적물 속에 포함된 다양한 광물 원소의 비율이나 농도를 알 수 있다. 특히 알루미늄, 철, 티타늄 등의 원소는 대자율과 마찬가지로 주변 사면의 침식을 반영하므로 기후나 환경의 변화를 추정하는 데 활용된다.

엔스는 주로 겨울에도 비교적 따뜻한 해안가의 동굴에 흩어져서 살았다. 수렵·채집이나 어로 행위가 용이하다는 점도 해안 지역의 장점이었다. 특히 강과 바다가 만나 생활 용수가 풍부하고 생산성이 높은 염하구 지역은 빙기의 인류가 가장 선호한 곳이었다. 최종빙기의 추위는 인류의 이동 본능을 움츠러들게 할 만큼 매서웠다. 그 추위가 과연 어느 정도였는지 인류와 주변 생태계에 미친 영향은 어떠했는지 다음 장에서 살펴보자.

3장

지구에 엄청난 추위가 밀려들다

최종빙기 최성기

최종빙기 최성기는 보통 최종빙기 내에서 가장 추운 시기, 즉 대기의 평균 기온이 가장 낮은 시기를 의미한다. 이 시기의 시간적 범위를 규정할 때 간혹 온실기체 농도, 대륙 빙하의 면적, 해수면 등의 자료를 참고하기도 하지만, 일반적으로 가장 중요한 기준이 되는 것은 대기의 온도이다. 1971년 시작된 '기후: 장기 조사, 매핑 및 예측Climate: Long-Range Investigation, Mapping, and Prediction, CLIMAP' 프로젝트는 최성기의 존재를 확실하게 인식시킨 연구로 자주 거론된다.[1] CLIMAP 프로젝트의 공동 연구진은 전 세계의 최종빙기 최성기 환경을 복원해 빙상의 범위와 두께, 해수면 온도, 고해안선, 식생 등의 정보를 지도로 표현했다. 프로젝트가 진행될 당시는 탄소 연대 측정의 보정 방법이 구체화되기 전이라 최성기의 중

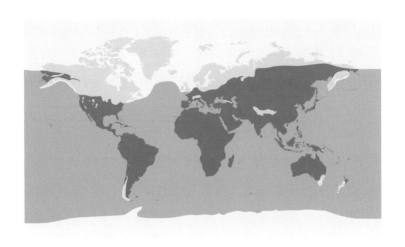

그림 3.1 최종빙기 최성기의 빙하 분포

심 시기를 1만 8000년 전으로 규정했으나, 현재 통용되는 방식으로 보정하면 2만 1000년 전 정도로 산출된다.

이후 '마지막 빙하기, 육지, 바다 및 빙하의 환경 추이Environmental Processes of the Last Ice Age, Land, Oceans, and Glaciers, EPILOG' 공동 연구팀은 최성기를 2만 3000년 전에서 1만 9000년 전까지로 봤다. 그들의 연구 결과에 따르면, 2만 1000년 전에 북반구 고위도 지역의 여름철 일사량이 최저였고 해수면이 가장 낮았으며 빙하의 부피가 가장 컸다.[2] 또 다른 대형 프로젝트였던 '빙하 대서양 맵핑Glacial Atlantic Ocean Mapping, GLAMAP' 연구에서는 최성기를 2만 2000년 전부터 1만 8000년 전까지로 규정한다.[3] 이외에도 최종빙기 최성기의 정확한 시기를 밝히려는 여러 연구가 진행되었다. 그 결과 전 세계적으로 최성기는 대략 2만 4000년 전에서 1만 8000년 전 사이에 존재한 것으로 의견이 모이는 상황이다. 하인리히 이벤트 2번과 1번 사이의 시기로 보면 크게 무리가 없다.

최성기에는 고위도 지역의 해수면 온도가 크게 낮았고, 빙하의 규모도 전후 시기에 비해 상당히 컸다. 당시 북아메리카의 로렌타이드 빙상Laurentide ice sheet은 캐나다뿐 아니라 미국 북부 내륙의 위도 38도 선까지 확장해 그 흔적을 남겼다. 그렇지만 고위도 지역과 달리 열대 지역의 최성기 해수면 온도는 그렇게 낮지 않았다. 지금과 비교해도 별 차이가 없을 정도여서 위도에 따른 해수면 온도 변화가 무척 크게 나타난 시기였다.

빙하의 성장은 최종빙기 최성기 직전인 3만 3000년 전부터 2만 7000년 전 사이에 집중적으로 일어났다.[4] 당시 북반구 여름철 일사량과 대기 중 이산화탄소 농도가 지속적으로 감소한 것이 빙하의 확장 이유로 지목된다. 이후 이들 요소가 최저치를 유지한 최종빙기 최성기 내내 빙하의 부피는 최정점에 있었다. 대략 1만 9000년 전에 이르러서야 북반구의 여름철 일사량이 증가하기 시작하며, 그 결과로 북반구에서는 융빙과 함께 급격한 해수면 상승이 뒤따르게 된다.

최종빙기 최성기의 전 세계 평균 기온은 산업혁명 이전과 비교할 때 대략 6도 정도 낮았던 것으로 추정된다.[5] 전 세계 평균 해수면은 현재와 비교할 때 대략 125미터 정도 낮았다. 당시 영구적인 빙하가 지구 표면의 8퍼센트, 육상부의 25퍼센트를 덮고 있었다(그림 3.1). 참고로 지금은 지구 표면의 3퍼센트, 육상부의 11퍼센트 정도가 빙하로 덮여 있다.[6] 빙하가 생성되려면 기온도 낮아야 하지만 무엇보다 강수량이 충분해야 한다. 최성기에는 동아시아 지역도 북아메리카나 북부 유럽 못지않게 추웠는데 빙하는 존재하지 않았다. 시베리아와 만주에 있던 강한 고기압의 영향으로 강수량이 부족했기 때문이다.

최종빙기 최성기의 혹독한 추위 속에서도 호모 사피엔스는 특징적인 수렵·채집 사회를 형성했다. 대략 3만 년 전부터 동유럽과 시베리아에서 나타난 그라베티안Gravettian 문화와 2만 2000년 전부터 유럽에 들어선 솔뤼트레안Solutrean 문화는 최종빙기 최성기를 대표하는 구석기 문화들이다. 그라베티안 문화는 대략 2만 2000년 전에 크게 위축되었는데, 이때는 최종빙기 최성기 중에서도 기온이 가장 낮은 수준으로 떨어지면서 지구의 빙하 면적이 최대로 넓어졌다. 이 추위로 인해 유럽을 중심으로 주거지 수는 현저히 감소했다. 하지만 호모 사피엔스는 상황이 어려울수록 창의력이 더욱 빛을 발하는 존재인 듯하다. 이들은 뼈바늘의 머리 부분에 구멍을 뚫어 바느질의 효율성을 높였다. 구멍이 뚫린 바늘은 의류의 제작 기술을 한 차원 끌어올리는 혁신이었다. 바느질이 편리해지면서 옷감을 더 튼튼하게 이을 수 있었고 가죽과 털을 손쉽게 봉합할 수 있었다. 호모 사피엔스의 끊임없는 진보는 혹독한 기후 변화 속에서도 이들이 살아남을 수 있는 이유였다.[7]

유럽에서 최종빙기 최성기의 후반부를 주도한 솔뤼트레안 수렵·채집민들도 불리한 기후 조건을 극복하기 위해 다양한 방법을 시도했다. 그중 가장 인상적인 것이 사냥 기술이다. 그들은 창 던지는 방식을 혁신하면서 사냥의 효율성을 대폭 높였다. 최근에는 인류 역사상 처음으로 활과 화살을 사용했을 가능성 또한 대두되고 있다. 이 주장이 맞다면 사냥 기술의 일대 혁명이라고 볼 수 있는 사건이 바로 이 시기에 있었던 셈이다. 창, 활, 화살 등의 사냥 무기 덕분에 그들은 야외에서 보내는 시간은 크게 줄일 수 있었다. 추운 기후 속에서 생존할 수 있는 능력은 한층 높아졌다.[7]

피난처 가설과 보너빌 호수

최종빙기 최성기에는 동아시아뿐 아니라 나머지 지역도 대부분 건조했는데, 현재 반건조 지역인 호주 남부나 아프리카 사헬 지역은 당시 식생이 거의 서식하지 않는 황무지나 다름없었다. 열대 지역 또한 강수량의 감소가 두드러졌다. 서아프리카 중부 지역은 사바나 식생과 수목 피난처로 구성되어 지금의 열대우림과 크게 달랐다. 남아메리카 아마존에서는 사바나 식생이 중앙에 위치함에 따라 우림이 분리된 형태로 나타났으며 동남아시아 또한 순다랜드 중앙부에 초본 식생과 낙엽림이 주로 분포했다.[8]

최종빙기 아마존의 열대우림을 논할 때 빠지지 않고 등장하는 것이 독일의 생물지리학자 위르겐 하퍼Jürgen Haffer가 1969년 주창한 피난처 가설refugia hypothesis이다.[9] 플라이스토세 내내 간빙기가 끝나고 빙기가 돌아올 때마다 아마존 열대우림은 강수량의 감소로 파편화되곤 했다. 우림의 파편화는 사바나 식생이나 키 작은 관목숲 등이 지대가 낮은 아마존의 중앙부를 잠식하면서 나타났다. 반면 당시 지형성 강우로 강수량이 유지될 수 있던 외곽의 고지대는 열대우림의 피난처 역할을 했다.

그런데 하퍼의 피난처 가설은 빙하기 열대우림의 변화를 추정하는 것에 그치지 않고 열대우림이 높은 종 다양성을 갖게 된 이유를 함께 찾으려 했다는 점에서 더욱 가치가 있다. 그의 논리에 따르면, 빙기에 고지대로 쫓겨난 동식물은 각 피난처에서 12만 년 이상 고립된 상태로 진화를 거듭하다가 결국 다른 종으로 분화했다. 따뜻하고 습한 간빙기가 도래할 때마다 (이미 크게 달라진) 고지대의 동식물은 저지대로 확산하며 조우했는데, 이때 다양한 잡종이 만들어지면서 종 다양성이 폭발적으로 증가했다는 것이다.

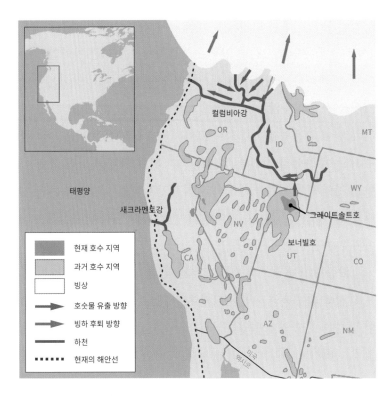

그림 3.2 작아진 보너빌호 최종빙기에 북아메리카 서부 지역은 현재보다 습해 다수의 대형 호수들이 분포했다. 빨간 화살표들은 대략 1만 4500년 전에 발생한 홍수로 호숫물이 유출된 경로를 가리킨다.

빙기와 간빙기를 수십 차례 겪은 결과가 아마존의 높은 종 다양성으로 이어졌다는 가설이다.

전통적으로 생태학계에서 가장 관심을 끈 연구 주제 중 하나가 '왜 지역에 따라 종 다양성의 차이가 나타나는가'라는 물음이었다. 아마존은 세계에서 가장 큰 열대우림 지역인 동시에 단위면적당 종 다양성도 아프리카나 아시아 열대우림에 앞선다. 지금까지 파악된 종 가운데 10분의 1 이상이 아마존에서 살아가며,[10] 5만 종 이상의 식물이 이곳에 서식하고 있다.[11] 따라서 아마존의 종 다양성이 높은 이유를 설명하려 한 피난처 가설이 학계에서 주목을 끈 것은 당연했다. 그러나 일부 고생태학자는 아마존 지역의 꽃가루 분석 결과가 피난처 가설에서 추정하는 내용과 다르다면서 이 가설을 지지하지 않는다. 아마도 아마존의 높은 종 다양성에는 여러 원인이 작용했을 가능성이 크다. 한 가지 확실한 것은 1969년 제시된 이 가설의 진위 여부를 가리기 위한 학계의 노력 덕에 아마존 지역의 자연환경 연구가 획기적인 발전을 이루었다는 점이다. 처음 가설이 제시된 지 이미 50년 가까이 시간이 흘렀음에도 이와 관련된 논쟁은 여전히 뜨겁다.[12,13]

최종빙기 최성기에는 열대우림의 감소와 함께 사하라 사막을 위시해 대부분의 사막이 크게 확장했다. 그러나 오히려 강수량이 증가한 곳도 일부 있었다. 중동의 이란이나 아프가니스탄 그리고 북아메리카 서부가 그러했다. 특히 북아메리카 서부에는 늘어난 강수량으로 미국 유타주의 반 이상을 점유하는 초대형 호수가 형성될 정도였다(그림 3.2). 지금은 그 일부가 그레이트솔트호Great Salt Lake라 불리는 상대적으로 작은 호수로 남아 있을 뿐이지만(그래도 서울 면적의 7배에 달하니 작은 호수라고 부르기에는 어색하다), 이 사라진 초대형 과거 호수에는 보너빌Bonneville이라는 이름도 붙어 있다. 미국 서부를 탐험한 프랑스 출신의 미군 장교 벤저민 보너빌Benjamin Bonneville의 이름을 딴 것이다.[14]

그의 이름을 사라진 호수의 명칭으로 사용한 사람은 미국의 지질학자 그로브 길버트Grove Karl Gilbert다. 다양한 연구 업적을 남겨 연구 기계라는 별명까지 얻은 지형학자인 길버트는 주로 유타주에서 미국 대분지Great Basin에 대한 연구에 심취했다. 인생 후반부에 연구를 지원하는 관료 역할에 치중해 학술적 기여가 눈에 띄게 줄기도 했지만, 말년에 작성한 캘리포니아 새크라멘토강의 하천 지형 보고서는 후세대 학자들에게 큰 영향을 미쳤다. 애리조나주 북부 사막에는 베린저미티어크레이터Barringer Meteor Crater라고 불리는 운석공이 있다. 구덩이를 둘러싼 외곽의 전망대에서 보이는 아래쪽 모습이 장관이다. 길버트는 화산 분화구같이 생긴 이 구덩이가 운석의 충돌로 형성된 지형이라고 생각한 최초의 학자 중 하나였다. 그는 망원경으로 관측한 달의 운석공과 애리조나의 것이 형태적으로 상당히 유사하다고 보고 그러한 주장을 폈지만, 나중에 주변에서 운석의 잔해를 발견하지 못하자 결국 자기 생각을 접고 만다.[15] '베린저'라는 명칭은 이후 실제 운석공 속에 흩어져 있던 철 성분을 확인해 이 지형의 생성 이유가 운석에 있음을 처음 입증한 사람의 이름에서 딴 것이다.[16] 지금도 베린저 가문에서 이 운석공을 소유하고 관리하고 있다.

다시 보너빌호로 돌아가자. 호수가 형성된 3만 2000년 전 이후 가장 수위가 높았던 때가 1만 4500년 전이었다. 당시 높아진 수위로 자연적으로 형성되어 있던 댐이 붕괴하면서 대규모 홍수로 이어졌는데, 이때 호숫물이 대부분 빠져나가 광범위한 땅이 뭍으로 드러났다. 이후 지속적으로 기후가 건조해지면서 호수의 규모는 더욱 위축되어 지금에 이른다. MIS2 시기의 시작과 함께 형성되어 최종빙기 최성기에 크게 확장된 보너빌 호수는 이 시기의 뚜렷한 환경 변화를 보여주는 사례로 자주 언급되곤 한다. 이렇듯 지표면에 남은 빙하기의 흔적들은 과거 과학적인 분석 방법이 개발되기 전 빙하기의 존재를 알려주는 중요한 증거들이었다. 몇 가지 더 살펴보자.

빙하기의 흔적들

1800년대 빙하기의 존재를 불신하는 분위기 속에서 과거 학자들이 주로 내세운 근거들은 도저히 형성 원인을 알 수 없는 이상한 지형이나 경관이었다. 과거에 쌓인 그러나 지금은 퇴적 작용이 멈춘 퇴적층, 멀리서 이동해온 대형 암석, 피오르fjord 해안, 암석의 빙하 찰흔striation 등은 당시의 과학 지식으로는 설명하기 힘든 지형지물이었다(그림 3.3). 또한 그들은 지금은 존재하지 않는 대형 동물들의 뼈 또한 과거 지금과는 전혀 다른 자연환경이 존재했다는 사실을 방증한다고 생각했다. 한편 반대편에 서서 지구의 빙하기를 부정하는 사람들은 이 모든 것들이 기독교 성서에 묘사된 대홍수의 결과라고 주장했다.

북유럽, 캐나다, 미국 북부 등에서는 다른 곳에서 이동해온 대형 암석들이 종종 발견된다. 석회암 지대에 덩그러니 남아 있는 화강암 돌덩어리를 상상하면 된다. 이러한 암석들은 그것들이 놓여 있는 기반암과 재질과 색이 전혀 다르기 때문에 육안으로도 식별된다. 영어로는 'erratics'라 불리는데 라틴어로 '헤매다'라는 뜻을 지닌 어근 'errae'에서 파생된 단어다. 우리나라에서는 미아석 혹은 표석이라는 용어가 쓰인다. 빙하학의 선구자로 불리는 스위스계 지질학자 루이 애거시즈Louis Agassiz는 이 미아석들을 근거로 북유럽 대부분이 과거 얼음으로 덮여 있었다고 주장했다.[17] 그는 '빙하기'라는 단어를 최초로 사용한 사람이기도 하다.

애거시즈는 죽을 때까지 창조론을 신봉하고 진화론을 거부했다. 젊었을 때는 미아석 또한 대홍수의 결과라는 확고한 신념을 갖고 있었고, 당시 학계에서 떠돌던 빙하 가설이 허구라는 것을 입증하기 위해 많은 노력을 기울였다. 그러나 답사와 실험을 거듭하면서 오히려 빙하 가설이 맞다는 확신을 갖게 된다. 빙하기가 존재했다는 자신의 생각을 너무 강하게 피력한 나머지 동료 학자들의 비웃음을 사기도 했다. 기반암 위에 새겨진 빙하 찰흔도 그가 빙하설을 확신하게 된 이유 중 하나였다.[17] 빙하가 전진할 때 빙하의 밑부분에 얼어붙어 있는 자갈들은 빙하의 엄청난 하중에 힘을 받아 빙하의 이동 방향을 따라 기반암에 기다란 자국을 남긴다. 이러한 흔적을 빙하 찰흔이라 하는데 스위스나 미국 북부 등지에서 잘 관찰된다. 과거 빙하에 대한 지식이 없을 때는 이 자국들을 마차의 이동 흔적이라고 믿었다 한다.

북극 주변의 해안에서 흔히 관찰되는 피오르 또한 과거 얼음의 작용이 잘 드러나 있는 빙하기의 유물이다. 특히 노르웨이 해안에 많이 분포하는데, 전체 해안의 90퍼센트 이상이 이 지형으로 이루어졌다고 하니 노르웨이는 가히 피오르의 대표 국가라 할 만하다. 피오르는 하천의 침식에 의해 형성되는 V자형 계곡이 아닌 빙하의 침식에 의해 만들어지는 U자형 계곡에서 나타난다. 빙하가 전진할 때에는 빙하의 엄청난 부피와 침식력에 의해 둥그런 반원의 U자형 계곡이 만들어진다. 아랫부분이 깊게 파인 V자형 계곡과 달리 U자형 계곡은 바닥이 평평하고 절벽이 가파르다. 미국 캘리포니아의 유명한 관광지인 요세미티가 바로 대표적인 U자형 계곡이다. 그런데 해안에 인접한 U자형 계곡은 간빙기의 도래로 해수면이 상승할 때 계곡이 바닷물로 채워지면서 좁고 깊은 만으로 변하게 되는데, 이를 피오르라 부른다. U자형 계곡이나 피오르 만은 해당 지역에 빙하가 존재했다는 사실을 알려주는 과거의 흔적이다.

U자형 계곡은 빙하 침식의 결과다. 그렇다면 침식된 물질들

그림 3.3 빙하기의 흔적들 (a) 영국의 미아석 (b) 스위스의 빙하 찰흔 (c) 노르웨이의 피요르
(d) 네팔의 모레인 (e) 중국 산시성의 뢰스 평원

은 어디로 운반될까? 빙하에 의해 운반되는 침식 물질은 보통 전진하는 빙하의 앞쪽이나 옆에 쌓이게 되는데, 그 결과 형성되는 퇴적 지형을 빙퇴석 혹은 모레인moraine이라 부른다. 기후가 온난해져 빙하가 후퇴하면 모레인의 형태가 뚜렷하게 드러난다. 빙하는 전진 과정에서 여러 지역을 통과하기 때문에 운반 중에 다양한 물질이 뒤섞인다. 빙하에 의해 운반된 물질들은 크기에 상관없이 큰 자갈부터 미세한 실트질까지 모두 함께 퇴적된다. 따라서 모레인은 보통 크기가 고르지 않고 기원이 다양한 퇴적물로 이루어진다. 반대로 하천 퇴적물은 하도까지의 거리가 퇴적물의 크기를 결정하므로 분급grading, 分級이 양호하다.

빙하의 전단부에서는 결빙과 융해가 끊임없이 일어난다. 얼음에서 흘러나온 융빙수는 빙하 주변의 침식 물질을 운반해 물길의 양편 바깥에 퇴적시킨다. 빙하 위에는 강한 고기압이 항시 존재해 바깥으로 불어나가는 바람의 세기가 강하다. 퇴적물은 지속적으로 바람에 의해 운반되는데, 특히 미립질의 실트질은 먼 곳까지 이동한다. 이 실트질이 쌓여 형성된 퇴적층을 '뢰스'라 부른다. 미국 중서부가 세계 최대의 옥수수 산지가 될 수 있던 근본적인 이유는 이곳에 캐나다에서 기원한 뢰스가 광범위하게 분포했기 때문이다.

과거 토양과 뢰스가 번갈아 가면서 쌓여 있는 고토양-뢰스 교호층은 제4기의 기후 정보를 담고 있는 중요한 연구 대상이다.[18] 이 교호층 분석 결과는 심해저 퇴적물의 $\delta^{18}O$ 자료와 비교될 때가 많다. 고토양은 간빙기에 식생이 정착하고 유기물이 지표에 공급되면서 형성된다. 그러나 빙기에 들어서면 건조한 기후 탓에 식생이 자랄 수 없어 풍성 퇴적물인 뢰스만 쌓이게 된다. 이렇듯 어두운색의 고토양은 간빙기, 밝은색의 뢰스는 빙기를 지시하므로 고토양-뢰스 교호 퇴적층의 연대를 분석하면 제4기 중에 빙기와 간빙기가 나타난 시기를 밝힐 수 있다.

현재 관찰되는 전형적인 빙하 지형은 최종빙기 최성기에 형성된 것들이 많다. 최성기가 빙하 작용이 가장 활발한 시기였기 때문이다. 그렇다면 최성기에 한반도를 포함하는 동북아시아의 지형은 어떠했을까? 최성기에 북아메리카의 로렌타이드 빙상은 위도 38도선까지 남하했지만, 동북아시아에는 빙하가 없었기 때문에 이렇다 할 빙하 지형은 남아 있지 않다. 그 대신 동북아시아의 최종빙기 최성기 환경을 지배한 것은 한랭·건조한 환경 속에서 경쟁력 있는 초본 식물들이었다. 지금과는 크게 달랐다.

뭍으로 드러난 대륙붕과 드넓었던 한반도의 초원

최종빙기 최성기에 동북아시아는 대부분 스텝 식생으로 덮여 있었다. 스텝이란 보통 반건조 기후 조건에서 짧은 풀들이 서식하는 평원을 뜻한다. 빙하는 존재하지 않았지만 기온은 상당히 낮았다. 제주도 하논의 꽃가루 분석 결과를 토대로 복원된 플라이스토세 후기 기후 변화 자료에 의하면, 제주도의 최종빙기 최성기 기온은 지금보다 7.5도 정도 낮은 것으로 추정된다(그림 3.4).[19] 현재 서귀포의 연평균 기온이 16.5도 정도이므로 최성기의 서귀포 기온은 지금의 강원도 태백시 기온과 비슷했다고 볼 수 있다. 그러나 해안 도시인 서귀포는 해수면이 최대로 하강한 최종빙기 최성기에도 바다와 여전히 가까웠으며 구로시오 난류의 영향을 받을 수 있는 위치에 있었다. 따라서 최성기와 현재의 연평균 기온 차이가 내륙 안쪽보다 상대적으로 적었을 가능성이 크다.

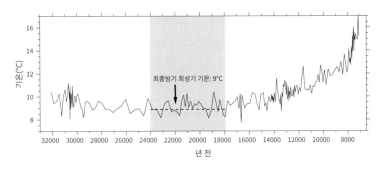

그림 3.4 제주도 서귀포 지역의 후기 플라이스토세 및 초기 홀로세 기후 서귀포의 최종빙기 최성기 연평균 기온은 대략 9도로 추정되며 지금의 강원도 태백시 기온과 비슷했다.

실제 일본 교토 인근에 위치한 비와琵琶 호수 퇴적물의 꽃가루 분석 결과는 혼슈 내륙의 최성기 기온이 지금보다 약 10.5도나 낮았음을 보여준다.[20] 서울의 현재 연평균 기온이 대략 12도이므로 일본 자료를 참고할 때 당시의 한반도 중북부 지역 기온은 현재 몽골의 연평균 기온과 엇비슷하거나 약간 높았다고 추정해볼 수 있다. 몽골의 대부분은 현재 스텝 혹은 사막 식생으로 덮여 있다. 최종빙기 최성기의 한반도 식생도 이와 크게 다르지 않았다. 하논의 꽃가루 자료는 당시 제주도를 포함한 한반도의 주된 식생 환경이 스텝 초원이었음을 잘 보여준다.[21]

그런데 최종빙기 최성기에 해수면이 하강하면서 동해를 가운데 두고 한반도 남동부에 거의 붙을 정도로 가까이 있었던 일본 열도의 식생 유형은 비슷한 기온에도 불구하고 한반도와는 완전히 달랐다. 한반도는 전역이 스텝 식생으로 덮여 있던 반면, 일본 열도는 홋카이도를 제외하면 대부분 지역이 침엽수의 차지였다.[22] 당시 한반도, (뭍으로 드러난) 서해, 중국 북동부 지역은 스텝 식생이 서식하는 매우 건조한 지대였다. 그러나 수심이 깊은 동해는 서해와 달리 해수면의 뚜렷한 하강에도 불구하고 여전히 바닷물로 채워져 있었다. 당시 동해는 일본 규슈와 한반도 사이의 좁은 해로를 통해 대양과 연결되어 있었지만 호수나 다름없는 모습을 하고 있었다. 최종빙기 최성기에 여타 동북아 지역과는 달리 침엽수림이 일본에 우위를 점할 수 있었던 이유는 바로 동해 때문이었다. 최성기에는 강력한 북서계절풍 탓에 동북아 대부분 지역이 건조했다. 그러나 일본은 북서계절풍이 동해를 지나면서 호수 효과lake effect*를 일으킴에 따라 겨울철 눈의 양이 제법 많았다. 동계의 높은 강설량은 건조했던 최종빙기 최성기에 초본류가 아닌 잣나무, 가문비나무, 전나무 등의 나무들이 일본 열도에서 자리 잡을 수 있는 배경이 되었다.

최종빙기 최성기에 중국의 자연환경은 한반도와 크게 다르지 않았다. 전형적인 스텝 식생이 광범위하게 분포했고 매우 춥고 건조했다. 중국 내륙에 산재해 있던 수렵·채집민은 상대적으로 온난 습윤해 나무들이 자랄 수 있었던 양쯔강 이남 지역에서 주로 살았다. 그들은 판다, 코뿔소, 대나무쥐, 물소, 멧돼지, 사슴 등 육상 동물부터 물새, 어패류, 달팽이 등 수생 동물까지 다양한 야생 동물의 수렵을 통해 생계를 이었다.[23] 특히 이들은 세계 최초로 토기를 제작한 집단으로 알려져 있다. 토기는 어패류와 뼈의 골수 등을 요리하거나 식량을 저장하는 용도로 사용했다.[24]

---

* 호수 효과라는 용어는 미국의 오대호 주변에서 겨울철에 오대호의 북쪽은 맑은 반면 남쪽은 구름이 많이 끼고 폭설이 내리는 기상 현상을 설명하기 위해 사용되기 시작했다. 우리나라의 서해상에서도 이와 유사한 현상이 매년 겨울철마다 반복된다. 서해상의 호수 효과는 시베리아로부터 이동해오는 기단의 온도는 낮은데 구로시오 난류의 영향을 받는 서해는 상대적으로 높은 수온을 유지하기 때문에 발생한다. 겨울철 충청남도나 전라도의 폭설은 서해상에서 형성된 눈구름이 바람을 타고 서해안 쪽으로 이동하면서 발생하는 경우가 많다.

토기는 최종빙기 최성기의 혹독했던 환경을 극복하는 과정에서 나타났다. 당시 부족했던 먹을거리로부터 영양분을 최대한 효과적으로 섭취하기 위해서라도 찌거나 끓이는 요리 행위는 수렵·채집민의 중요한 삶의 방식이었다. 토기는 불을 이용한 요리의 편의성을 한 단계 높인 획기적인 발명품이었다. 또한 식량을 제때 구하기 어려웠던 시기였던 만큼 여분의 식량을 보관할 저장도구도 필요했을 것이다. 나중에 더 자세히 살펴보겠지만 양쯔강 이남은 벼농경이 처음으로 시작된 곳이기도 하다. 토기를 사용해 식량을 저장하기 시작하면서 정주 문화가 태동했을 것으로 추정된다. 혹은 정주 생활이 시작된 후에 식량 저장을 위해 토기를 활용했을 수 있다. 혹시 최초의 토기 사용이 이곳에서 벼농경이 가장 먼저 시작될 수 있었던 이유는 아니었을까?

한편 양쯔강 이북의 수렵·채집민은 최성기의 추위를 극복하고 살아남기 위해 생존에 유리한 해안으로 꾸준히 이동한 것으로 보인다.[25] 바다의 영향으로 기후가 온화했던 해안은 최성기에도 온대 삼림이 존재했고,[26] 주변에서 어패류의 채집도 용이했기 때문에 지역 수렵·채집민의 주된 생활 공간이었다. 일본의 동부 해안과 타이완에서부터 제주도까지의 해안 등이 그러했다. 모두 구로시오 난류의 직접적인 영향을 받는 곳들이다. 제주도 주변은 여러 하천이 모여들었던 곳으로, 큰 만과 염하구가 존재해 수렵·채집민이 특히 선호했을 만한 공간이다. 바닷물과 민물이 만나는 강 하류의 염하구는 생산성이 외해보다 10배가 넘을 정도로 높다.[27]

최성기의 해수면 차강으로 육화된 서해아 동중국해 지역은 낮은 해발고도 때문에 해수면의 미묘한 변화에도 민감하게 반응했다. 고도가 낮고 평탄한 하천 범람원에는 수많은 습지가 분포하

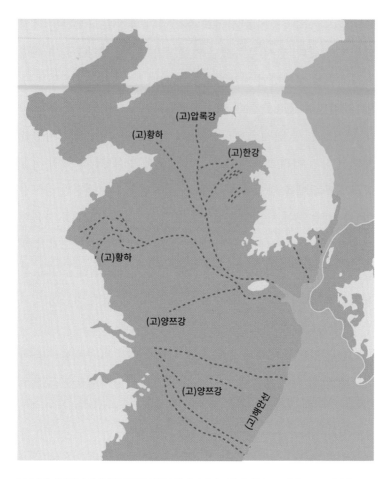

그림 3.5 **최종빙기 최성기의 서해와 동중국해** 과거에 존재했던 강줄기를 점선으로 표시했다.

고 있었다. 주 하천인 황허강과 양쯔강은 뭍으로 드러난 넓은 대
륙붕을 통과해 당시의 해안까지 흘러나갔다(그림 3.5).[28] 그러나 지
금의 동중국해 해저 지형에서 드러나듯이 건조한 기후 탓에 하천
의 침식력이 약해 하류에 뚜렷한 계곡이 형성되지는 않았다. 두
강 모두 유량이 적은 데다 광활한 평야를 거쳐야 해안에 도착할
수 있었으므로 상류부의 침식 물질이 외해까지 운반되기는 쉽지

않았다. 하천의 운반 물질은 대부분 강이 곡류하는 와중에 범람원에 퇴적되었다. 강 하류 양편으로 다수의 습지가 분포했을 가능성이 크다고 추정하는 이유이다. 해안으로 이동하지 않고 내륙에 머물렀던 일부 수렵·채집민은 이러한 습지 환경에 기대어 생활했다. 중국 남부에서는 구석기인들이 민물달팽이나 연체동물을 잡은 흔적들이 발견된다. 과거 이들이 동북아시아 내륙에서 수렵과 채집뿐 아니라 어로 행위도 함께했음을 알 수 있다.[25]

최성기에 살았던 동북아시아 고대인의 생활 양식이나 선호 공간을 정확히 밝혀내는 것은 거의 불가능하다. 당시 낮은 해수면 덕에 넓게 드러났던 서해와 동중국해 대륙붕이 최성기가 끝나고 해수면이 상승하는 과정에서 모두 물에 잠겼기 때문이다. 최성기 구석기 문화의 증거들이 주로 중국의 양쯔강 이남에서 확인되는 것이 사실이지만, 해수면 하강으로 노출된 땅과 과거의 해안을 고려하지 않고 구석기인들의 생활 공간이 현재의 양쯔강 이남 지역에 국한되었을 것으로 보는 것은 옳지 않다.

최성기의 수렵·채집민은 육화된 땅의 강 주변에 분포한 수많은 습지 그리고 해안의 삼림지대와 강어귀인 염하구를 삶의 공간으로 주로 선호했을 것이다. 특히 어로 행위뿐 아니라 삼림에서 수렵·채집 활동도 가능했던 온화한 해안가가 생활하기에 최적지였을 것으로 추정된다. 물론 그 가정을 입증할 수 있는 직접적인 증거는 바닷물에 모두 잠겨 사라지고 없지만, 간접적인 추론은 가능하다. 고대인이 내륙의 습지나 호수 주변에서 어로 활동을 활발히 전개했다는 증거는 무수히 많다. 따라서 그든이 유사한 환경이 바닷가를 굳이 피할 이유는 없다고 봐야 한다. 실제 최성기의 해안으로부터 한참 떨어져 있는 중국 베이징 인근의 동굴에서 당시의 해산물 흔적이 발견되기도 했다.[29] 이는 당시 해안이 고대인의 주요 생활 공간이었을 뿐 아니라 내륙과 해안 간 교류 또한 활발했음을 시사한다. 또한 해안은 아프리카에서 출발한 호모 사피엔스가 지구 전역으로 퍼져나갈 때 핵심적인 이동 경로이기도 했다.

2부

변화와 교란

4장

빠르게 따뜻해지는 지구

만빙기의 변화

소위 단스고르-외슈거 이벤트라 불리는 1500년 주기의 기후 변화가 가장 뚜렷하게 확인되는 기간은 대략 5만 년 전부터 2만 5000년 전 사이다. 이후 수천 년간 이어진 최종빙기 최성기 동안에는 이와 같은 급격한 기후 변화가 거의 나타나지 않았다. 최성기가 끝난 후에야 다시금 1000년 단위의 기후 변화가 나타나기 시작하는데, 이 시기를 고기후학자들은 보통 만빙기late glacial period 혹은 퇴빙기last deglaciation[*]라 부른다. 최종빙기 최성기가 끝나고 북반구의 빙상들이 녹기 시작하는 시점부터 홀로세가 시작되는 시점까지로 대략 1만 8000년 전에서 1만 1700년 전까지의 기간이다(그림 4.1). 만빙기의 급격한 기후 변화는 지구의 기온이 점진적으로 상승하는 와중에 발생했다. 따라서 미래의 지구 온난화가 가져올 결과를 예측하고자 할 때 우리가 참고할 만한 시기라 할 수 있다.

만빙기의 급격한 기후 변화

최근 고기후 학계에서는 만빙기에 나타난 뵐링-알레뢰드 Bølling-Allerød와 영거드라이아스 Younger Dryas에 대한 연구가 활발하다. 뵐링-알레뢰드 시기는 대략 1만 4700년 전부터 영거드라이아스가 시작되기 직전인 1만 2800년 전까지의 기간으로 두 번의 아간빙기(뵐링과 알레뢰드)로 이루어진 전체적으로 온난했던 시기다 (그림 4.1). 최종빙기 최성기 이후 북반구의 여름철 일사량이 증가하면서 기온은 천천히 상승곡선을 그렸다. 점진적으로 상승하던 기온은 그러나 1만 7500년 전에 이르러 갑자기 낮아졌는데, 이때를 올디스트드라이아스 Oldest Dryas라 부른다. 시기적으로 1번 하인리히 이벤트와 겹친다.

이후 한동안 대체로 낮은 기온이 유지되다가 1만 4700년 전 즈음에 북대서양 지역을 중심으로 기온이 갑자기 높아지기 시작한다. 이때가 뵐링기가 시작되는 시점이다. 뵐링-알레뢰드 시기에는 100년 단위의 기후 변화도 뚜렷하게 나타난다. 이에 많은 학자가 뵐링-알레뢰드 시기를 기후 조건에 따라 세밀하게 구분하려 했으나 의견이 모이지 않아 오히려 많은 혼란을 야기했다. 대체로 한랭했던 올디스트드라이아스기 이후로 온난한 뵐링기, 한랭

---

* 이 책에서는 최종빙기 최성기와 홀로세 사이를 만빙기로 정의하고 이 시기의 기후적 특징을 기술했다. 그러나 서구 학계에서 만빙기의 정확한 시기가 규정된 적은 없다. 고기후학적으로 흥미로운 시기인 뵐링-알레뢰드와 영거드라이아스기를 연구하는 학자들은 일반적으로 퇴빙기라는 용어를 더 즐겨 사용한다. 하지만 빙하의 후퇴는 홀로세 초기에도 계속 이어졌으므로, 이 책에서는 플라이스토세와 홀로세를 명확히 구분하기 위해 플라이스토세의 끝 무렵이라는 의미로 만빙기라는 용어를 사용했음을 밝혀둔다.

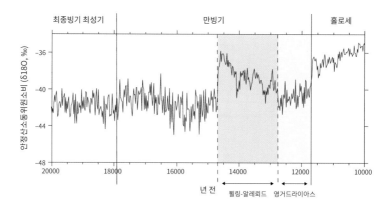

그림 4.1 그린란드 빙하의 δ¹⁸O 자료 만빙기의 급격한 기후 변화가 두드러진다.

한 올더드라이아스기Older Dryas, 온난한 알레뢰드기가 순차적으로 나타났고, 뵐링기와 알레뢰드기 사이에 또 다른 한랭기들(인터뵐링한랭기Inter-Bølling cold period, 인터알레뢰드한랭기Inter-Allerød cold period)이 존재했다고 보는 것이 일반적이다.[1] 영거드라이아스 시기는 온난한 알레뢰드기가 끝나고 도래한 아빙기로 볼 수 있다. 때에 따라서는 영거드라이아스를 0번 하인리히 이벤트로 보기도 한다(그림 4.2).

영거드라이아스기는 불과 200~300년 사이에 그린란드 기온이 9도 가까이 떨어질 정도로 북반구에서 갑작스럽게 나타난 한랭기였다.[2] 그러나 남반구에서는 영거드라이아스기가 나타나지 않았다. 북반구에서 영거드라이아스기가 나타날 때 남반구는 오히려 따뜻했고, 북반구에서 온난했던 뵐링-알레뢰드 시기가 나타날 때 남반구는 반대로 뚜렷한 한랭기를 겪었다. 학계에서는 남반구의 이 한랭기를 남극한랭반전기Antarctic Cold Reversal, ACR라 부른다. 이전 장에서 설명한 바 있는 양극간 시소 현상을 떠올리면 그 이유를 쉽게 이해할 수 있을 것이다.

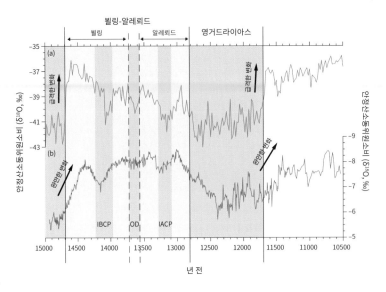

그림 4.2 (a) 그린란드 빙하의 δ¹⁸O와 (b) 중국 훌루 동굴의 석순 δ¹⁸O의 비교. 두 지역의 만빙기 기후 변화 경향이 서로 유사하다. 기후원격상관이 존재했음을 알 수 있다. 그러나 그래프상의 화살표를 통해 알 수 있듯 동북아시아의 만빙기 기후 변화 양상은 북대서양에 비해 비교적 완만했다.

드라이아스라는 명칭은 고산 툰드라에 서식하는 야생 식물(북극담자리꽃나무 *Dryas octopetala*)의 학명에서 따온 것이다(그림 4.3). 영거드라이아스 시기에 쌓인 스칸디나비아나 알프스의 호수 퇴적물 속에서 북극담자리꽃나무의 꽃가루가 많이 발견되었기 때문에 만빙기의 한랭했던 시기들을 말할 때 이 꽃의 학명이 사용되고 있다. 영거드라이아스기에는 세차의 변화로 북반구의 계절성이 무척 커진 상태에서도 상당히 오랜 기간 혹독한 추위가 계속되었다. 영거드라이아스기의 한랭화 강도와 지속 기간은 뵐링-알레뢰드 시기의 여타 아빙기들과는 질적으로 달랐다.

북대서양의 만빙기 기후 변화는 대부분 단기간에 빠른 속도로 이루어졌다. 알레뢰드기에서 영거드라이아스기로 이행될 때도 그러했지만, 영거드라이아스기가 끝나고 홀로세로 넘어가는 과정은 특히 인상적이었다. 이때의 급격한 기온 상승은 상상을 초월하는 수준이었다. 그린란드의 기온은 불과 수십 년 사이에 10도 넘게 올랐다.[3] 당시의 이례적인 기후 변화가 북반구의 생물권에 안긴 충격은 가히 엄청났다.

인간이 농경을 시작하게 된 경위 또한 영거드라이아스 시기의 급속한 기후 변화에서 찾는 학자들이 있다.[4,5] 그들의 가설은 보통 다음과 같다. 뵐링–알레뢰드 시기에 기후가 온난해지면서 주변에 먹을 것이 풍부해졌다. 특히 대기 중 이산화탄소량의 증가는 식물의 성장과 확산에 큰 도움이 되었다. 수렵·채집민은 굳이 돌아다니지 않고 한곳에 정주하면서도 충분히 먹고살 수 있게 되었으며, 그에 따라 인구도 빠르게 증가하였다. 그러나 곧이어 한

그림 4.3 북극담자리꽃나무 장미과의 상록성 관목으로 다년생이다. 북반구의 극 주변과 고산 지대에 서식한다.

랭한 영거드라이아스 시기가 도래하면서 기후 변동이 심해졌고 자연의 생산성은 감소했다. 기후 변화와 인구 압박이라는 두 가지 불리한 상황에 처한 수렵·채집민은 빈곤을 극복하고 식량을 안정적으로 확보하기 위해 농경이라는 혁신을 시도하게 된다.

기후 악화가 갑자기 시작되어 장기간 지속되었다는 점을 고려하면, 영거드라이아스 시기에 북반구에서 살아가던 인간을 포함한 대부분의 생물은 생존에 위협을 느낄 정도로 어려움을 겪었을 것이다. 그렇지만 영거드라이아스의 추위가 농경의 직접적인 원인이라고 하기에는 아직까지 근거가 충분치 않은 것이 사실이다. 전 세계에서 농경이 최초로 시작된 중동 레반트 지역의 경우, 영거드라이아스 시기가 춥긴 했지만 건조하지는 않아서 생활 여건이 나름 괜찮았기 때문이다. 그래서 최근 들어서는 중동에서 농경이 최초로 시작된 시기를 영거드라이아스가 끝나가던 1만 2000~1만 1700년 전으로 좁혀 보는 학자들이 늘고 있다. 영거드라이아스 시기가 끝나는 즈음에 나타난 급작스러운 기후 변화와 계절 변화에 대응하기 위해 수렵·채집 사회가 농경을 시작했다는 가설이다. 당시의 급격한 기온 상승은 빈번한 이상 기상 현상으로 이어져 수렵·채집민의 불안감을 부채질했을 것이다. 지구 온난화로 신음하고 있는 지금 우리의 처지와 비슷했을지도 모른다. 이때 농경이라는 혁신이 이루어져 그들의 삶에 대한 희망을 되살렸다면 억측일까?

영거드라이아스의 발생은 보통 만빙기의 온도 상승으로 빙하가 빠르게 녹아 북대서양으로 대량의 담수가 유입되면서 대서양 자오선 역전순환이 약해졌다는 가설로 설명된다. 이는 현재 빠르게 진행되고 있는 지구 온난화가 영거드라이아스와 같은 대규모 한랭화로 반전될 가능성도 배제할 수 없음을 시사한다. 물론 현재 북극 지역에 남아 있는 빙하의 부피나 현재 북대서양의 염도 등을 고려할 때 민물 유입으로 대서양 자오선 역전순환이 교란을 받을 가능성은 그리 높지 않다. 그러나 전 세계 국가 간의 협의가 지지부진해져 지구 온난화의 속도가 더욱 빨라진다면 예상하지 못한 결과로 이어질 수도 있음을 염두에 두어야 한다.

제주도 하논과 영거드라이아스기의 흔적

한편 동북아시아의 고기후 자료에서는 만빙기의 복잡했던 기후 변화가 명확하게 드러나지 않는다. 만빙기 기후 변화에 따른 기온의 증감 폭이 북대서양 지역에 비해 작았기 때문이다. 그러나 동북아시아와 북대서양 지역의 시기별 변화 경향은 매우 유사했다. 동북아시아 또한 만빙기에 북대서양 지역에서 촉발된 대부분의 기후 변화에 광범위한 영향을 받았음을 알 수 있다. 중국 북동부[6]와 일본의 호수[7] 퇴적물 분석 결과는 뵐링-알레뢰드 시기와 영거드라이아스 시기의 주요 기후 변화를 잘 보여준다. 특히 중국 훌루 동굴의 산소동위원소 자료는 그린란드와 동아시아의 만빙기 기후 변화 양상이 서로 비슷했다는 점을 명확히 보여준다(그림 4.2).[8] 이 자료에서는 뵐링-알레뢰드 시기와 영거드라이아스 시기뿐 아니라 뵐링-알레뢰드 시기 중에 100년 단위 주기로 발생한 아빙기들 또한 함께 확인된다.

그린란드 자료는 대체로 기온을 반영하고 중국 동굴 자료는 몬순의 세기(즉 강수량)를 반영한에도 두 자료의 변화 경향이 상당히 비슷하다는 사실은 만빙기에 양 지역 사이의 기후원격상관이 매우 강했음을 시사한다. 그렇다고 두 자료의 차이가 전혀 없는 것은 아니다. 가장 큰 차이는 뵐링기가 시작될 때의 기후 변화 모습이다. 앞에서 영거드라이아스가 끝나고 홀로세로 넘어갈 때 북대서양 지역의 기온 상승 속도가 이례적으로 빨랐다고 언급한 바 있다. 그전 뵐링기가 시작될 때도 이에 필적할 만큼 빠른 속도의 기온 상승이 있었다. 그러나 동북아시아 지역에서는 뵐링기로의 이행이 비교적 점진적이었다. 이후에 나타난 알레뢰드기에서 영거드라이아스기로의 변화 과정 또한 북대서양 지역에 비해 급하지 않았다. 전체적으로 동북아시아의 만빙기 기후 변화 양상이 북대서양 지역보다 완만했던 것이다(그림 4.2). 북대서양에서는 대서양 자오선 역전순환이 교란되는 순간 즉각적인 기후 변화로 이어진 반면, 동북아시아에서는 북대서양의 변화가 대기 및 해양 순환을 거쳐 전달됨에 따라 한층 누그러든 모습으로 나타났다.[9]

　오키나와 해곡의 분석 결과에서도 뵐링-알레뢰드 시기와 영거드라이아스기가 관찰된다. 그러나 육상의 석순 산소동위원소 자료와 비교할 때 선명하지 않다.[10] 이는 당시 해양에서의 기후 변화 폭이 육상보다 상대적으로 작았기 때문이다. 해양의 영향을 받은 제주도의 하논 자료도 이와 유사한 변화 모습을 보인다. 하논 퇴적물의 분석 결과, 우리나라에서는 처음으로 뵐링-알레뢰드 시기와 영거드라이아스기의 존재가 확인되었고, 중국의 훌루 동굴 자료와 같이 뵐링-알레뢰드 시기 내에 존재한 100년 단위 주기의 아빙기들까지 관찰되었다.[9] 제주도가 북대서양 지역에서 멀고 바다에 인접해 만빙기의 기후 변화 폭이 크지 않았음에도 하논 퇴적물에는 이러한 세세한 기후 변화 정보가 고스란히 담겨 있다. 앞서 피력한 바 있지만 자연 호수를 찾기 어려운 우리나라에서 하논 퇴적물이 갖는 고기후학적 중요성은 매우 크다고 할 수 있다.

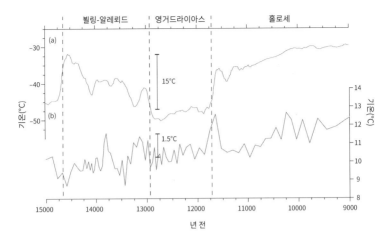

그림 4.4 (a) 그린란드 빙하의 δ¹⁸O 자료에 기반한 기온 복원 자료와 (b) 제주도 하논 화분 자료에 기반한 기온 복원 자료. 그린란드에서 뵐링-알레뢰드 시기와 영거드라이아스 시기 간 기온 차이가 15도에 달했던 반면, 제주도에서는 구로시오 난류 덕에 그 차이가 1.5도 정도에 그쳤다.

그린란드의 빙하 산소동위원소 자료에 의하면 뵐링기와 영거드라이아스기의 기온 차이는 10도를 상회해 거의 15도에 육박했던 것으로 추정된다.[2] 반면 구로시오 난류의 영향권에 있는 한반도에서는 영거드라이아스의 여파가 그리 크지 않았다. 제주도 하논 퇴적물의 분석 결과에서 보듯이 영거드라이아스 시기 이 지역에 나타난 변화는 불과 1.5도 정도의 기온 감소였다(그림 4.4).[11] 만에 하나 미래의 지구 온난화가 제어가 어려울 정도로 심화되어 갑작스럽게 북반구에 한랭기가 찾아온다 하더라도, 주변의 바다 덕분에 한반도의 기온 변화는 비교적 적을 가능성이 높다. 하지만 작은 변화라도 생태계에 미치는 영향은 매우 클 수 있으므로 영거드라이아스와 같은 갑작스러운 기후 변화에 대한 연구는 앞으로도 꾸준히 진행될 필요가 있다.

세계에서 가장 오래된 고대 볍씨가 한반도에?

2003년 10월 22일 영국의 공영방송인 BBC의 웹사이트에는 동아시아 고고학자들의 눈을 번쩍 뜨이게 할 만한 내용이 실렸다. 전 세계에서 가장 오래된 볍씨가 한국에서 발견되었다는 소식[12]으로, 네 개 종의 탄화미 총 59톨이 발견되었고 이 중 일부의 탄소 연대를 측정해보니 1만 5000년 전으로 산출되었다는 내용이었다.[13] 당시까지 가장 오래된 볍씨로 인정받던 중국 후난성 출토 볍씨보다 무려 4000년이나 오래된 것이었다. 이후 충청북도 청원군과 (통합)청주시는 발굴 조사에 참여한 충북대학교 연구팀의 도움을 받아 탄화미가 출토된 소로리 유적에 대한 대대적인 홍보를 계속해오고 있다.

그러나 소로리 볍씨를 가장 오래된 재배 볍씨로 인정하기에는 아직까지 근거가 충분치 않다는 것이 학계의 공통된 의견이다.[14,15] 그 이유는 크게 두 가지다. 첫째, 이 볍씨가 재배 벼에서 나왔는지 야생 벼에서 나왔는지 여전히 불투명하다. 충북대학교 팀은 '소지경'이라고 하는 볍씨와 이삭축 사이의 이음 부분이 매끈하지 않고 거칠어 재배 벼의 특징을 보인다고 주장했다. 그러나 한편으로는 재배 벼로 단정하기는 어렵고 야생 벼에서 재배 벼로 가는 과정 같아 보인다고 언급하기도 해 확신이 없음을 비쳤다.

한편 우리나라에서는 지금까지 아열대종인 야생 벼가 발견된 적이 없는데, 그들의 논리대로라면 한반도에 현재 존재하지 않는 야생 벼가 과거, 그것도 지금보다 훨씬 추웠던 빙기에 서식하고 있었다고 봐야 한다. 이것이 소로리 볍씨가 의구심을 낳는 둘째 이유다. 야생 벼가 자연 서식하기에는 당시 한반도 환경이 너무나 척박했다. 야생 벼의 서식이 아예 불가능했다고 단정할 수는 없지만 1만 5000년 전의 한반도 기후 환경을 고려할 때 확률적으로 그 가능성이 상당히 낮아 보이는 것이 사실이다. 1만 5000년 전이면 온난·습윤한 뵐링기가 시작되기 전으로 1번 하인리히 이벤트(올디스트드라이아스)의 영향 때문에 여전히 매우 추웠던 시기이다. 동북아시아에서 1번 하인리히 이벤트 기간은 최종빙기 최성기에 비견되는 혹독한 추위가 급습하던 시기였다. 기간이 짧아서 생태계에 미치는 충격이 적었을 뿐 한랭·건조한 정도는 그 이전의 최종빙기 최성기에 못지않았다. 따라서 이 시기에 아열대성 식물인 야생 벼가 한반도에서 자연 서식하고 있었다는 주장은 고생태학적 측면에서 봤을 때 받아들이기 어렵다.

현재 야생 벼는 서쪽의 인도 동북부에서 동쪽의 베트남 북부까지 주강 이남에 분포한다. 홀로세가 시작되고 수천 년간 동아시아에서는 홀로세 기후최적기Holocene Climate Optimum라 불리는 온난 습윤한 시기가 나타났다. 오랫동안 벼농경은 양쯔강 중하류에서 처음 시작되었다는 것이 정설이었다. 당시 양호해진 기후 덕에 양쯔강 인근까지 북상했던 야생 벼를 이곳의 수렵·채집민이 발견했고, 곧이어 작물화가 이어졌다는 것이다. 그러나 최근에는 유전학자들을 중심으로 양쯔강 유역이 아닌 남쪽의 주강 계곡이 벼농경의 작물화가 시작된 곳이라는 가설이 자주 제시되고 있다.[16] 벼농경이 중국의 어디에서 최초로 전개되었든 야생 벼의 현재 분포 지역을 고려할 때 한랭했던 하인리히 이벤트 시기에 한반도에 야생 벼가 서식했을 가능성은 극히 낮아 보인다. 소로리 볍씨에 대한 의문이 제기될 수밖에 없는 상황이다.

한편 이전 연대 측정 결과가 고대 벼(재배 벼)가 아닌 유사 벼(야생 벼)에서 얻었다는 비판이 계속되자 연구팀은 2013년 소로리

고대 벼의 연대를 직접 측정해 그 결과를 보고했다.[17] 측정 결과는 이전 결과와 크게 다르지 않았지만, 논의할 것이 없지는 않다. 일부 고대 벼의 탄소 연대치는 12500~12600BP로 나왔고, 이를 보정하면 1만 4700년 전 정도로 산출된다. 바로 북대서양 지역에서 엄청난 속도로 기온이 상승하던 뵐링기의 시작 시점이다. 혹시 기온이 빠르게 오르면서 야생 벼가 한반도까지 서식 영역을 넓힐 수 있었던 것은 아닐까? 그러나 이 또한 받아들이기 어려운 가정이다. 앞서 말했듯이 북대서양과 달리 동북아시아의 기온 변화는 천천히 이루어졌기 때문이다. 게다가 한반도는 해양과 가까워 변화 경향이 더욱 완만했다.

제주도 하논의 분석 결과에 의하면 뵐링기의 기온은 최종빙기 최성기보다 불과 1~1.5도 높았을 뿐이었다. 한반도의 뵐링기는 연평균 기온이 지금보다 대략 7도 정도나 낮은 여전히 매우 추운 시기였다.[11] 한편 중국의 훌루 동굴 석순 자료에서는 뵐링기가 시작되는 시점에서 변화가 비교적 뚜렷하게 나타난다. 훌루 동굴이 제주도에 비해 해양에서 멀리 떨어져 있었기 때문인데, 그럼에도 이 지역 뵐링기 또한 기후 측면에서 홀로세보다는 최종빙기 최성기에 더 가까웠다.

빙하기의 혹독한 환경에서 한반도의 사람들이 야생 벼를 발견해 벼농경과 유사한 행위를 한 것이 설사 사실이라 해도 이해가 안 되는 부분은 또 있다. 한반도에서 이렇게 이른 시기부터 벼농경을 시작했다면 홀로세 내내 그 흔적이 발견되는 것이 정상일 것이다. 그러나 우리나라에서는 3500년 전에야 벼농경의 증거들이 발견되기 시작한다.[15] 또한 볍씨가 발견된 토탄지에서 벼의 다른 잔재들이 전혀 발견되지 않았다는 점도 이상하다. 이는 외부에서 이 볍씨들만 옮겨져 왔을 가능성을 시사한다. 실제 우리나라의 고고학자 중 일부는 중국 남부에서 이동한 고대인이나 철새가 떨어트렸을 것으로 추정하고 있다.[14]

소로리 볍씨를 근거로 벼농경의 기원지가 한반도였다고 하는 주장은 여전히 과감하게 들린다. 그렇지만 여러 회의적인 시선에도 불구하고 소로리 볍씨가 세계에서 가장 오래된 볍씨 가운데 하나로 간주되는 것은 사실이므로 이와 관련된 논의의 가치는 충분하다.

5장

끊임없이 변화하는 해안선
홀로세 해수면 변동과 한반도 신석기인의 흔적

제4기 해수면은 지구의 대기 온도와 연동해 변해왔다. 대기의 온도가 높아지면 바다의 부피가 팽창하고 극 지역의 빙하가 녹아 해수면은 올라가게 된다. 반대로 기온이 떨어지면 바다의 부피는 감소하고 빙하량이 늘어 해수면은 낮아진다. 장기간의 해수면 변동을 유추하기 위해 학자들은 보통 해양 퇴적물의 저서유공충 산소동위원소 분석 결과*를 활용한다.[1] 지난 40만~50만 년 동

---

* 퇴적물 유공충의 $\delta^{18}O$ 자료로부터 과거의 상대 해수면 변화를 정량적으로 복원하기 위해서는 퇴적물 유공충의 $\delta^{18}O$ 값과 해수위의 관계를 우선 밝혀야 한다. 이때는 과거에 형성된 산호층을 활용한다. 산호는 광합성을 위해 얕은 바다에서만 서식하므로 각 산호의 위치는 그것이 서식할 때의 상대 해수면 높이를 지시한다. 따라서 산호의 연대를 고해상도로 측정하면 시기별 해수위를 복원해낼 수 있다. 산호 자료를 토대로 복원한 해수위와 심해저 퇴적물의 $\delta^{18}O$ 값을 연결해 회귀식을 만든다. 이를 이용하면 심해저 퇴적물의 $\delta^{18}O$ 값으로부터 과거 수십만 년의 해수위를 끊김 없이 복원할 수 있다.

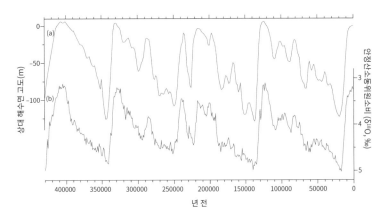

그림 5.1 (a) 지난 40만~50만 년 동안의 전 세계 평균 상대 해수위와 (b) 심해저 저서성 유공충 $\delta^{18}O$ 자료. 수십만 년의 장기 해수위 변화는 심해저 유공충의 $\delta^{18}O$ 자료를 활용하여 복원한다.

안의 전 세계 평균 해수면을 복원한 결과에 따르면, 간빙기의 정점과 빙기의 정점에 나타난 상대 해수면의 차이는 150미터를 상회한다(그림 5.1). 급속한 기후 변화가 나타났던 최종빙기의 단스고르-외슈거 이벤트와 하인리히 이벤트 시기에도 기온 증감에 따른 해수면의 부침이 뚜렷했다. 이벤트가 나타날 때 해수면의 상승 및 하강 폭은 대략 35미터에 달했다.[2]

만빙기의 해수면 상승

최종빙기 최성기가 끝난 후 만빙기 동안 전 세계 평균 해수면은 100미터 넘게 상승했다. 이는 당시 거대 빙하들인 로렌타이드 빙상, 남극 빙상의 일부, 스칸디나비아 빙상 등이 빠르게 녹아내린 결과였다. 만빙기 초기(1만 9000년 전)에는 약 500년 사이에 10미터 이상 높아질 정도로 해수면의 상승 속도가 빨랐다. 평균 1년에 2센티미터 이상 상승한 셈이다. 이후 1만 4600년 전까지 해수면 상승률은 1년에 0.35센티미터도 되지 않을 정도로 크게 낮아졌다.[3] 해수면은 1만 4600년 전 즈음에 다시 한번 크게 높아졌으며, 이후 계단 형태의 상승 모습을 보였다. 상승률이 낮을 때는 연평균 0.6~1센티미터 정도였고 높을 때는 연평균 3~6센티미터에 달했다. 융빙수가 해양으로 대량 유입되어 상승률이 급증하는 시기에는 보통 해류의 흐름에 변화가 일어나면서 갑작스러운 기후 변동으로 이어지곤 했다.

학계에서는 융빙수가 바다로 대량 유입되어 해수면의 상승 속도가 급변한 순간들을 융빙수 펄스meltwater pulse라 부른다. 첫 번째 융빙수 펄스 1A는 대략 1만 4600년 전 뵐링기가 시작될 때 나타났다. 400~500년 사이에 매년 평균 3~6센티미터씩 상승해 해수면이 무려 16~25미터 높아졌을 정도로 그 속도가 가팔랐다.[4, 5] 영거드라이아스기가 끝나고 나타난 약 1만 1300년 전의 두 번째 융빙수 펄스 1B 또한 첫 번째 융빙수 펄스와 유사한 수준의 해수면 상승을 가져왔다는 것이 학계의 정설이었다.[6] 그러나 최근에는 이 시기에 뚜렷한 펄스가 없었다는 주장이 힘을 얻고 있다.[7] 이후 대략 8000년 전에 세 번째 펄스 1C가 발생해 해수면이 6.5미터 정도 상승했다고 하나[8] 이 또한 명확하지 않다. 이들 중 가장 확실하게 존재한 첫 융빙수 펄스는 뵐링-알레뢰드 시기의 기온 상승과 관련 있을 것으로 학자들은 추정하고 있다.

그럼 만빙기에 한반도 주변의 바다는 어떠했을까? 최종빙기 최성기에 뭍으로 드러난 서해와 동중국해의 대륙붕은 1만 6000년 전부터 바닷물에 빠르게 잠기기 시작했다. 해수가 내륙 쪽으로 계속 침입해 들어오면서 1만 5500년 전부터는 대한해협의 폭 또한 급속도로 넓어졌고, 뵐링기에 접어들면서 시작된 융빙수 펄스 1A

의 여파로 빙기에 드러났던 대륙붕 가운데 절반 이상이 물에 잠기게 된다. 마지막으로 1만 2500~1만 500년 전 사이 지금의 중국 저장성에서 제주도 남서쪽으로 두껍게 뻗어 있던 반도가 잠기면서 최종빙기 최성기에 육화되었던 대륙붕은 대부분 바다 밑으로 사라졌다.[9]

뵐링기의 시작과 함께 발생한 융빙수 펄스 1A의 영향으로 한반도 주변에서는 1년에 수 센티미터씩 해수면이 높아졌다. 당시의 빠른 상승으로 불과 수백 년 사이에 2000만 제곱킬로미터가 넘는 광활한 대륙붕이 바다에 잠겼다. 수천 년간 해안가를 삶의 터전으로 삼고 살아가던 수렵·채집민에게 매년 눈에 띄게 안쪽으로 침입해 들어오는 바닷물은 원망과 두려움의 대상이었을 것이다. 고대인들은 이러한 변화가 왜 일어나는지 영문도 모른 채 끊임없이 내륙 방향으로 이동해야 했다. 그러나 예전보다 많이 온화해진 날씨 덕에 겨울을 나기는 한결 수월했다. 자연환경의 급속한 변화는 기존의 생활 방식을 답습하고 새로운 조건에 적응이 더뎠던 일부 고대인에게는 사형 선고나 다름없었다. 반면 창의적이고 진취적인 사고로 토기를 사용하고 농경과 목축을 시작한 이들에게는 오히려 기회로 작용했다.

홀로세 해수면 변화와 한반도

해수면 상승은 국제적인 우려를 낳고 있는 전 지구적인 문제다. 지구 온난화로 기온이 앞으로 얼마나 더 높아질지 알 수 없으므로 미래의 해수면을 정확히게 예측하는 것은 지금으로서는 거의 불가능해 보인다. 그렇다고 해수면 상승으로 파생될 재앙이 눈에 빤히 보임에도 무방비 상태로 있을 수만은 없다. 우선 지구의 기후, 빙하량, 해수면의 관계를 파악하는 것이 중요하다. 인류가 지구 온난화를 어디까지 용인할 수 있을지 판단 기준을 설정할 때 필요하기 때문이다. 이는 홀로세 고환경 연구를 통해 밝힐 수 있는 사안들 중 하나로, 많은 학자가 오랜 기간 관심을 가져온 주제이기도 하다.[10] 그러나 지금까지의 많은 노력에도 불구하고 홀로세의 기후, 빙하량, 해수면 간의 정확한 상관관계는 여전히 규명되지 않고 있다.

홀로세의 해수면 변화를 복원하는 것은 쉽지 않은 작업이다. 고해수면의 절대적인 위치가 아닌 상대적인 위치를 밝혀야 하기 때문이다. 빙하기와 달리 해수면 변화의 폭이 비교적 크지 않았던 홀로세의 해수위를 정확하게 복원하려면 빙하의 생성 및 소멸에 따른 해수면 변화뿐 아니라 그와 동시에 나타나는 지표의 고도 변화도 중요하게 다뤄져야 한다. 가령 빙하의 후퇴와 함께 외부로 노출된 땅은 빙하의 압력이 사라지면서 융기하기 마련이라 융빙에 따른 해수면 상승 효과가 상쇄될 수 있다. 반대로 기존 빙하의 압력에 대한 반작용으로 빙하의 주변에서 고도가 상승한 지역은 빙하가 후퇴하면 다시 제 모습을 찾아 가라앉기 때문에 상대적 해수면은 더욱 높아질 수 있다.

한편 북대서양의 빙하로부터 멀리 떨어진 지역, 예를 들어 태평양 같은 곳에서는 북대서양 빙하의 감소가 바다의 하중 증가로 이어져 대양저의 침강과 함께 상대적 해수면의 하강을 가져올 수 있다. 다시 말해 북대서양의 해수위는 올라가지만 태평양의 해수위는 낮아지는 것이다. 반면 빙하의 감소에 따른 인력 변화는 이와 상반된 결과를 낳는다. 빙하가 위축되어 인력이 감소하면 빙하가 끄는 힘이 약해져 주변 지역의 상대적 해수면은 내려가는 반면, 빙하에서 먼 지역의 해수위는 올라갈 수 있다. 정리하자면 북대서양의 해수위는 내려가지만 태평양의 해수위는 높아지는 셈이다.[11] 이외에도 상대적 해수면에는 지진, 퇴적으로 인한 상승, 퇴적물의 압축, 해양의 팽창, 국지적 용승 등 여러 인자가 영향을 미친다. 이렇듯 다양한 변수가 있어 상대적 해수면을 복원할 때는 정확성을 높이기 위해 보통 복잡한 보정 절차를 거친다.

홀로세 해수면 연구에서 적합한 분석 대상을 찾는 일도 난제 중 하나다. 예를 들어 장기간(예 플라이스토세)의 해수면 변동을 복원할 때 활용되는 심해 퇴적물의 유공충 산소동위원소 자료는 단기간의 홀로세 해수면 복원에는 별로 도움이 되지 않는다. 홀로세에는 전체적으로 빙하량의 변동이 크지 않아 동위원소의 비율 변화가 크지 않다. 이를 통해 해수면의 변화 과정을 복원하는 것은 어려운 일이며 의미 있는 결과를 얻기 힘들다.

우리나라에서는 대부분의 홀로세 해수면 복원이 해안 퇴적물이나 연체동물 껍질의 연대 측정 결과를 토대로 이루어져 왔다. 그러나 이 둘 모두 탄소 연대 측정에 적합한 시료들은 아니다. 정확한 연대를 얻기 위해서는 기원이 불분명한 퇴적물보다는 육상 식물과 같은 유기체를 직접 측정하는 것이 바람직하다. 또한 해안의 패각이나 퇴적물에는 심해저에서 용승한 해수의 과거 탄소들이 일부 섞여 있기 때문에 우리가 흔히 저수지 효과reservoir effect* 라 부르는 오류가 나타난다. 해수 속에 방사성탄소동위원소인 ^{14}C이 대기보다 적게 들어 있다면 저수지 효과가 존재한다고 말할 수 있다. 저수지 효과로 해양 시료는 실제보다 오래된 것으로 측정되는 경우가 잦았고, 연구자들은 오랫동안 해양 유기물의 연대 측정을 기피해왔다. 현재 이 오류 문제를 해결하기 위해 전 세계적으로 많은 연구가 진행 중이다. 관련 자료가 이미 많이 축적되어 해양 연대 측정치의 정확한 보정이 가능한 지역도 있다. 그러나 여전히 한반도 주변에서는 보정에 필요한 해양의 '오래된 탄소'에 대한 정보가 충분하지 않다.[12]

한반도의 홀로세 해수면 변동 과정에 대한 연구는 (특히 서해안을 중심으로) 비교적 오래전부터 진행되어왔다. 이제 자료가 상당히 축적되어 홀로세 해수면의 전체적인 변화 경향을 파악할 수 있는 수준까지 왔지만, 연구 지점별로 연대 수가 충분하지 않아 미묘한 변동까지 파악하기에는 아직 부족해 보인다. 특히 홀로세의 상대 해수면이 현재의 해수면과 비교할 때 높았던 적이 있었는지는 학계에서 오랜 논쟁거리다.[13] 홀로세 초기에 빠르게 상승하던 해수면이 중기(대략 7000년 전)에 최정점에 이르렀고, 이후 천천히 하강해 지금의 해수면 높이가 되었다는 가설[14]과 중기부터 현재까지 해수면이 꾸준히 상승했다는 가설[15]이 맞서고 있다(그림 5.2). 앞의 가설은 홀로세 중기 이후 나타난 태평양 대양저의 침강으로 설명할 수 있고, 뒤의 가설은 북대서양 빙하의 인력이 감소한 결과 나타난 현상으로 해석해볼 수 있다. 이러한 논쟁은 홀로세 해수면 변동 복원의 어려움을 반영한다.

태평양 연안에서 보고된 대부분의 상대 해수면 곡선들은 홀

---

*　해수는 대기에 비해 방사성탄소량이 적다. 바닷물이 용승하면서 가라앉아 있던 과거의 탄소와 대기에서 해양으로 유입된 현재의 탄소가 섞이기 때문이다. 따라서 해양 생물의 연대를 측정하면 육상 생물보다 과거의 것으로 나오는 경우가 많다. 보통 그 차이는 평균 400년 정도지만, 심해와 표층의 수온 차이가 없는 극 지역에서는 해수의 상하 순환이 활발해 오류 폭이 1000년을 넘기도 한다. 육상의 석회암 지대에서도 '오래된 탄소' 문제가 존재한다. 오래전에 형성된 탄산염에서 녹아 나온 탄소의 영향으로 호수 밑에 퇴적된 조개껍데기의 연대가 실제보다 더 과거의 것으로 나올 때가 많다. 이를 경수hard water 효과라 하며, 관련 오류를 바로잡기 위해서는 동일한 퇴적물에서 경수 효과의 영향을 받지 않는 육상 기원의 유기체를 찾아 측정해야 한다.

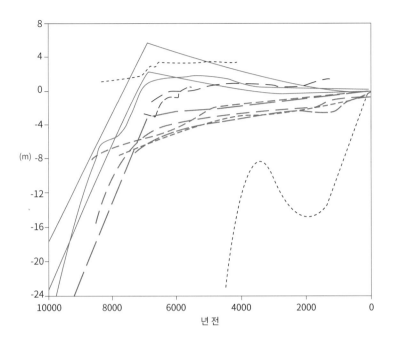

그림 5.2 홀로세 중후기 한반도 서해안의 해수면 변동 곡선 붉은색 실선들은 홀로세 초기에 빠르게 상승하던 해수면이 대략 7000년 전에 최고점에 이르렀고 이후 천천히 하강하여 지금 해수면 높이가 되었다는 가설을 지지하고, 파란색 점선들은 홀로세 중기부터 현재까지 해수면이 꾸준히 상승했다는 가설을 지지한다.

로세 중기에 해수면이 최정점에 이르고 이후 점차 낮아지는 모습을 보여준다. 학자들은 융빙으로 바닷물의 하중이 증가하면서 홀로세 중기부터 대양저가 천천히 가라앉은 데다 그 반작용으로 대륙의 해안이 융기하면서 상대 해수면이 낮아진 것으로 해석한다.[16] 최근 발표된 남해안의 퇴적물 분석 결과들을 보면 7000~6000년 전부터 퇴적이 멈추는 경우가 자주 확인된다.[17] 이는 만빙기부터 이어진 해수면 상승이 홀로세 초기에도 지속되다가 7000~6000년 전에 이르러 멈췄다는 사실을 나타낸다. 기존의 연구 결과들을 참고할 때 홀로세 중기에 상대 해수면이 가장 높았다가 이후 점차 낮아졌다는 가설이 더 설득력이 있다. 그러나 현시점에서 확실한 결론을 내리기에는 자료가 충분치 않다.

한반도 패총과 반구대 암각화

홀로세의 해수면 변동은 고고학적으로도 중요하다. 과거 기후 환경이 어떠했든 간에 생활 여건이 가장 나은 곳은 해안가였다. 그러나 이들이 남겼을 해안의 유적들은 과거 해수면 변동에 영향을 받아 지금은 거의 찾기 어렵다. 신석기의 수렵·채집 문화를 연구할 때는 해수면이 낮았던 홀로세 초기의 유적들이 해수면 상승에 의해 모두 사라졌다는 사실을 유념해야 한다.

고고학자들은 보통 과거 해수면 변동이 당시 신석기 사회에 미친 영향을 추정하는 것에 관심을 두지만 남아 있는 패총 유적의 위치를 근거로 홀로세 중기 이후의 해수면 변동을 유추하기도 한다.[18] 패총은 고대인이 오랫동안 먹고 남은 생활 쓰레기를 쌓아 놓은 유적으로 해안에 분포한다(그림 5.3). 주로 조개껍데기로 구성되어 알칼리성을 띠기 때문에 동물 뼈 등이 잘 보존되는 편이다. 또한 과거의 여러 유물도 함께 발견되어 자연환경과 생활 환경을 동

그림 5.3 (a)충청남도 보령시 원산도의 패총과 (b)아르헨티나 남부 산타크루즈주 연안의 패총

시에 유추할 수 있으므로 학술적 가치가 높다.

　우리나라 남해안이나 서해안에서 발견되는 홀로세 패총들은 홀로세 중기부터 해수면의 상승 속도가 늦춰짐에 따라 신석기인들이 바다에 생계를 의지하면서 해안에 머무는 시간이 길어졌음을 보여준다. 가장 이른 시기의 패총은 남해안의 동삼동 유적인데, 약 8000년 전에 만들어진 것으로 추정된다. 패총은 패류 채취로 정주 생활이 가능해진 홀로세 중기에 급증하다 후기로 갈수록 농경이 본격화되면서 급감한다. 패총 유적 조사 결과 해안에 거주하던 고대인들은 생계를 위해 패류 채취뿐 아니라 어로 활동도 활발히 전개해 물개, 강치, 고래 등의 해양 포유류도 직접 사냥한 것으로 밝혀졌다. 해양 자원 외에 멧돼지나 사슴 등 육상 포유류 또한 그들의 중요한 식량 자원이었다.[19]

　특히 신석기 시대에 주로 외해에 서식하던 고래를 직접 사냥했는지 여부는 한반도 신석기인의 어로 기술을 가늠할 수 있는 척도이므로 많은 사람의 흥미를 끌고 있다. 동삼동 패총 등에서 출토된 고래 뼈의 양은 그리 많지 않기 때문에 신석기 시대에 남해안에서 실제 포경 활동이 이루어졌는지 학계의 의견이 분분하다. 고래를 사냥했더라도 연안으로 밀려온 고래를 대상으로 소극적인 포경 행위에 그쳤을 가능성이 커 보인다.

　그러나 최근 울산 황성동에서 고래 뼈에 박힌 사슴 뼈 화살촉이 출토되면서 적극적인 포경 활동의 가능성도 배제할 수 없다는 의견이 나오고 있다(그림 5.4).[20] 이 유물은 7000~6000년 전의 것으로 해수면이 안정하던 시기에 신석기인의 어로 활동이 활발했음을 시사한다. 남해안의 패총에서 확인되는, 일본 규슈 지역과의 교류 흔적 또한 당시 남해안의 신석기인이 일정 수준 이상의

그림 5.4 울산 황성동의 고래 뼈에 박힌 사슴 뼈 작살촉 울산박물관 제공.

배 건조 기술이나 항해술을 갖추고 있었음을 보여준다.[21] 패총 유적에서는 고래 뼈뿐 아니라 대형 작살도 함께 출토되었는데, 일부 포경 기술을 지닌 신석기인이 먼 바다로 직접 나가 대형 해양 포유류의 사냥을 시도했음을 알 수 있다.[20] 포경의 또 다른 증거는 우리에게도 잘 알려진 울산의 반구대 암각화다. 여기에는 신석기인의 포경 모습이 무척 사실적으로 그려져 있다. 고래 사냥을 표현한 암각화 중 가장 오래된 것으로 알려져 있어 해외 학계에서도 관심이 많은 유적이다.[22]

1971년에 발견된 반구대 암각화는 국보 제285호로 울산 태화강 상류의 지류 하천인 대곡천 절벽에 새겨져 있으며, 대략 300여 점의 그림으로 구성되어 있다(그림 5.5). 이 암각화가 제작된 시기는 불분명하다. 오랫동안 신석기 시대에는 포경이 불가능했다는 가정 아래 청동기 시대에 새겨진 암각화라는 견해가 강했다.[23] 그러나 최근 여러 발굴 증거가 신석기 시대에도 포경이 이루어졌다는 주장을 뒷받침하면서 포경 모습이 담긴 반구대 암각화의 제작 연대 또한 홀로세 중기로 올려 잡아야 한다는 주장이 힘을 얻고 있다.[20] 고래 뼈와 함께 발견된 신석기 화살촉도 그러한 증거들 중 하나다.

무엇보다 다채로운 해양 활동을 표현한 암각화가 해안이 아닌 내륙 깊숙한 곳에 있다는 모순적 사실은 과거 해수면이 지금보다 높았던 시기에 암각화가 만들어졌을 가능성을 강하게 시사한다. 홀로세 중기에 해수면의 상승으로 확대된 하천은 내륙의 고대인들이 배를 이용해 하류 쪽으로 원정 사냥을 감행하도록 추동했을 것이다. 일정 규모 이상의 배가 강 하구나 연안까지 이동할 수 있던 시기에는 내륙인들의 포경이 가능했을 것으로 추정된다. 그러나 이후 홀로세 후기에 해수면이 하강하고 인간의 교란에 따른 토사 유입으로 강폭이 좁아짐에 따라 이들의 고래잡이 활동은 점차 쇠퇴하게 된다.[24] 안정적인 생활을 추구하는 농경 사회로 진입하면서 바다와 고래 사냥에 대한 모험심 또한 사그라졌을 것이다.

그림 5.5 울주 대곡리의 반구대 암각화

현재 반구대 암각화는 인근 댐 건설로 주변 수위가 높아져 침수에 반복적으로 노출되어 있다. 암각화의 침식 문제를 해결하기 위해 다양한 방안들이 논의되었지만 모두 무산되었다. 현재 울산시는 댐의 수위를 낮춰 암각화를 보호하고 모자라는 식수는 주변 지자체에서 제공받는 방안을 추진 중이다.

6장

거대 동물이 갑자기 사라지다

대형 포유류 멸종 미스터리

플라이스토세가 끝나갈 무렵 대형 포유류는 뜻하지 않은 수난을 겪었다. 당시 마스토돈Mastodon, 매머드Mammuthus, 털코뿔소 Coelodonta 등 엄청난 크기를 자랑하던 포유류가 갑자기 사라졌는데, 많은 학자가 오랫동안 연구했음에도 정확한 원인은 여전히 미궁 속에 있다.[1] 대형 포유류가 멸종한 시기는 지역별로 천차만별이다. 그러나 주로 만빙기에 발생한 것으로 밝혀짐에 따라 기후 변화의 영향으로 보는 견해가 강하다. 기후 변화가 식생 변화로 이어지면서 낯선 주변 환경에 적응하지 못한 초식 포유류가 멸종했다는 주장이다.[2] 기온이 오르면 대부분이 동물에게 유리할 것 같지만, 당시의 온난해진 기후는 풀을 뜯어 먹던 대형 초식 포유류에게는 치명적이었다. 기후가 온난·습윤해짐에 따라 빙기에 초

그림 6.1 콜롬비아매머드 콜롬비아매머드*Mammuthus columbi*는 지금의 미국 북부에서 코스타리 카까지 광대한 지역에 서식하던 플라이스토세의 초식동물로 크기는 4미터, 무게는 10톤에 달해 매머드속에서 가장 큰 종이었다.

지였던 지역이 숲으로 변해갔기 때문이다. 숲 한가운데서 몸집이 거대한 초식동물이 생존에 필요한 만큼의 먹을거리를 찾기란 쉽지 않은 일이었다. 또한 추위를 버티는 데 필요한 두꺼운 털은 따뜻해지는 기후에서는 적응을 어렵게 만드는 장애로 작용했다.

멸종된 대형 포유류 중 우리에게 가장 친숙한 동물은 아마도 매머드일 것이다(그림 6.1). 매머드는 복원을 원하는 멸종 동물 설문조사에서 항상 맨 윗자리를 차지할 만큼 인기도 많다. 매머드는 몸길이 4미터 정도에 온몸이 털로 덮혀 있었고, 둥글게 굽은 엄니가 특징이다. 대략 4만 년 전에서 1만 년 전까지 유라시아 북부와 북아메리카에 서식한 것으로 알려져 있다. 최근 유전적 특징이 유사한 아시아코끼리를 대리모로 삼아 매머드를 복원하려는 계획이 보도되어 대중의 흥미를 끌기도 했다.[3] 실제 복원이 가능한지는 논란이 많지만, 오래전에 사라진 동물을 힘들게 복원하려는 것만 봐도 매머드가 사람들에게 많은 호기심을 불러일으키는 멸종 동물인 것만은 분명하다.

1986년 영국 콘도버의 퇴적층에서 한 무더기의 매머드 뼈가 발굴되어 학계에서 화제가 된 적이 있다.[4] 여기서 발견된 것들은 대략 1만 5000년~1만 4000년 전에 서식한 매머드들의 뼈였다. 1만 5000년~1만 4000년 전이면 기온이 빠르게 상승하던 뵐링-알레뢰드 시기의 초기에 해당한다. 당시 기온의 갑작스러운 상승은 툰드라 스텝 초지를 북쪽으로 밀어올렸고, 스텝 식생이 떠난 빈자리에는 숲이 자리 잡기 시작했다. 초지가 사라지면서 매머드와 같은 대형 초식동물의 수는 크게 줄었다. 검치호랑이Smilodon 같은 육식 포유류 또한 사냥감을 찾기가 점점 힘들어졌다.

적절한 이주를 통해 환경 변화에 요령껏 대처한 일부 동식물도 있었지만, 많은 생물은 산과 강 같은 지형 장애물의 존재와 해수면 상승의 여파로 이동 경로를 찾지 못하면서 차츰 고립되어 사라져갔다. 특히 생존 조건이 까다로웠던 대형 포유류에게 만빙기에 나타난 서식 환경의 갑작스러운 변화는 극복하기 어려운 충격이었다.

기후와 인간 중 무엇이 매머드를 멸종시켰을까?

그러나 앞에서 언급했듯이 대형 포유류가 멸종한 정확한 이유는 아직 밝혀지지 않았다고 보는 것이 맞는 것 같다. 당시 이 기후 변화가 주된 원인이라는 주장에 동의하지 않는 학자가 상당히 많기 때문이다. 이들이 기후 변화 가설을 믿지 않는 가장 큰 이

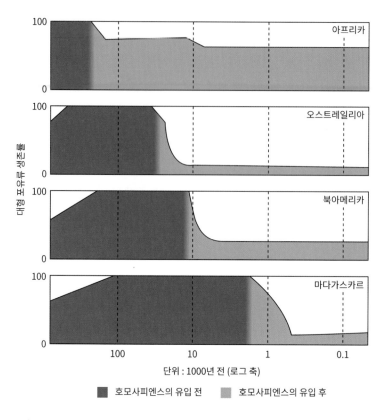

단위 : 1000년 전 (로그 축)

■ 호모사피엔스의 유입 전   ■ 호모사피엔스의 유입 후

그림 6.2 지역별 호모 사피엔스의 출현과 대형 포유류 멸종의 관계 오랜 기간 호모 사피엔스와 공존하면서 이들의 위험성을 익히 알고 있던 아프리카의 대형 포유류와는 달리, 오스트레일리아나 북아메리카의 대형 포유류는 호모 사피엔스의 도래와 함께 빠르게 사라졌다. 이 자료는 대형 포유류의 멸종 원인으로 과잉 살육 가설을 지지하는 학자들의 핵심 근거로 활용된다.

유는 대형 포유류 멸종의 전례를 찾기 어렵다는 점에 있다.[1] 대략 250만 년 동안 지속된 플라이스토세 기간 중에 빙기에서 간빙기로 넘어가는 전환기는 수십 차례 존재했다. 그러나 대형 포유류 멸종 사례는 최종빙기 최성기가 끝난 후 나타난 만빙기에서만 확인된다. 만빙기와 유사한 상황이었던 13만 년 전 최종 간빙기가 시작할 때 동물의 멸종이 일어났다는 증거는 전혀 발견되지 않고 있다. 너무 오래전이라 증거를 찾기 어려운 면도 물론 존재하지만, 만빙기의 대형 포유류 멸종이 기후 변화가 아닌 다른 원인에서 비롯되었을 가능성도 배제할 수 없다.

만빙기의 대형 포유류 멸종이 인간의 사냥에서 비롯되었다는 가설을 처음으로 주창한 학자는 미국 애리조나대학교의 유명한 고고학자이자 지구과학자인 폴 마틴Paul Martin이다. 그는 서로 다른 시기에 서로 다른 지역에서 발생한 대형 포유류의 멸종을 인간의 이동 경로와 연결해 과잉 살육 가설overkill hypothesis을 발전시켰다(그림 6.2).[5] 1만 3000년 전 북아메리카의 클로비스 문화 형성과 뒤이은 대형 포유류들의 멸종은 과잉 살육 가설에 잘 들어맞는 사례다. 이전에 인간을 경험해본 적이 없던 아메리카의 대형 포유류에게 시베리아에서 건너온 고대인은 매우 생소한 생명체였을 것이다. 대형 포유류가 신체적으로 연약해 보이는 인간들과 처음 맞닥뜨렸을 때 생존의 위협을 느꼈을 리 만무하다. 그러나 인간은 도구를 활용할 줄 알았고 협동을 할 줄 알았다. 전략적 사고에 기반해 당시 생태계에서 가장 효율적으로 사냥을 수행하던 사냥 전문가들이었다.

대형 포유류 뼈는 보통 몇몇 지점에 국한되어 발견되는 경향이 있다. 이는 수렵·채집민이 일부 정해진 지역에서 사냥을 수행했음을 의미하며 기후 변화가 주된 원인이 아니었음을 지시한다. 전 지구적인 기후 변화가 멸종의 원인이었다면 대형 포유류의 뼈는 무작위로 발견되었을 것이다. 만빙기의 멸종 사례는 아니지만, 홀로세에 멸종돼 날지 못하는 새들은 과잉 살육 가설의 타당성을 입증해주는 또 다른 사례다. 뉴질랜드의 모아새Dinornis, 마다가스카르의 코끼리새Aepyornis, 지중해 섬의 날지 못하는 백조Cygnus 등은 모두 수렵·채집민의 무차별적인 사냥으로 사라졌다. 인간과 함께 섬으로 유입된 쥐나 뱀 등의 소형 동물들로부터 지상의 알을 보호할 수 없던 것도 그들이 생존에 실패한 이유였다.

아메리카들소의 생존

북아메리카의 멸종 사례만 놓고 보면 과잉 살육 가설이 상당히 그럴듯하게 느껴진다. 그러나 유라시아 지역에서는 확실히 기후 변화가 큰 영향을 미쳤다.[6] 지역별로 멸종의 주된 원인이 달랐다고 보는 것이 논리적이다. 북아메리카의 매머드나 마스토돈은 인간의 사냥으로 사라졌을 가능성이 큰 것으로 추정되지만, 유라시아에는 인간과 수만 년간 별 탈 없이 공존하던 대형 포유류가 만빙기에 와서 갑자기 멸종된 사례가 많다. 섬에 고립되어 서식하다가 인간을 겪어보기도 전에 기후 변화의 여파로 멸종된 아일랜드의 거대 사슴 메갈로케로스Megaloceros 같은 동물도 있다.[7]

과잉 살육 가설의 논리를 공격할 때 빠지지 않고 등장하는 예가 바로 아메리카들소American bison의 생존이다. 유럽인이 아메리카를 처음 발견할 당시 아메리카는 인디언과 들소의 땅이라고 할 정도로 수많은 들소가 서식하고 있었다. 북아메리카 서부 평원에 서식하던 개체의 수는 3000만 마리를 상회할 정도였다. 그러나 서부 개척 시대에 인디언의 주 식량이었던 들소를 잡아 인디언 세력을 약화시킨다는 미명 아래 백인들의 무차별적인 사냥이 이루어지면서 들소의 개체 수는 급격하게 감소했다. 1860년에서 1900년까지, 단 40년 만에 멸종 위기에 직면할 정도로 개체 수가 줄어들었다. 40년 내내 대략 1분에 2마리 이상이 죽었다고 하니 당시 상황이 들소에게 얼마나 참혹했을지 짐작이 간다.[8] 그러나 다행히

그림 6.3 한때 멸종 위기까지 갔던 아메리카들소

도 시어도어 루스벨트 대통령의 적극적인 개입으로 시작된 미국 정부의 보호와 복원 정책으로 개체 수가 많이 회복되어 현재는 약 3만 마리의 들소가 자연 서식 중인 것으로 파악되고 있다.[9]

아메리카들소는 평균 몸무게가 500킬로그램을 넘을 정도로 엄청난 크기의 대형 포유류다. 이들은 만빙기의 인간 사냥을 버텨 냈다. 아메리카들소는 북아메리카에서 유일하게 살아남은 대형 포유류다. 그렇다면 어떻게 아메리카들소만 살아남을 수 있었을 까? 아메리카들소와 당시 멸종된 여타 대형 포유류 간에 뚜렷한 차이를 발견하기 어렵다는 점에서 클로비스 문화인들이 아메리 카들소에게 특별한 의미를 부여했기에 멸종을 피했다고 보기는 어려울 듯싶다. 이런 이유로 과잉 살육 가설보다는 기후 변화 가 설에서 그 해답을 찾는 편이 타당할 것이다. 그렇다면 이 거대 동 물이 기후 변화의 파장을 어떻게 피해갈 수 있었던 걸까?

아메리카들소가 다른 대형 포유류와는 다르게 되새김질을 하는 반추동물이라는 사실을 근거로 과학적인 추정이 가능하다. 반추동물이 되새김질을 하는 목적은 식물을 잘게 부수고 분해함으로써 쉽게 흡수하기 위함이다. 앞에서 언급했듯이 최종빙기 최성기가 끝나고 기온이 꾸준히 상승하면서 툰드라 스텝 식생은 북쪽으로 이동하고 빈자리에는 숲이 자리 잡았다. 먹을거리가 부족해 많은 대형 포유류가 사라졌지만 반추동물인 아메리카들소는 예외적으로 살아남을 수 있었다. 그들은 일반적인 초식동물이 소화할 수 없는 나뭇잎을 먹으면서 어려운 시기를 버텨낸 것이다.[10]

보통 지하부의 뿌리 성장에 대부분의 에너지를 쏟는 초본류와는 달리 나무들은 햇빛을 선점하기 위한 경쟁에서 승리하기 위해 에너지의 대부분을 지상부에 집중한다. 따라서 수목류는 초본류보다 지상부의 생체가 초식동물에 훼손되는 것에 더 예민할 수밖에 없다. 초식동물의 공격을 받더라도 초본류는 큰 지장이 없지만, 나무는 그렇지 않다. 지상부가 훼손되는 것을 방지하기 위해 나무들은 여러 가지 진화적 전략을 발전시켜왔다. 그중 하나가 2차 화합물을 생산하는 것인데, 떫은맛을 내는 타닌tannin이 잘 알려져 있다. 초식동물들은 타닌을 섭취하는 순간 소화 기능을 잃어 영양분을 잘 흡수하지 못하게 되므로 보통 나뭇잎을 먹을거리로 선호하지 않는다. 대형 초식동물에게 숲의 확장은 분명 재앙이었다. 그러나 아메리카들소는 그 재앙을 용케 빠져나왔다. 그들은 되새김질을 통해 나뭇잎이나 나무껍질의 타닌을 무력화하면서 갑작스러운 환경 변화에도 살아남을 수 있었던 것이다.

멸종을 부르는 인간

그렇다면 지난 여러 차례의 빙기와 간빙기의 전환기를 극복한 매머드가 왜 최종빙기의 만빙기에 와서야 사라진 것일까? 결국 대형 포유류는 기후와 식생의 변화로 생존에 어려움을 겪던 상황에서 인간에게 마지막 일격을 받아 멸종했다고 본다.[11] 인간의 사냥은 유전적 부동*이 일어날 수 있는 수준까지 개체 수를 감소시켰다. 환경에 적응하지 못하는 개체들을 생산하는 유전적 부동의 발현은 곧 멸종을 의미한다.[12]

인간은 사냥 외적인 측면에서도 동물에게 부담스러운 존재였다. 북아메리카 대형 포유류의 멸종에는 대형 포유류가 물을 놓고 인간과 벌인 경쟁에서 패했다는 점도 중요하게 작용했다.[13] 북아메리카 서부에서는 최종빙기 최성기 이후 기후가 건조해지는 경향이 뚜렷했다(보너빌 호수의 면적이 크게 감소했음을 기억하자). 부족해진 물을 찾아 수원 주변으로 모여든 인간과 대형 포유류가 물을 선점하기 위해 벌인 눈치 싸움은 상당히 치열했다. 이 과정에서 협동이라는 사회적 관계로 무장한 인간을 동물이 이겨내기는 버거웠다. 건조해진 기후로 인해 대형 포유류가 물가로 모여들었고 인간은 그 덕분에 사냥에 소요되는 에너지를 많이 줄일 수 있었다. 기후 악화가 수렵 활동에는 오히려 득이 된 셈이다.

아메리카의 대형 포유류는 인간에 대한 정보가 부족한 데서 오는 불리함을 극복하기 힘들었다. 수많은 동물이 멸종에 이르렀

---

*   일반적인 자연선택 과정에서는 환경에 대한 적응과 생존에 유리한 유전자가 선택되어 후대에 전달된다. 그러나 개체 수가 적은 집단에서 유전적 부동이 나타나면 환경 조건이 아니라 우연에 의한 유전자 전달이 이루어져 주변 환경에 적합하지 않은 개체들이 생겨날 수 있다. 환경 변화가 극심할 때는 이러한 유전적 부동이 긍정적인 결과로 이어지기도 하지만, 대부분의 상황에서는 불리하게 작용해 종이 절멸하는 불행한 사태가 발생하곤 한다.

다. 반면 아메리카의 대형 포유류와는 달리 아프리카의 대형 포유류는 오랜 기간 인류와 공존해왔다. 그들은 인간의 위험성을 본능적으로 인식하고 있었고 인간의 공격에 적절하게 대처할 줄도 알았다. 스페인 군대가 아메리카 대륙의 거대 문명이던 아즈텍과 잉카를 손쉽게 무너뜨릴 수 있던 이유 또한 아메리카의 대형 포유류가 만빙기에 대부분 멸종되었다는 사실과 관련이 깊다.[14] 만빙기의 대규모 멸종으로 아메리카에는 라마나 알파카 정도를 제외하면 가축화할 수 있는 포유류가 전무했다. 가축과의 접촉이 많지 않았던 아메리카 원주민은 인수 공통 감염병에 면역력이 없었다. 소수의 유럽인이 몰고온 유라시아의 전염병은 아메리카에서 무서운 위력을 발휘했다. 수적으로 크게 열세였던 스페인군에게 적을 대신 제거해준 천연두 바이러스는 고마운 존재였다.

오스트레일리아도 대형 포유류의 멸종 지역으로 자주 언급된다. 이곳에서 마지막 빙기 중에 있었던 대형 유대류의 멸종은 대부분 인간의 간섭에 의한 것으로 추정되는데, 환경 변화가 뚜렷했던 만빙기가 아니라 그 한참 전인 5만~4만 년 전에 멸종이 일어났기 때문이다.[15] 오스트레일리아에 인간이 처음으로 도착한 시점이 이즈음이었다는 사실을 고려할 때 인간의 교란이 멸종의 주된 원인이었을 가능성이 크다. 250킬로그램에 달하는 거대 캥거루 프로콥토돈Procoptodon, 2700킬로그램의 거대 웜뱃 디프로토돈Diprotodon, 1000킬로그램의 도마뱀 메갈라니아Megalania, 100킬로그램의 날지 못하는 새 게니오르니스Genyornis와 같은 대형 유대류는 인류가 오스트레일리아 대륙에 도착한 지 수천 년 만에 멸종했다.[16] 그러나 당시 인간의 사냥 흔적이 거의 발견되지 않아 기후 변화를 멸종의 이유로 생각하는 고고학자도 일부 있다.

직접적인 사냥뿐 아니라 인간에 의한 생태 교란도 유대류의 멸종에 지대한 영향을 미쳤다. 날지 못하는 새인 에뮤*Dromaius novae-hollandiae*의 알껍질 속 탄소동위원소 비율을 분석해 지난 14만 년간의 먹이원을 복원한 결과, 인간이 오스트레일리아로 이동해온 시점부터 먹이의 양이 크게 감소했다는 사실이 확인되었다. 퇴적물의 꽃가루와 세립 탄편* 분석 결과는 인간 이주 후 오스트레일리아의 원식생이 크게 교란되었음을 지시한다. 숲과 초지는 화재를 버틸 수 없는 황량한 사막 식생으로 변화했고, 먹을 것을 찾기 힘들어진 대형 초식 유대류의 개체 수는 급감했다.[17] 곧이어 육식 유대류와 파충류 또한 같은 길을 걸었다.

그러나 앞서 살펴본 아메리카들소와 같이 인간의 사냥이나 간섭 그리고 기후 변화의 영향을 모두 이겨내고 오랜 기간 생존한 대형 포유류도 존재한다. 특히 시베리아 근해의 브란겔섬[18]과 베링 해협의 세인트폴섬[19]에 서식한 털매머드*Mammuthus primigenius*는 매우 흥미로운 사례다. 만빙기에 해수면이 상승함에 따라 브란겔섬과 세인트폴섬은 모두 대륙으로부터 분리되었다. 이 지역의 매머드들은 섬에 원형 그대로 남아 있던 툰드라 스텝 식생을 기반으로 홀로세 중기까지 살아남을 수 있었다. 섬에 고립되어 인간이나 다른 포식자의 영향을 거의 받지 않았기 때문에 오랜 기간 생존이 가능했다.

그러나 이 작은 섬들에는 먹을 것이 풍부하지 않았다. 매머드

---

* 건조한 지역의 호수 퇴적물에는 과거의 화재로 유입된 탄편(재)이 많이 포함되어 있다. 탄편의 크기가 작을수록 (탄편이 세립일수록) 바람을 타고 먼 거리를 이동한다. 퇴적물 세립 탄편의 양을 시기별로 분석해 화재의 강빈도 변화를 복원하고, 이를 해당 지역의 기후, 식생, 인문 환경 변화를 추정하는 데 활용한다.

들이 선택할 수 있는 진화적 대처 방안은 몸의 크기를 줄이는 것이었다. 만약 개체 수가 줄어들었다면 유전적 부동의 위험에 노출되어 멸종했을 것이다. 그들은 본능적으로 소형화 전략을 추구하면서 섬에서 오랫동안 살아남을 수 있었다. 브란겔섬의 털매머드가 남긴 뼈들의 연대를 측정해보니 4000년 전까지 생존했다는 놀라운 결과를 얻었다.[18] 4000년 전이면 이집트 왕조가 높이 147미터에 이르는 대형 피라미드를 건설하고도 500~600년이 지난 시점이다. 참고로 이와 같이 섬으로 건너간 대형 포유류의 몸체가 작아지는 현상을 섬왜소화island dwarfism라 한다. 미국 캘리포니아의 채널 제도에서 홀로세 초기까지 서식하던 난쟁이매머드Mammuthus exilis 또한 섬왜소화의 사례로 자주 언급된다.

우리는 보통 지구 생태계의 인위적 교란은 홀로세 들어 인간의 농경이 시작된 이후에 일어난 것으로 생각한다. 그러나 플라이스토세의 다양한 멸종 사례는 인간이 지구에 영향을 미치기 시작한 시점이 그보다 훨씬 빨랐다는 사실을 보여준다. 최근 '여섯 번째 대멸종'이라는 말이 방송이나 언론을 통해 자주 회자되고 있다. 인간의 환경 교란 때문에 멸종된 동식물의 수가 과거 있던 다섯 차례의 대멸종*으로 사라진 동식물의 수에 뒤지지 않는다는 것이다.[20] 이 다섯 차례의 대멸종에는 백악기에 운석 충돌로 발생한 대형 파충류(공룡)의 멸종 또한 포함된다. 인간이 지구상의 동식물

---

* 다섯 차례의 대멸종은 과거 지구상에서 대부분의 생물체가 단기간에 사라진 사건들로, 고생대 오르도비스기 말(4억 4300만 년 전), 고생대 데본기 말(3억 7000만 년 전), 고생대 페름기와 중생대 트라이아스기의 경계(2억 4500만 년 전), 중생대 트라이아스기와 쥐라기의 경계(2억 1500만 년 전), 중생대 백악기와 신생대 제3기의 경계(6600만 년 전)에 각각 발생했다. 대륙의 이동, 화산 폭발, 운석 충돌 등에 의한 기후 변화의 결과였다. 공룡은 마지막인 5차 대멸종 때 지구상에서 사라졌으며 당시 생물의 멸종 속도는 다섯 차례의 대멸종 가운데 가장 빨랐다.

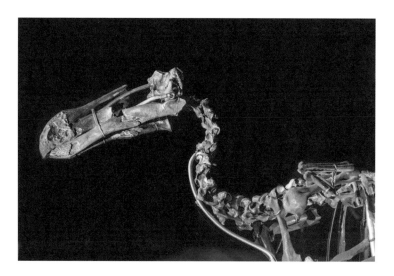

그림 6.4 인간에 의해 멸종된 도도새의 골격

을 멸종시키는 속도가 운석 충돌로 인한 생태계 파괴 속도와 별반 차이가 없다는 뜻으로 자연에 대한 인류의 무자비함을 다시 한번 일깨워준다.

자연 생태 저술가로 잘 알려진 데이비드 콤멘David Quammen 의 책《도도의 노래The Song of the Dodo》는 인간이 멸종시킨 날지 못하는 새의 이야기를 통해 인간의 단견과 탐욕을 고발한다.[21] 1507년 인도양의 모리셔스섬이 포르투갈 선원에 의해 발견된 후, 1598년부터 네덜란드 선원들은 모리셔스섬을 고기 공급처로 삼고 가축을 방목하거나 도도새와 바다거북을 사냥하기 시작했다. 도도Raphus cucullatus는 커다랗고 못생긴 얼굴에 두꺼운 두 다리로 우스꽝스럽게 걷는, 한마디로 볼품없는 새였다. 섬에서 오래 살면서 날개는 퇴화되었고, 처음 접하는 사람이나 가축에 대한 경계심은 전혀 없었다. 도도 고기는 무척 맛이 없었으므로 선원들은 식량 비축 목적

그림 6.5 태즈메이니아호랑이

이 아니라 단지 심심풀이로 도도를 죽였다. 게다가 선원들이 들여
온 개, 돼지, 쥐 등은 땅에 알을 놓는 도도에게 치명적인 피해를 끼
쳤다. 도도가 마지막으로 목격된 해가 1681년이니 칠면조보다 큰
새가 인간에 의해 100년도 안 되는 사이에 지구상에서 완전히 사
라진 셈이다.

오스트레일리아에서 살았던 주머니늑대*Thylacinus cynocephalus* 또
한 인간의 잔인함 때문에 사라진 대표적 동물로 자주 언급된다.[22]
육식성 유대류인 주머니늑대는 등에 호랑이와 비슷한 줄무늬가
있어 '태즈메이니아호랑이'라고도 불린다. 호랑이라는 이름이 붙
어 있어 오해를 불러일으키곤 하는데, 실제 생태계 내에서의 위치
는 들개나 늑대와 유사했다. 과거 오스트레일리아 대륙과 뉴기니
전역에 분포하고 있었으나 4000~3000년 전부터 '딩고'라 불리는
들개에 밀려 태즈메이니아섬에서만 고립되어 서식했다. 그러나

섬으로 이주한 유럽인들이 목축 활동에 피해를 준다는 이유로 적극적인 사냥에 나섬으로써 1930년대 초에 완전히 멸종했다.

한편 인구가 많았던 한반도의 생태계도 대형 동물이 절멸되는 상황에서 자유로웠을 리 없다. 인간을 공격하고 농경과 목축에 피해를 준다는 이유로 많은 최상위 포식자가 사라졌다. 우리나라에서 인간의 욕심으로 절멸된 대형 포유류에는 어떠한 것들이 있을까?

사라진 수천 마리의 호랑이

조선 시대 이전만 해도 한반도에는 수많은 호랑이*Panthera tigris*와 표범*Panthera pardus*이 서식하고 있었다. 오랫동안 한반도에서 터를 잡고 살아가던 이 최상위 포식자들은 조선 건국 후 일제 강점기까지 불과 500년 사이에 절멸했다. 호랑이와 표범은 1600년대 초반만 해도 적어도 매년 1000마리 이상 잡힐 정도로 개체 수가 많았다. 그러나 이후 급속히 줄어들어 1900년대 중반에는 사실상 한반도에서 자취를 감추게 된다.[23]

한반도에 많이 살았던 반달가슴곰*Ursus thibetanus* 또한 일제 강점기에 해수害獸 구제라는 미명 아래 1000마리 이상 포획되면서 크게 감소했고, 이후 전쟁과 무분별한 밀렵으로 남한에서는 거의 절멸 직전까지 내몰렸다. 그러나 2004년부터 시작된 복원 사업이 어느 정도 궤도에 오르면서 현재는 지리산에 50여 마리가 서식하는 것으로 알려져 있다.[24] 한편 한반도 북부에 서식하던 불곰*Ursus arctos*도 많이 줄어 지금은 평안북도 동부와 함경도 일부에서만 간혹 발견된다. 북한에서는 불곰을 천연기념물로 지정해 보호 중이다.

우리나라에 서식하던 사슴으로는 큰사슴*Cervus canadensis*과 꽃사슴*Cervus nippon*이 있었지만 지금은 백두산 일대에서만 관찰된다. 큰사슴은 1500년대부터 전국 각지에서 그 수가 급감하기 시작했고, 조선 성종 재위 때까지 주변에서 쉽게 볼 수 있던 꽃사슴도 1700년대에 들어 거의 사라졌다. 큰사슴은 현재 백두산과 개마고원 일대에서만 간간이 발견되고 있으며, 꽃사슴 또한 북한에서 보호 동물로 지정되어 백두산 주변에서 명맥을 유지하고 있다.[23] 제주도에서 1921년 잡힌 야생 꽃사슴을 마지막으로 남한에서는 종적을 감췄다.

호랑이, 표범, 사슴 등 대형 포유류의 개체 수가 조선 시대에 집중적으로 감소한 이유는 조선 초기부터 강조된 농본주의에 기인한다. 조선 왕조는 곡물의 생산량을 늘리기 위해 지속적으로 농경지 확대 정책을 추진했다. 조선 초기 농민은 하천 주변의 범람원을 주로 개간했으나, 범람원이 대부분 경작지로 전환됨에 따라 조선 후기에는 산지의 완만한 곳에 농지를 조성하는 화전 농업이 활발하게 이루어졌다. 이 과정에서 농민은 범과 표범의 서식 영역을 침범할 수밖에 없었고, 사람과 소가 호랑이에 물려 죽는 일이 빈번하게 발생했다.[23]

이에 조선 조정은 농민을 보호한다는 이유로 대대적인 호랑이 사냥에 나섰고, 지역별로 호랑이 사냥을 전담하는 군사까지 배치했다. 이들 군사는 평상시에는 주로 호랑이 사냥에 힘을 쏟았지만 대부분 사격 능력이 출중하고 담력이 남달랐으므로 병자호란, 신미양요, 병인양요 등 전쟁마다 동원되어 탁월한 전과를 올리기도 했다. 항일 의병 활동과 일제 강점기의 무장 항쟁도 호랑이 사냥꾼이 주도했던 것은 우연이 아니다. 1920년 봉오동전투를 대승으로 이끈 홍범도 장군도 함경도 북청의 유명한 호랑이 사냥꾼이

었다. 그는 뛰어난 사격술로 '나는 홍대장'으로 불린 당대 최고의 명사수였다.[25]

조선 시대 초반, 매년 조정에 호랑이와 표범 1000마리의 가죽이 진상되었을 정도로 이들 맹수는 흔했다. 1600년대 초반까지만 해도 한 마을에서 세 마리의 호랑이와 표범을 잡는 것이 그리 드물지 않았다. 당시 한반도에 서식하던 호랑이는 적어도 4000마리에 달했던 것으로 추정된다. 그러나 1600년대 후반에 들어서면서 개체 수가 급감해 이들 맹수를 매년 포획해 바치기가 거의 불가능해졌다.[23] 호랑이와 표범의 감소는 1700년대 후반 늑대Canis lupus의 급증으로 이어졌다. 늑대의 상위 포식자들이 사라진 결과였다.

일제는 대한제국 말기 항일 의병의 세력을 위축시키기 위해 의병의 총기와 탄약을 모두 압수했고, 당시 의병의 주축 세력이던 홍범도와 같은 사냥꾼들은 만주로 이동해 항일 무장항쟁을 이어나갔다.[25] 한반도에서 사냥꾼은 대부분 사라졌지만 일본인을 위시한 외부인의 호랑이 사냥은 계속되었다. 결국 1930년대에 호랑이가 한반도에서 절멸했고, 이후 일제 강점기 후반의 한반도 최상위 포식자의 자리는 늑대가 차지하게 되었다.

한반도의 늑대는 호랑이 등 맹수가 감소하기 시작한 1700년대부터 급증하기 시작해 일제 강점기에 최대 개체 수를 기록했다. 일제 강점기 동안 호랑이 100여 마리, 표범 600여 마리, 반달곰 1000여 마리가 포획된 반면, 늑대는 1300마리 이상 포획된 것으로 기록에 남아 있어 당시 늑대가 왕성하게 번식했음을 알 수 있다.[26] 강점기 이후 늑대가 타격을 심하게 입은 시기는 쥐 퇴치 운동이 활발하게 전개되던 1950~1960년대로 추정된다. 1980년 경상북도 문경에서 마지막으로 잡힌 이후 지금까지 야생 상태에서 확인

된 바가 없어 남한 지역에서는 늑대가 절멸된 것으로 본다.[27]

현재 우리나라 정부는 늑대를 복원 대상으로 삼아 관련 연구를 지원 중이다. 멸종된 맹수를 복원하는 것은 늑대가 처음이다. 그러나 지금까지의 성과는 미미한 편이다. 복원이 성공적으로 진행되더라도 향후 안전 문제를 해결해야 하는 절차가 남아 있다. 우리나라에서 복원으로 실제 도움을 받은 동물은 멸종 위기종인 반달가슴곰 정도다. 멸종된 종을 복원하기보다 멸종 위기에 처한 종을 보호하는 것이 훨씬 쉬운 길임을 알 수 있다.

과거 인구의 지속적인 증가로 식량 부족 문제가 끊임없이 대두되는 상황에서 맹수와 공존할 수 있다고 생각하기는 어려웠을 것이다. 그러나 지구는 인간만의 것이 아니다. 지금부터라도 생물 다양성을 보전하기 위해 인류는 모든 생물이 공생할 수 있는 길을 적극적으로 찾아나서야 한다. 다양성의 확보는 기후 변화가 어떠한 방향으로 전개될지 알 수 없는 현시점에서 더욱 중요한 과제가 되고 있다. 지구 온난화와 같은 급속한 환경 변화 속에서 종과 생태계의 다양성이 갖는 가치는 더욱 높을 수밖에 없다. 더구나 인류는 지구 생태계를 교란시켰다는 비난에서 자유롭지 않은데, 여섯 번째 대멸종을 저지른 범인이라는 오명에도 굴하지 않고 자신의 이기적인 삶만을 추구한다면 만물의 영장이라는 타이틀이 너무 초라하게 느껴지지 않겠는가.

7장

자연을 길들이다
농경의 시작

우리는 언제부터 쌀, 콩, 배추 등의 농산물을 재배해서 먹었을까? 농경이 최초로 시작된 곳은 어디이며, 이후 농경 문화는 어떠한 경로를 통해 전 세계로 확산되었을까? 또 그 과정이 어떠했길래 인간과 작물은 상대 없이는 살아가는 것이 거의 불가능할 정도로 강한 공생관계를 구축하게 된 것일까? 농경 문화의 기원과 전파라는 주제는 오랜 기간 많은 학자의 흥미를 끌어왔다. 대부분 수천 년 전인 홀로세 초기에 발생한 일들을 추적해야 하는 작업이므로 인과관계가 명확하지 않아 치열한 논쟁을 불러올 때가 많았다. 다양한 분야의 저명한 학자가 이 주제에 천착했는데 지리학자인 칼 사우어Carl Sauer,[1] 고고학자인 에릭 힉스Eric Higgs,[2] 식물학자인 잭 할란Jack Harlan,[3] 역사학자 고든 차일드Gordon Childe[4] 등이 대표적이다. 이들의 화려한 면면은 이 주제가 갖는 학술적 무게를 대변한다.

작물의 유전적 다양성과 농경의 기원

실제 농경의 기원을 밝히는 데 가장 중요한 역할을 한 학자는 러시아의 유명한 식물유전학자인 니콜라이 바빌로프Nikolai Vavilov다.[5] 그는 상대적으로 작물의 유전적 다양성이 높은 지역이 농경이 처음 시작된 곳이라고 확신했다. 농경민에 의해 선택받는 작물의 형질 수는 아무래도 농경이 이루어진 기간에 비례해 늘어날 것이다. 따라서 특정 지역의 작물이 높은 유전적 다양성을 지닌다면 오래전부터 이 지역에서 농경이 이어져왔다고 볼 수 있다. 그는 자신의 가설을 토대로 유라시아의 아열대 지역과 아메리카 고지대 등 총 여덟 곳을 농경의 기원지로 꼽았다(그림 7.1). 홀로세 동안 종의 분포에는 큰 변화가 없었다고 가정하면서 이 지역 작물의 높은 유전적 다양성은 오랜 인위적 선택의 산물이지, 새로운 종의 유입과는 관계가 없다고 봤다. 전체적으로 안정적이었던 홀로세 기후를 고려할 때 논리적인 추정이었다. 또한 그는 작물화는 특정 시기에 특정 장소에서만 이루어졌고, 지금의 작물 분포는 작물이 기원지에서 주변 지역으로 전파된 결과라고 생각했다. 바빌로프의 주장은 이후 고고학 유적지에서 발굴된 동물 뼈나 씨앗의 분석을 통해 밝혀진 사실과 크게 다르지 않았다. 중동 지역에서는 밀과 보리가, 중앙아메리카에서는 옥수수가, 중국에서는 쌀이 처음으로 작물화되었다는 그의 생각은 정확했다.

그렇다고 그의 가설에 문제가 없는 것은 아니었다. 특정 지역의 작물에 누적된 유전적 다양성은 작물이 재배된 시간과 비례할

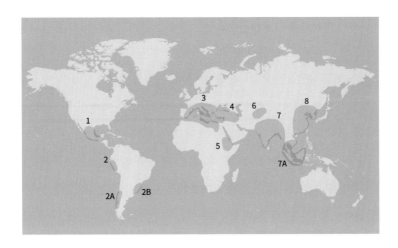

그림 7.1 바빌로프가 제안한 작물의 기원지 (1) 멕시코-과테말라 (2) 페루-에콰도르-볼리비아 (2A) 칠레 남부 (2B) 파라과이-브라질 남부 (3) 지중해 (4) 중동 (5) 에티오피아 (6) 중앙아시아 (7) 인도-버마 (7A) 태국-말레이지아-자바 (8) 중국-한국. 현재 학계에서 농경의 기원지로 받아들여지고 있는 곳은 중동, 중국 양쯔강과 황허강 유역, 멕시코 고원, 페루 안데스 산지, 미국 북동부, 아프리카 사헬 지대, 뉴기니 등이다.

수도 있지만 그 지역이 가진 환경적 다양성의 결과일 수도 있기 때문이다. 또한 홀로세의 기후가 안정적이었기 때문에 식물의 이동이 활발하지 않았을 것으로 가정했지만, 사람의 이동에 의한 식물 전파도 분명 가능했으므로 새로운 종의 유입을 고려하지 않는 것은 과학적으로 엄밀한 방식이 아니었다.

농경의 기원을 밝힌 학술적 성과도 대단했지만 바빌로프는 육종 연구로 조국에 엄청난 부를 안겼다. 넘치는 학구열로 30년간 채집하고 연구한 종자들은 이후 소련 농업에 오랜 중흥기를 선사한 모태였다. 그는 구소련의 국가적 위인으로 대우를 받아야 마땅했다. 하지만 수많은 업적 탓에 그는 오히려 찬사와 존경이 아닌 시기와 질투에 휩싸인 삶을 살았다. 그의 유전학적 성과는 당시 유전학을 거부하고 용불용설을 주장하던 사이비 어용 과학자 트로핌 리센코Trofim Lysenko의 생각을 통째로 부정하는 것이었다. 스탈린과 이념적으로 통했던 리센코는 1930년 대기근에 대한 농민의 불만을 누그러뜨리기 위해 바빌로프를 희생양으로 삼았다. 스탈린 비밀경찰은 모국의 농업 발전을 위해 오지 여행도 마다하지 않던 그에게 반역죄의 누명을 씌워 투옥했다. 바빌로프는 3년간 감옥에서 고문을 받다 60세의 나이로 생을 마감했는데, 조국에 대한 기여에 걸맞지 않은 최후였다.[6] 바빌로프가 죽은 후 소련의 농업과 유전학은 크게 후퇴했고 러시아는 여전히 그 수렁에서 빠져나오지 못하고 있다.

바빌로프는 1929년 후반 일본과 한국에 들러 종자를 수집하기도 했다.[7] 부산에서 신의주까지 이동하면서 그가 확보한 밀, 팥, 콩 등 우리나라의 유전 자원들은 90년 가까이 지난 지금도 그의 이름을 딴 바빌로프식물산업연구소Vavilov Institute of Plant Industry에서 보관 중이다. 바빌로프연구소는 30만 개 이상의 유전 자원을 보유하고 있는 세계 최대의 식물 자원 연구소로, 제2차 세계대전의 엄혹한 상황 속에서 종자를 보호하기 위해 사투를 벌인 과학자들의 에피소드로도 널리 알려져 있다.

제2차 세계대전이 막바지에 달할 무렵인 1940년대 초, 바빌로프연구소가 있던 레닌그라드(지금의 상트페테르부르크)는 독일군에 포위된 채 900일을 버텨냈다. 당시 혹독한 추위와 식량 부족으로 목숨을 잃은 사람만 수십만 명에 달했다. 연구소의 상황도 50여 명의 과학자 중 3분의 2가 아사했을 만큼 녹록지 않았다. 그러나 그들은 굶주림으로 죽어가는 와중에도 산더미같이 쌓여 있던 종자들은 거의 건드리지 않았다.[7] 미래 세대에 피해를 줄 수 없다는 사명감에 목숨을 아끼지 않은 모습은 후대가 본보기로 삼을 만하다.

비옥한 초승달 지역의 최초 농경

지금까지의 연구 결과에 따르면, 지구상의 최초 농경은 1만 2000년 전에서 1만 년 전 사이에 소위 '비옥한 초승달Fertile Crescent'이라고 불리는 서남아시아 지역에서 시작되었다(그림 7.2). 영거드라이아스가 끝나가던 1만 1800년 전에서 1만 1700년 전 사이 기온이 급격하게 상승하기 시작했다. 전례를 찾아보기 힘들 정도로 빠른 속도의 기후 변화였다. 온난화와 함께 기상 이변이 속출했다. 한 해에는 들판에 먹을거리가 넘쳐 났다가 다음 해에는 먹을거리를 조금도 구하기 힘든 기이한 상황이 반복되었다. 급변하는 환경 속에서 살아남기 위해서는 당장은 힘들더라도 불확실한 앞날을 대비해야 했다. 농경은 많은 시간과 자원을 투입하고도 성공을 장담할 수 없는 모험에 가까웠다. 하지만 미래를 준비하는 성격이 짙은 농경 행위는 당시의 혼란스러웠던 상황을 타개할 수 있는 유일한 해결책이었다.

비옥한 초승달이라는 명칭은 미국의 고고학자인 제임스 헨리 브래스티드James Henry Breasted가 사용한 이래로 이 지역을 지칭하는 말로 통용되고 있다.[8] 브래스티드가 유명한 영화 속 주인공 '인디아나 존스'의 실제 모델이라는 이야기도 있다. 이곳에서 작물화된 식물로는 밀, 보리, 호밀, 완두콩 등을 꼽을 수 있고, 가축화된 동물로는 소, 양, 염소, 돼지, 개 등을 들 수 있다. 기후 변화가 농경의 시작을 이끌었을 가능성이 크지만, 이와 관련하여 다양한 견해가 존재하는 것이 사실이다. 그 이유가 무엇이든 농경의 시작은 인류에게는 큰 전환점이었다. 자연에 순응하던 삶에서 자연을 이용하는 삶으로 변화가 이루어졌기 때문이다. 인구는 증가하고 문화는 발달했으며 사회 조직은 점점 복잡해졌다. 유명한 역사학자

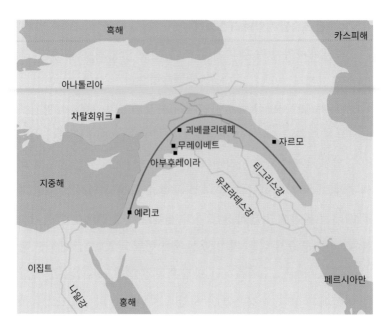

흑해

카스피해

아나톨리아

차탈회위크 ■

괴베클리테페 ■

무레이베트 ■

■ 자르모

아부후레이라

티그리스강

유프라테스강

지중해

■ 예리코

이집트

나일강

홍해

페르시아만

그림 7.2 비옥한 초승달 지대

이자 고고학자인 고든 차일드는 이러한 변화를 '신석기 혁명'이라 불렀다.[9]

　비옥한 초승달 지역을 포함해 대부분의 농경 기원지는 반건조 지역에 있다. 농경이 주로 반건조 지역에서 시작된 원인은 작물화나 가축화를 시도할 만한 야생 동식물이 이 지역에 많았기 때문이다. 생태학자들은 동식물의 번식 전략을 논할 때 흔히 r-선택 전략이니 K-선택 전략이니 하는 말을 자주 쓴다. 생태학의 오래된 이론으로, 그 단순함 때문에 비판도 많이 받지만 여전히 다양한 상황에서 활용되곤 한다. 보통 환경 조건이 열악한 곳에 서식하는 생물은 개체의 생장에 에너지를 쓰기보다는 후대의 생산에 에너지를 집중하는 경향이 있다. 이러한 r-선택 전략에 기대어 살아가는 동식물은 많은 자손을 생산하지만 크기가 작고 수명이 짧다. 박테리아, 일년생 잡초, 곤충, 쥐 등이 대표적인 예다. 반대로 K-선택 전략을 쓰는 생물은 크기와 경쟁력을 키워 자원을 충분히 확보하고 오랜 기간 생존하는 것을 목적으로 한다. 대표적인 예로 나무, 코끼리, 고래 등을 들 수 있다.

반건조 지역은 적어도 한 해의 반은 비를 기대하기 어려워 나무가 살기에 적당한 곳이 아니다. 그래서 이러한 곳에는 넓은 초지가 형성되기 마련이다. 특히 건조한 계절이 돌아오면 스러지는 한해살이풀이 많다. 몇 달씩 힘들게 이룬 것을 특별한 보상도 없이 모두 포기하는 전략은 효율적이지 않다. 그러나 자원이 제한된 환경에서는 어쩔 수 없다. 대신 한 번에 많은 자손을 남기는 전략을 추구한다. 유전자 입장에서 보면 오래 살면서 매년 조금씩 번식하는 것이나 짧게 살면서 한 번에 대량 번식하는 것이나 큰 차이가 없다. 반건조 지역의 척박한 환경이 물리적으로 우월한 K-선택 전략 식물의 접근을 불허하는 것도 r-선택 전략 식물에게는 큰 혜택이다.

홀로세 내내 '비옥한 초승달' 지역은 반건조 기후에 적응해 우기가 끝나갈 즈음 풍성한 씨앗을 생산하는 일년생 식물들로 가득 차 있었다. 서남아시아의 고대 수렵·채집민은 의식적으로 혹은 무의식적으로 수많은 시행착오를 거친 끝에 지천에 널려 있던 한해살이 잡초들을 작물화하는 데 성공했다. 더불어 비옥한 초승달 지대의 광활한 초지에 터를 잡고 살아가던 초식동물 가운데 양, 염소, 소, 돼지 등 유순하고 번식이 까다롭지 않은 동물들은 순차적으로 순화domestication*시켰다. 가축화된 동물들의 면면을 살펴보면 한 가지 중요한 특징이 눈에 들어온다. 모두 야생 상태에서 집단으로 움직이며 몸집이 크고 힘이 센 우두머리가 통솔한다는 점이다. 양치기 개 한 마리가 수백 마리의 양을 우리에 넣다 뺐다 하는 장관을 보면 가축화된 동물에 뿌리 깊이 내재되어 있는 진화적 속성이 얼마나 대단한 것인지 알 수 있다.

비옥한 초승달 지역에는 20세기 초부터 시작된 서구 학자들의 열성적인 발굴 덕에 농경의 기원을 알려주는 유적지들이 산재해 있다. 많은 학자가 이 지역에서 연구를 수행했지만 미국의 로버트 브레이드우드Robert Braidwood만큼 영향력 있는 학술적 성과를 남긴 사람도 없을 것이다.[10] 그는 이 지역의 초기 발굴을 주도했던 고고학자로 탄소 연대 측정과 같은 과학적 분석의 필요성을 특히 강조했으며 평생을 비옥한 초승달 지역의 농경 기원 연구에 쏟았다 해도 과언이 아닐 정도로 이 주제에 몰두했다. 시카고대학교의 동료였던 윌러드 리비Willlard Libby[**]의 도움을 받아 다수의 연대 측정을 시도했고 유적지의 정확한 연대를 파악하기 위해 심혈을 기울였다. 브레이드우드를 위시한 그의 동료들은 1950년대 이라크의 자르모Jarmo 유적지를 발굴해 관련 연구의 발전에 크게 이바지했다.[11] 현재 자르모는 팔레스타인의 예리코Jericho와 함께 세계에서 농경이 가장 먼저 시작된 지역으로 꼽힌다.

예리코는 동시대의 탁월한 여성 고고학자인 캐슬린 캐니언Kathleen Kenyon의 연구로 널리 알려지기 시작했다. 예리코는 1만 1000년 전부터 사람이 거주하기 시작한, 세계에서 가장 오래된 도시인 동시에 가장 오래된 방벽을 가진 도시로도 알려져 있다. 캐니언은 남녀차별이 심했던 시대적 배경이나 야외 답사 때 여성이

---

[*] 가축화 또는 작물화로 번역되기도 하고 한 단어인 '순화'로 번역되기도 한다.

[**] 탄소 연대 측정 방법을 개발한 공로로 1960년에 노벨화학상을 받았다.

겪을 수밖에 없는 불리함을 극복하고 1900년대 중반 레반트 연구에 괄목할 만한 성과를 올렸다.[12] 그녀의 유적지는 홀로세 초기에 존재했던 중동 지역 신석기 마을의 흔적을 잘 간직하고 있다. 특히 이곳에서 출토된 탄화 씨나 동물 뼈가 초기 농경의 흔적을 지니고 있었던 관계로 당시 농경의 기원에 대한 대중의 관심이 폭증하는 계기가 되기도 했다.

1970년대 초에 급하게 발굴된 시리아의 아부후레이라Abu Hureira 유적지는 하부층은 수렵·채집의 흔적을, 상부층은 농경의 흔적을 함께 보여주어 학계의 뜨거운 관심을 받았다.[13] 1974년에 예정된 댐 건설로 수몰이 불가피했던 상황에서 발굴 작업은 단 2년에 걸쳐 진행되었지만, 10년 가까운 시간이 흐른 후에야 첫 보고서가 나올 정도로 많은 유물이 출토되어 사람들을 놀라게 했다. 마찬가지로 수몰된 인근의 무레이베트Mureybet 유적지에서도 많은 유물이 쏟아져 나왔다. 아부후레이라는 수렵·채집에서 농경으로 넘어가는 과정에 대한 세밀한 조사를 가능케 했으므로 학술적으로 중요한 유적지라 할 수 있다. 아부후레이라는 전 세계 유적지 중 가장 이른 시기의 작물화 증거가 발견된 곳이기도 하다.

메소포타미아의 핵심 지역에서 벗어나 있긴 하지만 터키 아나톨리아 남부의 차탈회위크Çatalhöyük 또한 신석기 시대로의 이행을 잘 보여주는 대형 유적지다. 아나톨리아 고원 지대는 건조했지만, 차탈회위크는 선상지 위에 위치해 물과 야생 동식물이 상대적으로 풍부한 편이었다. 따라서 주변에서 많은 사람이 몰려와 커다란 주거지가 형성될 수 있었다. 차탈히위크는 무엇보다 독특한 주거지 구조로 유명하다. 높이가 다른 다수의 사각형 집들이 다닥다닥 붙어 있는 형태로, 남쪽의 메소포타미아 유적지들에서는 찾아

보기 힘든 모습이다. 집과 집 사이에 통로가 없었으며 집 지붕에 입구와 사다리를 설치해 드나들었다(그림 7.3).

비옥한 초승달 지역의 동식물 순화가 여러 지역에서 동시다발적으로 일어났는지 아니면 한 곳에서 발생한 후 주변으로 퍼져 나갔는지는 오랜 기간 치열한 논쟁거리였다.[14] 최근에는 비옥한

그림 7.3 차탈회위크 신석기 유적지 차탈회위크 유적지 발굴 현장과 독일 튀링겐박물관에 전시된 주거지 복원 모형.

초승달 지역 내 이스라엘, 레바논 등을 포함하는 레반트 지역(예리코), 자그로스산 기슭(자르모), 북부 메소포타미아(아부후레이라)에서 농경이 각기 다른 시기에 독립적으로 이루어졌다고 보는 시각이 우세한 편이다.[15] 당시의 교류 수준을 고려할 때 각 지역에서 독립적으로 시작된 작물화와 가축화 기술은 모두 비옥한 초승달 내 다른 지역으로 빠른 시간에 퍼져나가 뒤섞였을 것으로 추정된다. 타 지역으로 전파된 재배종들은 그 지역의 야생종과 자연스럽게 유전자를 교환하면서 그 지역의 환경에 적응해갔다.

그런데 여기서 재미있는 사실은 레반트 지역과 이란의 자그로스산 기슭의 사람들 간에는 유전적 교류가 거의 없었다는 점이다. 거리상으로 그리 멀지 않고 농경 문화의 교류까지 있었음에도 두 지역의 인적 교류는 활발하지 않았다. 참고로 이후 레반트 지역민들은 서북쪽으로 이주해 서유럽의 초기 농경민이 되었으며, 이란 지역 사람들은 북쪽으로 이동해 동유럽 스텝 지역의 목축민이 되었다. 이 목축민들은 5000년 전 이후 서진해 서유럽에 거주하던 초기 농경민들을 대체했다. 따라서 현재 서유럽인의 유전적 계통은 대부분 이란 지역에서 기원한 동유럽 스텝의 목축민들로부터 전달되었다고 봐도 무방하다. 한편 레반트 지역에서 기원한 서유럽의 초기 농경민 계통은 목축민의 영향을 덜 받은 남유럽에 비교적 높은 비율로 남아 있다.[16]

나투프인과 괴베클리테페

한편 아부후레이라에 살던 수렵·채집민은 남쪽이 팔레스타인부터 북쪽의 시리아에 이르는 지역에 거주하던 나투프인Natufian이었다. 이들의 유적지는 대부분 팔레스타인에 분포하지만, 비옥한 초승달 지역 전체의 수렵·채집 문화를 선도하던 집단이었다. 나투프 문화를 처음 발견하고 이를 널리 알린 사람은 도러시 개러드Dorothy Garrod라는 영국의 여성 고고학자로 나투프Natuf란 이름 또한 그녀의 작품이다. 그녀는 케임브리지대학교에서 임용한 최초의 여성 교수였다. 다시 말하지만, 아부후레이라를 포함한 나투프 유적들은 농경이 시작되기 직전의 구석기 시대 말의 상황을 담고 있다. 이곳에서는 비옥한 초승달 지역의 수렵·채집 문화가 점차 농경 문화로 변해가는 모습을 확인할 수 있다.

나투프인의 특징은 수렵·채집으로 생계를 이어갔음에도 마치 농경민같이 움집을 짓고 정착 생활을 했다는 점이다. 여전히 야생 동식물의 사냥이나 채집이 그들의 주된 생활 방식이었지만 곡물 재배를 시도하고 절구와 공이로 곡물을 갈기도 하는 등 초기 농경에 필요한 기술이 부지불식간에 축적되고 있었다. 무레이베트 유적지에서는 영거드라이아스 직후 매우 이른 시기부터 나투프인들이 하천 범람원에서 농경과 유사한 실험적 행위를 한 증거들이 발견되고 있다. 정착 생활이 먼저였는지 아니면 농경이 먼저였는지는 고고학계의 해묵은 논쟁거리다. 나투프 유적은 정착 문화가 먼저 퍼진 후에 농경이 시작되었음을 잘 보여준다.[17]

정착 문화가 농경에 앞서 형성되었다는 증거는 터키의 거대한 고대 유적지인 괴베클리테페Göbekli Tepe* 에서도 찾아볼 수 있다. 언덕 위에 원의 모양을 가진 여러 겹의 돌기둥 집단이 모여 있

---

*　괴베클리테페 유적은 농경이 시작되기 전에 사회 조직이 충분히 갖춰지지 않은 수렵·채집민 집단이 대규모 토목 사업을 벌였다는 점에서 학계에 큰 반향을 불러왔다. 그러나 아직까지 유적의 극히 일부만 출토된 상태여서 본격적인 논의가 가능해지려면 좀더 시간이 필요해 보인다.

그림 7.4 괴베클리테페 유적지

는 유적으로 무려 200개 이상의 대형 돌기둥으로 구성된 것으로 밝혀졌다(그림 7.4). T자형 돌기둥에 새겨진 조각의 형상들을 볼 때 사람들이 함께 모여 종교 행위를 치렀을 것으로 추정된다. 이 유적의 놀라운 점은 건설 연대이다. 연대 측정 결과 대략 1만 2000년 전의 것으로 산출되어 이 거대 유적이 수렵·채집민의 작품이라는 사실이 밝혀졌다. 당시 소수의 수렵·채집민이 무게는 10톤에, 높이는 6미터에 달하는 돌기둥 200여 개를 도대체 어떻게 운반했단 말인가? 운반 후에 돌기둥을 조각하고 세우는 작업은 또 어떻게 가능했을까? 결국 직업과 계급의 분화까지 일부 진행되었을 정도로 이 지역에 정주하던 수렵·채집민의 수는 많았다고 봐야 할 것이다. 괴베클리테페는 수렵·채집이 주된 생계 방식이었지만 실험적 농경의 시행착오 또한 거듭하던 시기, 즉 정착 농경 생활로 이행하기 직전 단계에 만들어진 거대한 숭배 장소였다.[18]

영거드라이아스 시기가 끝나고 나투프 문화의 소멸과 함께 비옥한 초승달 지대 전역에 농경이 본격적으로 확산되기 시작한다. 유적지의 크기가 뚜렷하게 커지는 모습은 당시 농경의 시작으로 인구가 급증하고 초기 사회가 형성되었음을 방증한다. 농경으로의 전환은 순간적으로 일어나지 않았다. 수렵·채집민이 농경민으로 변해간 과정에는 수많은 단계가 존재했다.[19] 학계에서 농경 문화로의 이행, 즉 신석기 혁명을 논할 때는 농경 행위의 구성 요소를 모두 갖춘 상황을 상정한다. 나투프 문화의 경우에서 보듯이 야생 동식물의 순화는 이미 구석기 말부터 개별적으로 진행되는 중이었다. 하지만 이를 농경의 시작으로 보지는 않는다. 신석기 초기 작물 농사와 가축 사육이 함께 연계되면서 비로소 농경이 수렵·채집보다 효과적인 체제로 자리 잡을 수 있었다. 그전에는 야생 동식물을 이용한 초기 농경 방식들이 생산성 측면에서 수렵·채집보다 나을 것이 없었다.

농경 문화가 심화되면서 순화종의 모양과 크기는 눈에 띄게 달라져갔다. 오랜 기간 자연의 느린 변화 속도에 적응해왔던 동식물은 인간의 의식적 혹은 무의식적 선택에 의해 진화를 거듭한 결과, 과거의 선조들과는 현격한 차이를 보이게 되었다. 인위적 선택으로 나타난 순화종과 야생종의 차이는 현재 학자들이 농경의 시작 시기를 밝히려 할 때 중요한 판단 기준이다. 이에 대해 좀더 알아보자.

야생 식물의 순화와 형태 변화

고고학자들의 열정적인 조사 덕에 비옥한 초승달 지대의 농경 시작 지역이나 시기와 관련해서는 이미 많은 것이 밝혀졌다.

전 세계 여타 지역과 비교할 때 이곳의 고대 농경 연구는 양이나 질 측면에서 타의 추종을 불허한다. 이렇듯 비옥한 초승달 지대가 농경 기원 연구의 산실이 된 이유는 근본적으로 오래된 농경 증거가 이곳에서 많이 발굴된 사실에 기인한다. 그러나 다른 한편으로는 이 지역의 현 농경 방식이 오랜 시간이 흘렀음에도 과거와 크게 다르지 않다는 점 또한 간과할 수 없다. 이는 유적지에서 발굴되는 씨앗이나 도구 등을 분석하면 이곳이 수렵·채집민의 거처였는지 아니면 농경민의 거처였는지 현재와의 비교를 통해 추정할 수 있다는 것을 뜻하며, 정확한 연대 측정만 이루어진다면 농경의 시작 시점을 밝힐 수 있다는 것을 의미한다.

그러나 유적지에서 씨앗이나 도구가 출토되더라도 이를 통해 작물화의 진행 여부를 파악하는 일은 결코 쉽지 않다. 야생종 씨앗과 작물 씨앗의 형태 차이가 명확하지 않을 뿐 아니라, 오랜 시간이 흐르며 모습이 변한 것들을 관찰해 결정을 내려야 하므로 주관적인 판단이 들어가는 상황을 배제할 수 없기 때문이다. 농경의 또 다른 축인 가축화의 증거를 찾기는 더욱 어렵다. 보통 발굴된 동물 뼈의 크기, 나이, 성비 등을 고려해 가축화의 진행 여부를 판단하는데, 온전한 뼈가 출토되는 경우가 드문 데다 야생종과 사육종의 차이도 모호해 판별하기 어려울 때가 많다. 최근 연구자들은 출토된 치아의 병리적 상태를 관찰하거나 동위원소나 DNA 분석과 같은 과학적인 방법까지 동원하고 있다.

야생 밀이나 야생 벼의 씨앗은 완전히 익는 순간 이삭축^{rachis}에서 잘 떨어지도록 진화해왔다. 유전자의 원활한 확산에 도움이 되기 때문이다. 그러나 사람들이 낫을 이용해 수확을 하게 되면서부터 이삭축에 단단하게 붙어 있는 씨앗만이 인간에게 선택되기

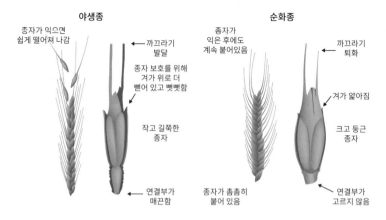

그림 7.5 밀의 야생종과 순화종

시작했다. 한편 기다란 털 형태로 씨앗에 붙어 있는 까끄라기는 야생 상태에서 씨앗이 바람에 잘 운반되고 토양 속에 쉽게 파묻히게 하며 포식자로부터 씨앗을 보호하는 역할을 한다. 그러나 작물화된 종에는 이러한 까끄라기가 많이 관찰되지 않는다. 인간이 번식을 책임지면서 까끄라기가 굳이 필요 없게 된 것이다. 작물의 입장에서 까끄라기는 에너지의 소모만 가져오는 불필요한 기관일 뿐이다. 씨앗이 커지는 쪽으로 이 에너지를 전용하는 개체가 인간에게 선택될 것임이 자명하다(그림 7.5). 먹기에 편리하도록 낟알이 겉겨와 잘 분리되는 씨앗 또한 그렇지 못한 씨앗보다 인기가 많았을 것이다.[20] 선택된다는 의미는 인간의 마음에 들어 내년 농사용으로 안전하게 보호받는다는 뜻이다. 후대에 유전자를 전달할 가능성이 한층 높아지는 셈이다.

오랜 기간의 인위적 선택 행위 덕에 작물은 야생종과 큰 차이를 보이게 되었다. 자연환경에서는 모두 도태되어야 할 돌연변이

성 성질들이 인간의 개입 덕분에 경쟁력을 가지면서 나타난 결과다. 야생 씨앗의 두꺼운 겉껍질은 환경이 열악할 때 씨앗을 보호하는 역할을 하며 잠복기를 갖도록 유도한다. 그러나 작물의 씨앗은 생존에 불리한 계절에 인간의 도움을 받아 안전한 곳에서 건조와 추위를 피할 수 있으므로 겉껍질이 굳이 두꺼울 필요가 없다.

인간의 보호로 겉껍질이 얇아지면 종자의 발아율은 높아진다. 발아는 빠르면 빠를수록 다른 개체와의 경쟁에서 유리하므로 씨앗의 겉껍질은 시간이 흐를수록 더 얇아지게 된다. 또한 발아 후의 빠른 성장을 돕기 위해 씨앗의 크기는 더욱 커진다. 빠른 발아와 신속한 성장이 유리한 이유는 빛을 두고 다투는 다른 개체와의 경쟁에서 우위를 차지할 수 있기 때문이다. 큰 씨앗과 얇은 겉껍질은 인간이 작물을 선택할 때 선호하는 형질이기도 하므로 여러 면에서 생존에 유리했을 것이다. 한편 야생 씨앗의 발아 시기가 천차만별인 것과는 달리 작물의 씨앗은 거의 동일한 시기에 발아한다. 다양한 시기의 발아는 경쟁을 최소화하기 위한 오랜 진화의 결과지만 이러한 속성은 농부들을 불편하게 만들 뿐이다. 초식동물의 공격을 방어하기 위한 가시나 독성 물질 또한 그 필요성이 줄어들면서 점차 사라져갔다.[20, 21]

같은 꽃 안에서 수분이 일어나는 자가수분의 가능 여부도 작물화에서 중요한 요소다. 순화가 진행된 후라도 다른 야생 식물과의 유전자 교환을 최소화해야 작물이 인간의 선호 형질들을 계속 유지할 수 있기 때문이다.[22] 인간은 오랜 기간 작물의 속성을 유지하고 작물의 형질은 개량하기 위해 노력했다(그림 7.6). 그 결과 작물은 인간의 도움 없이는 번식과 유전자의 후대 전달이 거의 불가능한 단계에 이르렀다. 인간 또한 작물에 절대적으로 의존해 살아

테오신테 테오신테와 옥수수의 교잡종 옥수수

그림 7.6 옥수수와 옥수수의 야생종 테오신테 테오신테의 순화종이 옥수수라는 사실이 믿기지 않을 정도로 전체적인 모양에서 큰 차이를 보인다. 농경민에 의해 장기간의 개량 과정을 거쳤을 것으로 추정된다.

간다. 따라서 작물과 인간은 공생관계, 더 자세히 얘기하면 양편에 모두 도움이 되는 상리 공생관계에 놓여 있다고 말할 수 있다.

동북아시아의 농경과 벼

동북아시아의 농경은 서로 다른 작물을 기반으로 두 지역에서 독자적으로 시작되었다. 중국의 황허강을 중심으로 북서부 지역에서는 조 *Setaria italica* 와 기장 *Panicum miliaceum* 이, 남부 주강과 양쯔강 주변에서는 벼가 순화되었다. 조와 기장 그리고 벼 경작지의 경계는 대충 친링 산맥과 화이허강에 놓인다. 유라시아 지역에 널리 퍼져 서식하고 있는 강아지풀 *Setaria viridis* 이 조의 야생종이다. 반면 기장의 야생종은 아직 밝혀지지 않았다.

기장과 조는 대략 7000년 전 황허강 중류에 나타난 양사오仰韶 문화의 주작물이었다. 초기 농경민인 양사오인은 수렵과 어로를 병행했으며, 겉면에 다양한 무늬가 있는 토기(채도)를 제작하기도 했다. 조와 기장은 기원지로부터 서쪽으로는 황허강 상류 그리고 동쪽으로는 산둥 지역과 중국 북동부 지역까지 확산되었다. 그러나 중국 북동부 지역은 다른 지역과는 다르게 농경의 전파 이후에도 다양한 생산 방식이 혼재되어 나타났다. 밭농사를 하다 그만두고 목축에 치중한 경우도 있었고, 처음부터 농경을 받아들이지 않고 수렵·채집 방식을 유지한 경우도 있었다.[23]

현재 동북아시아 지역의 주된 식량은 쌀, 즉 아시아벼 오리자 사티바Oriza sativa다. 아시아벼의 야생종 오리자 루피포곤Oryza rufipogon은 지금도 야생에서 쉽게 발견되며 재배 벼와의 교잡도 자연적으로 이루어질 만큼 유전적 거리가 가깝다. 아시아벼의 최초 순화 시기나 장소와 관련해서는 여전히 많은 이견이 존재한다. 오랫동안 야생 벼의 분포, 벼의 유전자 다양성, 벼의 규산체 분석 결과 등을 토대로 광시성 및 광둥성의 중국 남부, 윈난성과 구이저우성의 고지대, 양쯔강 중하류 지역[24] 등이 아시아벼가 기원했을 가능성이 큰 곳으로 꼽혀 왔다. 오랜 기간 고고학자들을 중심으로 양쯔강 중하류 지역이 벼농경의 기원지로 받아들여져 왔으나, 최근 들어 유전자 분석이 활발해지면서 야생 벼의 유전적 다양성이 큰 중국 남부 광시성의 주강 유역이 재배 벼의 기원지로 유력하게 대두되고 있다.[25] 하지만 고고학계에서는 유적지의 발굴 결과에 근거해 양쯔강 중하류 지역을 기원지로 보는 경향이 여전히 우세하다. 야생 벼의 순화는 대략 1만 년 전부터 시작되었다. 야생 벼에서 재배 벼로 뚜렷한 전환이 일어난 시기는 대략 6000년 전이다.

단립형 자포니카   장립형 인디카

그림 7.7 단립형 자포니카와 장립형 인디카 자포니카는 동북아시아에서, 인디카는 동남아시아에서 주로 소비된다.

아시아의 재배 벼는 생리적·형태적으로 다른 두 개의 아종 (인디카Indica와 자포니카Japonica)으로 구분되는데, 가뭄이나 염분에 대한 내성, 크기, 잎 색깔, 씨앗의 모양 등에서 아종 간 차이가 뚜렷한 편이다(그림 7.7). 두 아종이 단일 지역에서 순화되었는지 아니면 서로 다른 두 지역에서 순화되었는지는 오랜 기간 중국 고고학계의 관심사 중 하나였다. 최근 벼의 순화 이전에 이미 두 아종은 분리된 상태였고, 주 분포지가 달랐다는 연구 결과가 다수 발표되고 있어 자연스레 벼의 순화가 두 지역에서 독립적으로 이루어졌다는 주장이 힘을 얻고 있다.[26] 인디카와 자포니카의 유전적 차이가 큰 것도 개별 순화의 근거가 되었다.

그러나 재배 벼의 남중국 단일 기원을 옹호하는 유전학자 또한 적지 않다. 그 주된 근거는 자포니카와 인디카 모두 남중국의 야생종과 다수의 동일 형질을 공유한다는 점이다. 그러나 자포니카와 인디카는 단일 기원으로 설명하기에는 유전적 차이가 큰 편이다. 자포니카는 남중국의 야생종과 가깝고 인디카는 인도의 야생종과 가깝다. 그들은 이러한 유전적 차이를 지역 야생종과의 관계에서 찾았다. 남중국에서 먼저 순화된 자포니카가 인도로 전파되어 그곳의 야생종 오리자 니바라*Oryza nivara*와 교잡한 결과 자포니카와 크게 달라진 인디카가 나타났다는 가설로 설명한다.[27]

한편 허난성의 황허 유역에 있었던 페이리강 문화* 지역에서 중국 남부보다 더 이른 시기에 벼가 순화되었다는 주장도 있다. 흥미롭게 들리긴 하지만 야생 벼에 전혀 어울리지 않는 이 지역의 현 기후 조건을 생각해볼 때 의구심부터 드는 것이 사실이다. 관련 연구진은 홀로세 중기 기후가 온난·습윤해지면서 야생 벼의 북방한계선이 이 지역까지 북상했고, 야생 벼의 생육이 여의치 않은 경계부에서는 야생 벼와의 교잡에서 오는 작물의 퇴화 문제가 크지 않아 오히려 재배 벼가 더 빠르게 출현할 수 있다는 주장을 편다.[28] 인도차이나 지역이 환경적으로 야생 벼의 생장에 가장 적합한 곳임에도 벼가 처음으로 순화된 곳으로 양쯔강이나 주강 유역이 지목받고 있는 점을 고려하면, 그들의 생각을 마냥 부정하기도 힘들다. 안정적인 기후에 먹을 것이 풍족한 열대 지역보다는 기후 예측이 어려운 고위도 지역에서 미래를 대비하는 성격이 짙은 농경 행위가 시작되었다는 가설은 농경의 발생 원인을 영거드라이아스기의 기후 변동에서 찾는 가설과 유사한 성격을 띤다.

중국 양쯔강 하류의 허무두 유적지는 두꺼운 습지층 덕에 가장 많은 농경 증거가 발굴된 곳이다. 이곳에서는 벼의 겉겨, 낟알, 줄기 등이 섞인 400제곱미터 면적의 두꺼운 층이 발견되기도 했는데, 고대의 탈곡 구역이었던 것으로 추정된다.[29] 재배 벼뿐 아니

* 페이리강 문화는 9000년 전에서 7000년 전 사이에 존재한 황허강의 신석기 문화이다. 사람들은 조를 경작하고 돼지와 소를 사육했으며 토기를 만들어 사용했다. 자후 유적은 페이리강 문화 초기에 번성했던 중심지로 높은 수준의 신석기 유물이 대량 출토되어 유명해졌다.

라 야생 벼도 함께 발견되었고, 소의 어깨뼈 등으로 만든 괭이도 출토되었다. 조나 기장의 이동성 화전 농경이 주를 이루었던 북쪽 양사오 지역과 달리 이곳에서는 정주 농경의 발달이 뚜렷했다.

중동 지역과 달리 동북아시아에서는 농경 문화가 수렵·채집 문화를 완전히 대체하는 데 상당한 시간이 걸렸다. 이는 농경과 수렵·채집이 오랜 기간 함께 이루어졌음을 의미한다. 중국의 신석기 유적지에서는 돼지나 닭뿐 아니라 야생동물(거북, 사슴, 멧돼지 등)의 뼈도 함께 발견되며 도토리도 많이 확인된다.[21] 농경 문화의 전파 속도 또한 유럽의 경우와 비교해 느린 편이었다. 예를 들어 양쯔강 이남에서 시작된 벼농경이 동남아시아나 한반도로 전달되기까지 3000년 이상 걸릴 정도로 속도가 더뎠다.[30, 31] 동북아시아에서는 홀로세 후기에 들어서야 벼농경에 더 많은 비중을 두는 생계 방식으로 변해갔는데, 인간의 교란으로 삼림의 훼손이 가속화됨에 따라 야생 동식물 자원이 부족해진 것이 주된 이유였다.

한반도로 들어온 벼농경의 전파 경로는?

한반도에서는 홀로세 중기부터 조와 기장을 중심으로 하는 원시적 수준의 밭 농경이 이루어지다가 청동기 시대로 들어오면서 쌀이 중요한 경제적 기반이 되었다. 그러나 중국 북동부 지역과 마찬가지로 농경 문화가 전래된 후에도 수렵, 채집, 어로 활동이 활발했다.[32] 벼농경이 중국에서 어떠한 경로를 통해 한반도로 전해졌는지는 여전히 불분명하다. 양쯔강 하류의 벼농경 문화가 산둥 반도까지 북상한 후 한반도 중부 서해안으로 전파되었다는 주장과 산둥 반도에서 랴오둥 반도를 지나 한반도 북부로 전달되었다는 주장이 현재 유력하게 받아들여지는 가설들이다(그림 7.8).

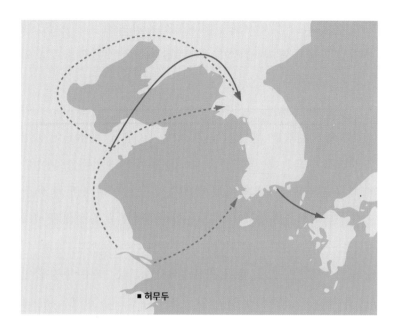

■ 허무두

그림 7.8 한반도로의 벼농경 유입 경로 지금까지 제시된 여러 경로 중 산둥 반도에서 여러 섬을 거쳐 랴오둥 반도로 이어지는 북방 경로를 학계에서 유력하게 받아들이고 있다.

국내 고고학자들은 대체로 도구나 토기와 같은 물리적 증거들이 뒷받침하는 둘째 가설을 더욱 선호하는 듯하다.[33] 그러나 현재로선 북한 지역의 조사가 미진해 관련 자료가 부족한 상황이라 정확한 전파 경로를 밝히려는 시도는 어설픈 추론에 그칠 공산이 커 보인다.

양쯔강과 한반도 간의 거리를 고려할 때, 중국의 벼농경 개시 시기(1만 년~6000년 전)와 한반도 전래 시기(4000년~3000년 전)의 시간적 차이가 큰 것이 사실이다. 일부 학자는 이를 두고 벼가 한반도로 전래되기 전 중국 동북부를 거치는 과정에서 이 지역 추위에 적응할 시간이 필요했다고 해석했다.[34] 또 농경 문화가 이미 한참 전에 한반도의 서해안으로 전래되었으나, 이 지역의 풍부했던 식량 자원 덕에 수렵·채집민이 굳이 복잡한 농경에 관심을 가질 필요가 없었다는 주장도 있다.[32]

그렇다면 한반도에서 수렵·채집 양식이 사라지고 벼농경이 본격적으로 시작된 계기는 무엇이었을까? 수렵·채집민이 농경을 시작하게 되는 원인을 논할 때마다 두 가지 상반된 주장이 함께 제기되어 우리를 혼란스럽게 한다. 인구 증가나 기후 변화 등으로 궁핍해진 상황을 타개하려는 혁신의 일환으로 농경을 시작했다는 주장도 있고, 농경이라는 새로운 도전은 실패의 위험을 어느 정도 감수할 수 있는 풍족한 상태에서만 가능했다는 주장도 있다. 두 가설 모두 일리가 있다. 앞서 봤듯이 농경은 영거드라이아스 시기가 끝나가는 무렵에 중동 지역에서 처음 시작되었다는 것이 정설이다. 따라서 당시 기후 악조건을 극복하기 위한 탈출구로 농경을 시작했을 것이라는 주장이 타당한 것으로 보인다. 이는 첫 번째 가설에 부합한다.

그런데 농경이 시작된 후 기원지에서 타 지역으로 농경 문화가 전달되는 과정을 설명할 때는 보통 두 번째 가설이 설득력을 가질 때가 더 많다. 예를 들어 한반도에서도 홀로세 기후최적기의 절정이었던 5500~5000년 전에 조와 기장 농경이 이루어졌고, 기후가 양호했던 3500~2800년 전에 초기 벼농경 문화가 빠르게 성장했다. 이 두 시기에는 온화한 기후 덕에 주변에 자원이 풍부해 수렵·채집민의 정주가 가능했다. 한곳에 오래 머무를 수 있게 되면서 농경이라는 새로운 실험을 시도할 여건이 조성되었다. 먹을거리도 풍부했으므로 실패에 대한 부담도 그리 크지 않았을 것이다. 만약 기후의 영향으로 먹을거리가 부족한 상황이었다면 대부분은 수렵·채집 활동을 강화하는 방향으로 전략을 수립했을 것이다. 성패가 불분명한 초기 농경에 자신과 부족의 미래를 맡기기에는 위험 부담이 너무 크지 않았을까?

3000년 전부터 금강 중하류에서 수도작을 기반으로 발달한 한반도의 송국리형 농경 문화*는 남부 지방을 거쳐 일본의 서북 규슈로 전해졌다. 예전에는 아열대 식물인 벼의 생태적 특성에 기반해 벼농경 문화가 중국 양쯔강 하류에서 한반도를 거치지 않고 서일본으로 직접 전해졌다는 가설이 일본 학자들을 중심으로 제기되곤 했다.[35] 그러나 벼농경이 북방 경로를 통해 한반도와 일본으로 전파되었음을 보여주는 고고학적 증거가 다수 확인되면서, 현재 일본 내에서도 이 가설을 지지하는 학자들은 많지 않다.

종래 일본의 야요이 시대는 한반도에서 전해진 벼농경과 함께 2300년 전을 전후해 시작되었다는 것이 중론이었다. 그러나 최근 일본의 고고학계에서는 야요이 문화의 형성 시기를 더 과거로 올려 잡아 대략 3000~2700년 전을 개시 시점으로 보고 있다.[36] 이와 함께 양쯔강에서 일본으로 직접 벼농경이 전달되었다는 과거 주장이 다시 고개를 들고 있는 듯하다.[37] 그러나 주거지와 묘의 형태 그리고 농공구, 무기, 토기와 같은 유물의 모양이 서로 유사하다는 점을 고려할 때 야요이 문화의 형성에 한반도 송국리 문화가 큰 영향을 미쳤다는 사실을 부인하기는 어려워 보인다.

동북아의 벼농경 전파 경로와 시기도 불분명하지만, 한반도

---

*   송국리 문화는 우리나라 청동기 중후기를 대표하는 문화 유형으로 충청도, 전라도, 경상도, 제주도와 일본의 규슈 지역까지 영향력을 미쳤다. 한반도의 초기 농경을 대표하는 송국리 문화는 수도작을 기반으로 빠르게 성장했지만 기원전 4세기 무렵 갑자기 쇠락해 소멸하다시피 했다.

의 벼농경과 관련해 해소되지 않은 채 남아 있는 의문들은 이외에도 많다. 한반도에서 벼농경을 기반으로 번성했던 송국리 문화가 갑작스럽게 쇠락한 원인은 무엇일까? 또한 바다 건너 일본까지 한반도의 농경민이 건너가야 했던 이유는 무엇일까? 이들 모두 기후 변화와 관련이 있을지 모른다. 특히 홀로세 후기에 갑작스럽게 나타난 단기 기후 변화가 주된 원인이었을 가능성이 크다. 이에 대해서는 3부에서 더 자세히 다룰 것이다.

3부

기후 변동과 인간의 대응

8장

대홍수와 함께 다시 찾아온 강추위

8.2ka 이벤트

대홍수 전설, 즉 신적인 계시를 받고 배를 건조해 신의 진노로 지상에 닥친 대홍수를 피한다는 이야기는 세계 도처에서 다양한 형태로 전승되어오고 있다. 《구약성서》의 〈창세기〉에 나오는 노아의 방주나 그 이전 《길가메시 서사시》의 홍수는 잘 알려진 일부 사례일 뿐이다. 사람들은 이 전설의 사실 여부를 밝히기 위해 과거 환경사를 검토해 대홍수의 실체가 될 만한 사건들을 찾아왔는데, 홀로세 초기 흑해에서 일어난 홍수도 그중 하나였다.

동지중해 북쪽에 위치한 흑해는 지도에서는 언뜻 호수로 보이지만, 보스포루스 해협과 마르마라해를 가운데 두고 지중해와 연결되어 있어 엄연한 바다다. 하지만 해수면이 낮았던 최종빙기 동안에는 지중해에서 완전히 분리된 호수로 존재했다. 보스포루스 해협의 현 수심이 단 50미터에 불과할 정도로 해협의 해저 지반이 높아 해수면이 약간만 하강해도 흑해를 호수로 만들기에는 충분했다.

흑해는 최종빙기 내내 서쪽의 알프스 산지에서 보스포루스 해협(당시에는 하도)을 통해 들어오는 융빙수로 가득 찬 대형 호수였다. 그러나 홀로세의 개시와 함께 알프스의 빙하가 소멸하기 시작했다. 주변 산지로부터 유입되던 융빙수가 감소해 호수의 수위는 150미터 이상 하강했다. 반대로 지중해의 해수면은 꾸준히 상승하면서 흑해의 수위를 넘어 보스포루스 해협의 기저부 높이까지 다다랐다. 대략 9500년 전에 이르자 지중해의 바닷물은 보스포루스 해협을 지나 당시 수위가 한참 낮았던 흑해로 폭포처럼 쏟아져 들어오기 시작했다. 수량만 놓고 볼 때 나이아가라 폭포의 약 200배에 달하는 초대형 폭포였다.[1] 최종빙기에 흑해 연안의 호숫가에서 살아가던 사람들은 매일 1킬로미터 이상 내륙 쪽으로 확장해 들어오는 바닷물에 맞서 목숨을 부지하기 위해 필사적인 사투를 벌였을 것이다. 아마 그들은 신으로부터 버림받은 것이 틀림없다고 절망하지 않았을까.

다른 한편에서는 해양 쓰나미를 대홍수 신화의 실체로 보기도 한다. 10여 년 전 일본 동북 지역을 강타한 쓰나미는 전 세계에 자연의 무서움을 실감케 해준 대형 재해였다. 과거 홀로세 기간 중에도 이와 유사한 대형 쓰나미들이 존재했는데, 특히 8150년 전 북해 주변 지역에 영향을 미친 쓰나미가 유명하다. 최근 영국이나 독일 언론에서 자주 다루면서 유럽인들에게 널리 알려졌다. 스코틀랜드 북동 해안의 퇴적물 층은 이 쓰나미의 규모를 잘 보여준다. 당시 파랑의 높이가 무려 15~20미터에 달했던 것으로 추정되는데,[2] 2011년의 일본 쓰나미 높이가 대부분 10미터 이하로 관측된 것을 고려할 때 상당한 크기였음을 알 수 있다. 그런데 이 쓰나미는 일반적인 경우와는 달리 지진에 의해 발생한 것이 아니라 노르웨이의 대륙붕에서 발생한 해저 붕괴 사태가 그 원인이었다. 홀로세 초기 해수면이 급격하게 상승하자 스칸디나비아 빙상에 의해 만들어진 모레인의 아랫부분이 불안정해지면서 무너져 쓰나미로 이어진 것이었다. 모레인 퇴적물의 붕괴 사태를 유도한 해수면 상승은 로렌타이드 빙상 남쪽의 애거시즈-오지브웨이Agassiz-Ojibway 빙하호에서 대량의 호숫물이 북대서양으로 흘러들어간 결과였다.

당시 북해 주변 해안에서 살아가던 선사인들은 아마 지구의 종말이 다가오고 있다고 느꼈을지 모른다. 이 쓰나미는 엄청난 인명 피해를 가져왔다. 잉글랜드와 네덜란드 사이, 지금은 바다 밑에 있으나 당시엔 섬이었던 도거뱅크Doggerbank*의 고대인들은 갑작스럽게 찾아온 쓰나미에 대처할 방법이 없었다. 일부 학자들은 바로 이 8150년 전의 대규모 바다 홍수가 이후 전설의 형태로 구전되어 전 세계의 다양한 문화에서 공통적으로 확인되는 홍수 신화의 기본 토대가 되었다고 주장하고 있다.[3]

8.2ka 한랭 이벤트가 의미하는 것

최종빙기 최성기가 끝난 이후 북반구의 여름철 기온이 지속적으로 상승함에 따라 로렌타이드 빙상의 규모는 꾸준히 감소했

---

*   도거뱅크는 북해 남부에 위치한 해저 지형의 이름이다. 빙기에는 유럽과 연결되어 있었지만 홀로세 초기에 해수면이 상승함에 따라 섬으로 고립되었다. 스토레가Storegga 사태에 이은 쓰나미로 완전히 바닷물에 잠기게 된다.

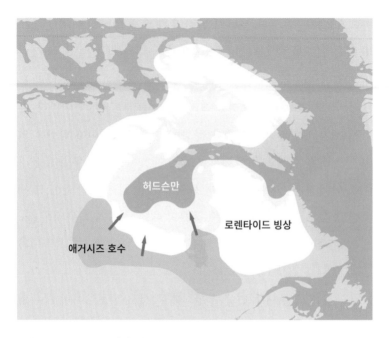

그림 8.1 로렌타이드 빙상의 감소와 애거시즈 호숫물의 유출

다. 그러자 빙상과 해저 지형 사이에 공간이 형성되기 시작했다.
이 공간을 통해 8500년 전부터 대략 500년 동안 엄청난 양의 호숫
물이 허드슨만으로 빠져나갔다(그림 8.1). 특히 8400년 전과 8200년
전에는 민물의 유출량이 극에 달해 해수면이 수 미터씩 상승하곤
했다. 앞서 언급했듯이 해수면 상승은 당시 북해에서 대형 쓰나미
가 간헐적으로 발생한 원인이기도 했다. 민물의 대량 유출에 의
한 여파는 해수면 상승에 그치지 않았다. 불과 20년 사이에 기온
이 3.3도나 떨어지는 갑작스러운 단기 한랭기가 찾아온 것이다.[4]
이를 학계에서는 8.2ka 한랭 이벤트라 부른다. 여기서 쓰인 'ka'는
1000년 전을 의미하는 'kiloannum'의 줄임말이다. 따라서 8.2ka는
8200년 전을 뜻한다.

최근 8.2ka 이벤트와 같은 홀로세 단기 한랭기의 정확한 발생 시기와 성격에 관해 학계의 관심이 높아지고 있다. 홀로세 전기에 주기적으로 나타났던 단기 한랭기는 로렌타이드 빙상의 융해로 유입된 민물이 북대서양의 해수 흐름에 영향을 미치면서 발생한 것으로 추정된다. 이는 단스고르-외슈거 이벤트 그리고 영거드라이아스기의 발생 원인과 유사하다. 미래의 지구 온난화가 현재와 같은 빠른 속도로 진행된다면, 대서양으로 흘러들어가는 융빙수의 양이 급격히 증가해 과거의 단기 한랭기와 비슷한 형태의 기후 변화가 또다시 나타날지도 모른다.[5,6] 지구 온난화가 심각해지더라도 융빙수의 절대량이 많지 않아 북대서양 해수의 흐름은 정상 수준을 유지할 것이라는 주장이 우세한 편이지만, 여전히 많은 학자가 기후 급변에 따른 혼란을 우려하고 있다. 전 세계적으로 지구 온난화 문제가 크게 대두된 2000년대 초반에는 8.2ka 이벤트와 유사한 상황을 그린 재난 영화 〈투모로우The Day After Tomorrow〉*가 인기를 끌기도 했다.

지구 온난화가 지속되면 한랭기가 찾아올 수도 있다는 일견 모순적인 가설이 영화로 제작될 만큼 대중의 관심을 끌 수 있었던 이유는 북대서양의 자오선 역전순환 변화가 과거 지구 기후를 조절한 중요 요인 중 하나로 밝혀졌기 때문이다. 영거드라이아스와 같은 만빙기의 단기 한랭기들은 모두 빙하호의 담수가 북대서양으로 대량 유입되면서 나타난 것으로 추정된다.[7] 홀로세에 접어든 후에도 여전히 녹지 않고 남아 있던 빙상에서 담수가 유출

---

* 지구 온난화로 열염순환이 교란되면서 빙하기가 도래한 가상의 미국을 배경으로 만들어진 재난 영화다. 몇몇 억지스러운 설정이 눈에 거슬리긴 하지만 고기후 연구의 중요성을 알렸다는 점에서 의의가 있다.

되면서 1만 1400년 전, 1만 300년 전, 9300년 전, 8200년 전 등 대략 1000년 주기의 단기 한랭기가 북반구 전역에 도래했다.[8] 특히 8200년 전의 한랭기 때는 단기간에 기온의 하락 폭이 유난히 크게 나타난 관계로 당시 인간 사회를 포함해 지구 생태계가 큰 충격을 받았다.

터키 아나톨리아의 차탈회위크 유적지에서 보고된 토기 분석 결과는 흥미로운 사실을 전하고 있다.[9] 이곳을 탐구한 연구진은 토기에 남아 있는 동물 지방질의 동위원소 분석 자료를 근거로 이 지역 선사인들이 8200년 전 돌연 나타난 한랭·건조한 기후에 적응하기 위해 목축 방식을 바꿨다고 주장했다. 당시 소나 돼지를 목축하던 선사인들이 이를 포기하고 염소나 양을 주로 키웠다는 내용이다. 염소는 풀뿐 아니라 나뭇잎이나 나무껍질까지도 먹어 치우는 잡식성 동물로 척박한 환경에서도 잘 살아가는 가축이다. 섬에서 키우던 염소 몇 마리가 인간의 관리에서 벗어나 섬 생태계를 초토화한 사례는 쉽게 찾을 수 있다. 또한 함께 발굴된 동물 뼈의 표면에서 유독 칼자국과 같은 흠집이 많이 발견되었는데, 연구진은 이를 식량이 부족한 상황에서 뼈에 붙어 있는 마지막 살점까지 베어 먹다 남은 흔적이라고 해석했다.[9,10] 이 시기에 차탈회위크 유적지의 주거지 수 또한 눈에 띄게 감소했다.[11] 모두 8200년 전에 발생한 기후 급변의 여파로 추정된다.

지질 시대표를 관장하는 국제층서위원회 International Commission on Stratigraphy는 홀로세를 그린란드기 Greenlandian, 노스그립기 Northgrippian, 메갈라야기 Meghalayan* 등 세 시기로 구분한다고 2018년 7월 공식 발표했다.[12] 가장 이른 시기인 그린란드기와 그다음 시기인 노스그립기의 경계가 바로 8200년 전으로, 지질 시대 구분에 참조될 정도로 당시 기후 변화가 전 지구에 미친 파급 효과는 지대했다. 동북아시아 또한 8.2ka 이벤트의 영향에서 벗어날 수 없었다. 이 기후 이벤트는 북대서양에서 상당히 떨어져 있는 한반도의 생태계에도 뚜렷한 흔적을 남겼다.

8.2ka 이벤트가 한반도에 미친 충격

동아시아의 8.2ka 이벤트는 앞서 언급한 바 있는 중국 내륙의 석회암 동굴 산소동위원소 자료에서 확인할 수 있다.[13] 중국에서 당시 명백한 기후 변화가 나타났으니 한반도 또한 이 변화의 충격에서 자유롭지 못했을 가능성이 크다. 그러나 중국의 동굴 자료가 상세하고 정확하다 해서 이를 무턱대고 인용해 한반도의 과거 기후를 논하는 것은 바람직하지 않아 보인다. 최근의 연구들을 통해 중국 내륙 지역과 태평양의 영향을 많이 받는 동북아시아 동부 지역(중국 동부, 대만, 일본, 한국 등)의 홀로세 중후기 기후가 서로 달랐음이 밝혀졌기 때문이다.[14]

최근에 필자를 포함한 국내 연구진은 전라남도 비금도와 광양의 습지 퇴적물을 분석해 동북아 동부 지역에서는 처음으로 8.2ka 이벤트를 확인한 바 있다.[15] 미래 기후 변화의 예측 가능성 여부는 과거 기후에 대한 이해가 결정한다. 지구상에서 나타나는 기후 변화의 자연적 요인은 과거의 기후 변화에서 대부분 찾아낼

---

*　국제층서위원회가 홀로세를 그린란드기, 노스그립기, 메갈라야기의 세 시기로 나눌 때 기준으로 삼은 것은 급격한 기후 이벤트였다. 그린란드기와 노스그립기의 경계인 8200년 전에는 열염순환의 교란으로 북반구 전역의 기온이 하락했으며 노스그립기와 메갈라야기의 경계인 4200년 전에는 갑작스러운 대가뭄의 출현으로 북반구 여러 지역의 문명이 쇠락했다. 그러나 4200년 전의 기후 변동은 북반구 전역에서 발생하지도 않았고 8.2ka 이벤트와 같이 뚜렷하지도 않았기 때문에 기준의 정당성에 대한 우려가 존재한다. 또한 시기를 구분할 때 환경에 미친 인류의 행위에 대한 고려가 없었다는 점도 문제로 지적되고 있다.

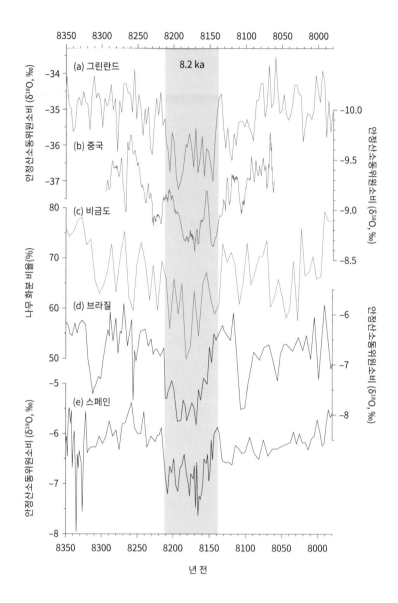

그림 8.2 8200년 전의 기후 변화를 보여주는 전 세계의 프록시 자료 (a) 그린란드 빙하 $\delta^{18}O$ 자료 (b) 중국 혜샨Heshang 동굴 석순 $\delta^{18}O$ 자료, (c) 전라남도 신안군 비금도의 꽃가루 자료, (d) 브라질 파드레Padre 동굴의 석순 $\delta^{18}O$ 자료, (e) 스페인 카이테Kaite 동굴의 석순 $\delta^{18}O$ 자료. 비금도에서 한랭 건조한 기후로 나무 꽃가루의 비율이 감소한 8200년 전 즈음에 그린랜드, 중국, 스페인, 브라질에서도 뚜렷한 기후 변화가 있었음을 알 수 있다.

수 있다. 여기에 다양한 수준의 인위적 영향을 더하면 미래의 기후 변화가 어떠한 양상으로 전개될 것인지 시나리오별로 추정해 볼 수 있다. 동북아시아의 해안 지역과 같이 인구 밀도가 높아 자연재해가 큰 파장을 불러일으킬 수 있는 지역에서는 미래를 예측하는 데 과거 자료가 더더욱 중요하다. 한반도 지역에서 지금까지 생산된 고해상의 고기후 자료가 매우 부족하다는 점에서 최근 보고된 전라남도 비금도와 광양의 퇴적물 분석 결과는 중요한 의미를 지닌다.[15, 16]

　비금도의 꽃가루 자료에서는 8200년 전을 전후로 매우 뚜렷한 식생 변화가 관찰된다.[15] 참나무를 비롯한 수목들의 비율이 급격히 감소하는 반면, 이끼나 양치류 같은 포자식물의 비율이 빠르게 증가하는 모습이 나타난 것이다. 이러한 식생 변화는 단기간에 기후가 춥고 건조해졌음을 나타낸다. 이는 8200년 전의 한랭화가 한반도 생태계에 적지 않은 영향을 미쳤음을 보여주는 증거다. 고해상의 비금도 화분 자료와 다양한 지역(중국, 브라질, 스페인)의 석순 자료 간에 나타나는 유사성 또한 한반도의 생태계가 전 지구적인 8.2ka 이벤트의 충격에서 자유롭지 않았음을 보여준다(그림 8.2).[17~19] 당시의 한랭 건조화 경향은 성숙한 나무가 고사할 만큼 빠르고 뚜렷했다. 만약 그렇지 않았다면 꽃가루 도표상에서 나무 비율의 변화가 이처럼 확실하게 관찰되지는 않았을 것이다. 아마도 기온의 하강 수준이 일부 나무들이 버틸 수 있는 한계를 넘어섰던 것으로 보인다. 기온이 갑작스럽게 떨어지면서 수목들이 냉해나 동해의 피해를 입고 고사했을 가능성이 크다.

　광양의 꽃가루 자료에서는 8.2ka 이벤트뿐 아니라 홀로세 전체의 단기 한랭기들이 대부분 관찰된다.[16] 꽃가루 도표상에서

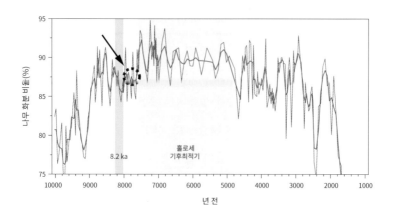

그림 8.3 홀로세 기간 중 전남 광양의 꽃가루 비율 변화 한반도는 8.2ka 이벤트가 끝난 후 기후가 빠르게 따뜻해졌음에도 무려 400년 동안 이전의 삼림을 회복하지 못했다(화살표 부분).

8500~8000년 전 사이에 나타나는 두 번의 뚜렷한 한랭기 가운데 나중 것이 8.2ka 이벤트이다. 이렇게 두 번의 한랭기가 약간의 시차를 두고 연속적으로 나타나는 한랭화 형태는 북반구의 다른 지역에서도 여러 차례 보고된 바 있다.[20] 한편 한반도는 8.2ka 이벤트가 끝난 후 기후가 빠르게 온난해졌음에도 무려 400년 동안 이전의 삼림으로 회복되지 못한 채 남아 있었다. 한랭화의 충격으로 기후와 식생의 평형 상태가 크게 깨진 이후 정상적인 관계로 회복되는 데 필요한 시간이 꽤 길었던 것이다(그림 8.3). 오랜 기간 기후와 식생이 불균형disequilibrium 상태에 있었던 것이다.

　당시의 기후 변화 속도는 전례를 찾기 힘들 정도로 빨랐기 때문에 내한성이 떨어지는 나무들은 고사를 피할 수 없었다. 일반적으로 나무들이 기후 변화를 견뎌내는 정도를 고려할 때, 8.2ka 이벤트를 제외한 나머지 홀로세의 단기 한랭기들은 대부분 수목들의 면역력을 약화시켜 병충해에 취약하게 만들거나 이들의 꽃가루 생산량을 저하시키는 등의 제한적인 영향을 미쳤을 것으로 추정된다. 그러나 8.2ka 이벤트의 발생 속도와 변화 강도는 다른 단기 한랭기들과 비교할 때 상대적으로 도드라졌으며, 수많은 나무가 이 이벤트에 따른 냉해로 고사하면서 한반도 생태계의 평형은 심하게 훼손되었다.

또한 8.2ka의 기후 악화는 동북아시아의 수렵·채집민이 대거 남하하는 계기로도 작용했다. 한반도의 토기 유물은 이에 대한 근거를 제공한다. 한반도에서는 8200년 전에 와서야 해안을 중심으로 토기가 출현하기 시작했다. 중국이나 일본에 비해 많이 늦은 편이었다. 당시 한반도에 토기 문화를 처음 전파한 사람들은 갑작스럽게 닥친 추위를 피해 남하하던 아무르강(흑룡강) 유역의 수렵·채집민들이었다. 이들은 한반도 해안뿐 아니라 러시아 극동 지역의 해안으로도 움직였다. 이후 8.2ka의 추위가 지나가고 '홀로세 기후최적기'를 맞아 따뜻해지자 두 지역에서 모두 인구가 빠르게 증가하는 모습이 나타났다.[21] 다음 장에서는 한반도의 수렵·채집 사회에 거대한 활력을 불러일으켰던 홀로세 기후최적기에 대해 살펴본다.

9장

생태계가 풍요로워지다

홀로세 기후최적기

홀로세 기후최적기는 전체적으로 온난 습윤했던 홀로세 기간 중에서도 기온이 좀더 높았던 시기로 대체로 홀로세 초중기에 해당한다. 특별한 기후 변화 없이 온난한 상태가 오랜 기간 유지되었기 때문에 동식물의 진화와 생장에 유리했다. 지금보다 따뜻했던 홀로세 기후최적기에 대한 정보는 미래의 지구 온난화와 그에 따른 환경 변화를 예측하는 모델을 구축하는 데 활용될 수 있어 그 가치가 크다. 북반구에서는 보통 9000~5000년 전을 최적기로 보지만, 지속 기간이나 변화 경향에서 지역별 차이가 존재한다. 따라서 이 시기의 정확한 기후 변화 메커니즘을 파악하려면 국지적인 프록시 자료들을 최대한 확보해 이를 종합하고 해석하는 과정이 필요하다.

홀로세 기후최적기를 최종빙기 이후 가장 기온이 높았던 시기로 간단하게 정의하기도 하지만, 최적기optimum라는 단어 자체에는 동식물의 생장에 이로웠던 시기라는 뜻이 있다. 따라서 지표면의 식생과 결부시켜 온난·습윤한 상황이 한동안 지속되어 북반구의 삼림 면적과 밀도가 늘어난 시기를 뜻할 때가 많다.[1] 한편 기후최적기라는 명칭을 선호하지 않는 학자들도 있는데, 일부 건조지역에서는 최적기의 온도 상승이 건조함을 심화시켜 식생에 부정적인 영향을 미치기도 했기 때문이다. 학계에서는 이러한 점을 고려해 최적기와 함께 단순히 높은 기온(고온)을 뜻하는 hypsithermal이나 altithermal 등의 단어가 빈번하게 사용된다.[2]

영거드라이아스가 끝나고 홀로세로 접어들면서 북반구의 여름철 일사량은 가파르게 증가하기 시작했다. 북반구 고위도의 여름과 겨울 간 기온 차이는 점점 커졌고, 여름의 기온 상승은 빙하의 소멸을 부추겼다. 눈으로 덮인 지역의 면적은 감소했고 삼림이 확장됐다. 이러한 변화는 지표면의 반사도를 낮춰 기온을 상승시켰고 기온 상승이 다시 반사도를 낮추는 연쇄 작용으로 이어졌다. 그러나 북반구 전역에서 기온 변화의 폭이 동일한 것은 아니었다. 고기온 복원 자료에 의하면, 최적기에 고위도 지역의 온도는 지금보다 3~4도 정도 높았고, 온대 중위도 지역은 1~3도 정도 높았다. 반면 적도 주변 저위도 지역의 온도는 지금과 큰 차이가 없었다.[3] 과거 기후 변화는 저위도 지역보다 고위도 지역에서 훨씬 컸다. 미래의 지구 온난화가 가져올 충격도 고위도 지역에서 더 뚜렷할 것이다

녹색의 사하라

최적기에는 여름철 대륙이 달궈지면서 여름 몬순이 아시아를 중심으로 활성화되었다. 그런데 여름 몬순이 가장 강했던 시기는 여름철 일사량이 가장 높았던 홀로세 초기가 아니라 홀로세가 시작되고 수천 년의 시간이 지난 후였다. 이때는 여름철 일사량이 홀로세 초기만큼 높지 않았다. 여름철 일사량의 변화와 홀로세 기후 간에 나타나는 이러한 불일치는 북반구의 빙하와 관련이 있다. 홀로세 초기 하계 일사량 증가로 빙하의 두께는 빠르게 감소했지만, 얼음이 갖는 높은 반사도 때문에 빙하의 표면적이 줄어드는 속도는 상대적으로 더뎠다. 얼음으로 덮인 면적이 여전히 넓다 보니 상당량의 온실 기체가 얼음 밑에 갇힌 채 빠져나오지 못했고, 대기 중 이산화탄소나 메탄 농도는 당시의 일사량에 어울리지 않게 낮은 값을 보였다. 낮은 기온으로 증발량 또한 적었기 때문에 강수량도 많을 수 없었다.[4] 이에 홀로세 초기에는 북반구의 강수량 변화가 여름철 일사량 변화에 1000~2000년 정도 뒤처지는 모습이 나타난다(그림 9.1).[5,6] 북아메리카의 빙하가 사라지고 온실 기체가 빠져나올 시간이 필요했던 것이다. 북반구에서 여름철 일사량이 최고점을 찍은 시기는 약 1만 년 전이었으나 여름 몬순의 강도가 최고조에 이른 시기는 9000~5000년 전이다.[4]

홀로세 기후최적기의 정확한 시기를 규정하려는 시도는 큰 의미가 없어 보인다. 시작 시기와 끝나는 시기가 지역별로 천차만별이라 전체를 포괄하면 홀로세 전 기간과 비슷해지기 때문이다. 학계에서는 홀로세 기후최적기가 끝난 이후의 시기를 일반적으로 신빙기neoglaciation라 부르는데, 최적기의 기간이 불분명하다 보니 신빙기의 기간 또한 명확하지 않다. 그린란드 빙하 코어의 산

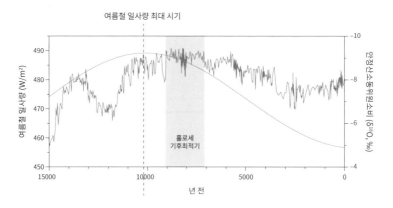

그림 9.1 홀로세 기간 동안 아시아 몬순의 변화를 보여주는 중국 동거 동굴 석순 δ¹⁸O 자료와 동거 동굴이 위치한 북위 25도의 홀로세 기간 여름철 일사량 자료 비교. 홀로세 기후최적기가 여름철 일사량이 가장 높았던 시기를 지나 그 이후에 도래했음을 알 수 있다.

소동위원소 자료에 따르면,[7] 대략 8000년 전에 기온이 최고점에 오른 후 그 수준이 4300년 전까지 유지되었다. 이후 500~200년 전에 이르면 8.2ka 이벤트 이후로 기온이 가장 낮아지는데, 이 시기가 신빙기의 핵심 구간인 소빙기little ice age다. 신빙기에 접어든 이후 대기 온도는 지속적으로 하강했고, 2500년 전부터는 기온의 변동 폭까지 커지면서 기후가 악화되는 경향이 더 뚜렷해졌다(그림 9.2). 고대 사회의 흥망성쇠를 이러한 신빙기의 기후 변화와 연관시키려는 시도는 오래전부터 있었다. 기원후 750~1100년에 홀연히 다가온 마야 문명의 불가사의한 멸망의 이유*를 가뭄에서 찾은 연구가 그 대표적인 사례라 할 수 있다.[8]

---

*   마야 문명이 멸망한 이유는 분명하지 않다. 게다가 마야는 쇠락 후에도 그 명맥이 유지되어왔기 때문에 일부 학자들은 당시 상황이 '멸망'과는 어울리지 않았다고 주장하고 있다. 여하튼 지금까지 제시된 마야의 멸망 원인으로는 타민족과의 전쟁, 무역 중단, 질병, 가뭄, 생태계 파괴 등이 있다. 이 중 가뭄이 가장 핵심적인 역할을 했을 것으로 믿는 학자가 많다.

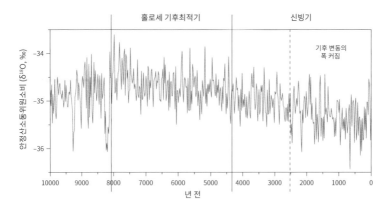

그림 9.2 그린란드 빙하 δ¹⁸O 자료 대략 4300년 전부터 신빙기가 시작되며, 2500년 전부터 기후 변동의 폭이 커지기 시작한다.

동아프리카와 사하라 사막에 존재했던 고호수들의 수위 변화를 복원한 자료를 보면, 최적기에 들어 강수량이 증가하면서 호수의 수위가 높아지는 모습이 뚜렷하다.[9] 기온이 높아지면서 증발량과 강수량 모두 증가한 것으로 보인다. 아프리카 서부 사하라에 위치한 말리 북부 지역은 현재 연평균 강수량이 5밀리미터가 채 되지 않는다. 그러나 고고학자들의 뼈 발굴 결과는 과거에 이곳에서 하마 그리고 크기가 3미터에 달하는 악어가 살고 있었음을 알려준다.[10] 수천 년 전 최적기의 사하라 사막은 식생과 호수가 어우러진, 대형 동물의 서식이 가능했을 만큼 생산성이 높은 곳으로, 지금과는 크게 달랐다. 최적기에는 일사량이 많아 여름철에 북반구의 열대수렴대가 지금보다 더 북쪽에 위치했다. 그 결과 사하라 뿐 아니라 지중해 지역까지 강수량이 증가했다.[11] 아라비아 사막과 인도에서도 북쪽으로 치우친 열대수렴대 때문에 여름 몬순이 강화되면서 강수량이 증가하는 모습이 나타났다.[6]

이집트의 남서부, 리비아와의 국경 지역에 위치한 와디소라 Wadi Sora는 동굴 벽화 때문에 유명해진 곳으로, 사하라의 일부인 리비아 사막에 위치한다. 이름 앞에 와디(짧은 우기에만 강물이 흐르는 건조한 계곡)라는 단어가 붙어 있지만 와디소라는 계곡이라기보다는 암석 언덕에 가깝다. 여기도 마찬가지로 최적기에 비가 꽤 내린 모양이다. 와디소라의 하부에는 수천 년 전 수영을 즐기는 사람들이 벽에 그려진 얕은 동굴이 있다. 이 동굴에는 고대 벽화 때문에 '헤엄치는 사람의 동굴cave of swimmers'이라는 독특한 이름도 붙었다(그림 9.3). 홀로세 기후최적기 초기에 사용된 동굴로 추정된다. 수영하는 사람만 그려져 있는 것이 아니다. 기린과 하마도 함께 그려져 있다. 1930년대의 사막 탐험가였던 라스즐로 알마시 László Almásy*는 이 벽화를 보고 '녹색의 사하라green Sahara'라는 직관적인 어구를 생각해냈다. 최적기 아프리카 경관을 묘사할 때 이보다 적절한 표현을 찾기는 쉽지 않을 것이다.

고대 문명의 유적들 또한 최적기 기후가 지금과는 많이 달랐음을 잘 보여준다. 최적기에는 기후가 양호해짐에 따라 건조한 곳에서도 사람들이 집단을 이루고 살아갈 수 있었다. 타림Tarim 분지는 과거 중국과 유럽을 연결했던 실크로드의 통로에 위치한다. 현재는 사막 지대로 무척 황량한 곳이다. 그러나 과거 최적기에는 이곳에 숲이 우거지고 사람들의 거주가 가능할 정도로 충분한 비가 내렸다. 아프리카에서는 사하라 사막 중심부에서도 목축으로

---

* 헝가리 귀족 출신의 비행사로, 리비아 사막을 탐험한 모험가다. 알마시는 대중적으로 잘 알려진 사람은 아니었으나 미국의 아카데미 시상식 아홉 개 부문 수상작인 영화 〈잉글리시 페이션트The English Patient〉(1992)의 실제 모델이라는 점이 알려지면서 유명해졌다. 영화 속에서 알마시가 '헤엄치는 사람의 동굴'을 찾아가는 장면 때문에 이 동굴과 벽화 또한 함께 유명해졌다.

그림 9.3 와디소라 동굴 벽화

생계를 유지할 수 있을 정도였다. 인더스 계곡 주변, 현재 라자스
탄 사막이 있는 곳에서도 습윤했던 기후 덕에 최초의 목화 농경으
로 잘 알려진 하라판Harappan 문화가 융성했다. 그러나 이렇게 최적
기에 번성했던 고대 사회들은 최적기가 끝나면서 모두 쇠락을 겪
게 된다. 고대 사회가 몰락한 데는 인구 증가, 토양 생산성 하락,
전쟁, 내부 갈등 등 다양한 원인이 있겠지만, 시기적으로 볼 때 무
엇보다 기후 악화가 주된 역할을 했을 가능성이 크다.

동북아시아의 최적기

동아시아 몬순은 동북아시아의 기후와 식생에 절대적인 영
향을 미친다. 몬순은 대륙과 해양의 비열 차이로 계절에 따라 풍
향이 바뀌는 바람을 뜻한다. 겨울에는 해양보다 대륙이 빠르게 냉
각되므로 대륙 위에 고기압이 발달하는 반면, 상대적으로 온도가

높은 해양에서는 저기압이 발달해 바람이 대륙에서 해양으로 분다. 반대로 여름에는 일사량의 증가로 대륙이 급하게 달궈져 지상에서 저기압이 발달하므로 해양에서 대륙으로 바람이 분다.* 동북아시아의 홀로세 기후최적기는 동아시아 여름 몬순이 강해지면서 태평양에서 내륙으로 유입되는 수증기의 양이 증가한 시기로도 볼 수 있다.

몬순이 탁월하게 발달하는 지역으로는 동아시아, 인도, 오스트레일리아, 아프리카, 북아메리카 동부 등이 있다. 흔히 동아시아 몬순과 인도 몬순을 하나의 기후 메커니즘으로 간주하고 두 몬순을 합쳐 아시아 몬순이라 부르곤 하지만, 두 몬순 간에는 약간의 차이가 있다. 한반도를 포함하는 동북아 지역에서는 몬순이 주로 대륙과 해양의 비열 차이에서 발생하는 반면, 인도 몬순의 발생에는 비열 차이뿐 아니라 여름에 인도 아대륙에 걸치는 열대수렴대도 함께 관여한다.

한편 동북아에서 보고된 고기후 프록시 자료에 따르면, 이 지역의 홀로세 최적기 기후는 초여름의 정체전선과도 일부 관련이 있었다. 우리나라에서 흔히 '장마'라 불리는 동북아 지역의 초여름 강우는 남쪽에서 북진하는 습한 기단과 북쪽의 서늘한 기단이 부딪히면서 전선이 형성될 때 발생한다. 여름철 더위가 절정에 달할수록 북쪽으로 치우쳐 형성되는 전선에 의해 대략 5월 둘째 주에는 남중국의 해양에서, 6월 셋째 주에는 양쯔강과 황허강 사이에서, 7월 중순에는 중국의 북부 및 북동부에서 많은 비가 내

---

* 바람은 기압이 높은 곳에서 낮은 곳으로 분다. 지표가 차가워지면 상부의 무거워진 대기가 가라앉으면서 고기압이 형성된다. 따뜻한 지표 위에서는 달궈진 대기가 상승하려는 경향을 띠면서 저기압이 형성된다.

린다.[12] 한반도는 6월 하순부터 7월 하순까지 한대기단과 열대기단 사이에 형성된 정체전선의 영향을 받아 높은 강수량을 보이며 8월부터는 열대기단의 영향에 들면서 무더위가 본격적으로 나타나기 시작한다. 동북아시아의 장마 전선은 이처럼 여름철 일사량이 높아질 때 북쪽으로 전진하고 낮아지면 남쪽으로 후퇴한다. 이 전선은 7~8월이 되면 북위 40도까지 북상한다.

북반구 중위도 지역의 여름철 일사량은 홀로세 초기에 최대치였다가 시간이 흐를수록 세차운동에 의해 지속적으로 감소했다. 장마와 동일한 메커니즘이 홀로세 기간 중에 작동했다면, 최적기는 고위도에서 저위도로 갈수록 늦게 나타났을 것이다. 즉 고위도 지역에서 최적기가 먼저 나타나고, 시간의 흐름에 따라 최적기가 나타난 위도대가 점차 남쪽을 향했을 것이라고 가정할 수 있다. 북반구의 하계 일사량이 가장 높았던 시기는 홀로세 초기였고 후기로 갈수록 낮아졌기 때문이다.

그러나 최근에는 이 가설의 오류를 지적하는 논문들이 다수 발표되고 있다. 오히려 저위도 지역일수록 최적기가 먼저 나타났다는 연구도 많은데, 연구자들은 홀로세 초기에도 여전히 남아 있던 빙상의 존재를 그 이유로 들고 있다. 고위도 지역일수록 북반구 빙상의 영향을 받아 최적기가 늦게 도래했다는 것이다.[13] 이와 같이 상반된 연구 결과는 고기후 복원의 어려움을 재차 상기시킨다. 동북아시아의 홀로세 최적기 기후를 완전히 이해하려면 좀더 시간이 필요할 것으로 보인다.

한반도에 정주 인구가 증가하다

그렇다면 한반도의 홀로세 기후최적기는 어떠했을까? 섬진

강 범람원 퇴적물의 화분 분석 결과에 따르면, 한반도의 홀로세 기후최적기는 대략 7600~4800년 전에 존재했다(그림 9.4).[14] 이 기간에는 한반도 대부분 지역이 참나무 원시림으로 덮여 있었다. 반면 소나무는 산사태 등의 물리적 교란에 자주 노출되는 급경사 지역에 국한되어 서식했다. 지금과 비교해 당시의 소나무 개체 수는 매우 적었다. 소나무와 같이 열린 공간을 선호하고 햇빛을 받지 못하면 성장에 어려움을 겪는 나무들을 우리는 흔히 양수陽樹라 부른다. 양수는 교란이 빈번한 곳을 좋아하므로, 최적기의 안정적인 기후는 그들에게 불리하게 작용했다. 반면 그늘 밑에서 오랜 기간 천천히 자라는 속성을 지닌 음수陰樹는 당시 기후의 혜택을 받아 극상종*의 위치를 점했다. 홀로세로 접어든 이래 한반도 환경에 가장 적합한 극상종은 참나무였다. 그런데 현재 주변에서는 참나무만큼이나 소나무가 자주 관찰된다. 대부분 인간의 교란 때문이다. 홀로세 후기 들어 인간이 농경을 하고 정주 생활을 하면서 한반도의 극상림 면적은 크게 감소했다.

홀로세 기후최적기에는 극상림의 면적뿐 아니라 전체 산림의 면적과 수목의 밀도 또한 증가했다. 꽃가루 도표상에서 최적기에 소나무와 잡초의 비율이 감소하는 모습은 원시림이 확장되면서 교란으로 노출된 공간이 점차 줄어드는 상황을 지시한다. 온난습윤한 기후와 원시림의 팽창은 한반도 인구 증가에 도움이 되었

---

* 극상종의 어린 개체들은 오랜 기간 햇빛이 부족한 상황을 견뎌내며 성장한다. 교란이 없다면 결국 햇빛을 두고 벌이는 키 싸움에서 승리해 극상종의 지위를 누릴 수 있을 것이다. 그러나 충분히 성장하기 전에 기후 변화나 화재와 같은 교란이 발생한다면 어린 개체들은 버티기 어렵다. 새롭게 열린 공간에는 선구종pioneer species이 빠르게 치고 들어온다. 곧이어 양수가 이 공간을 차지하고 또 음수가 이어받는 천이가 시작된다. 선구종은 보통 초본들로 구성되며 앞서 언급한 대로 r-선택 전략에 기대는 식물로 볼 수 있다. 반면 극상종은 K-선택 전략을 활용한다.

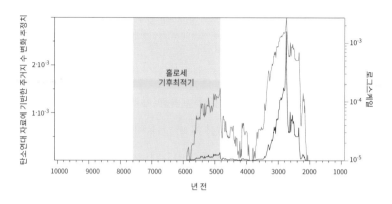

그림 9.4 한반도의 시기별 주거지 수와 인구 변화 추정 자료 홀로세 기후최적기가 끝나면서 주거지 (인구) 수가 급감하는 모습을 볼 수 있다. 파란 선은 로그스케일로 변환한 수치다.

다. 건강한 숲은 수렵·채집민에게는 축복과도 같았다. 다양한 사냥감과 풍부한 열매(도토리나 과일)는 고대의 수렵·채집 사회를 성장시킨 원동력이었다.

한반도의 시기별 주거지 수를 복원한 연구 결과에 따르면, 대략 5600년 전에 주거지 수가 빠르게 증가한 후 한동안 그 수가 유지되다가 4800년 전 즈음에 급감한다(그림 9.4).[15] 홀로세 기후최적기의 풍부한 자원은 정주 인구의 증가로 이어졌고, 5500년 전부터 시작된 조, 기장 위주 소규모 원시 농경의 기반이 되었다. 그러나 4800년 전 한반도의 홀로세 기후최적기가 끝남과 동시에 주거지 수가 급감하는 모습이 나타난다. 수렵·채집민(혹은 원시 농경민)의 생업 활동이 최적기 말의 기후 악화에 타격을 받은 것이다. 4800년 전은 중국 북동부의 랴오허 유역에서 크게 세력을 떨치던 홍산 문화*가 쇠퇴한 시점이기도 해, 이때의 기후 변화가 동북아시아 전역에 광범위한 혼란을 가져온 것으로 추정된다.

8200년 전의 단기 한랭기와 이후 시작된 최적기의 온난화는 인간 사회에 제한적인 영향만을 미쳤다. 당시 절대 인구도 많지 않았을 뿐 아니라 수렵·채집민이 여전히 전 세계 사회의 주축을 이루었기 때문이다. 그러나 최적기 후반부로 접어들면서 인구의 증가와 함께 곳곳에서 농경을 기반으로 하는 고대 문명들이 나타나기 시작했다. 홀로세 후기의 기후 변화는 이들 고대 사회의 성쇠에 결정적인 역할을 한 것으로 보인다. 물론 여전히 관련 증거가 부족하다며 이를 믿지 못하는 사람도 적지 않지만, 개선된 연구 방법을 통해 어느 정도 사실로 입증된 사례들이 늘고 있다. 고대인의 삶과 기후의 관계는 오랫동안 많은 학자가 호기심을 갖고 심층적으로 파고든 주제였기 때문에 일부는 대중에게도 잘 알려져 있다. 기후 변화가 과거 사회에 미친 영향 그리고 고대인이 기후 변화를 극복하기 위해 취한 행동 등은 매우 흥미로운 연구 주제로, 이 책의 핵심 내용을 구성한다. 단, 이 주제를 본격적으로 다루기에 앞서 약간 지루하더라도 홀로세 기후 변화, 특히 갑작스러운 기후 변동을 일으킨 원인부터 정확히 짚고 가는 것이 좋을 듯하다. 그래야 전체적인 인과관계가 더욱 명확해지기 때문이다.

---

*   홍산 문화는 대략 5500년 전 랴오허 유역에 존재했던 신석기 시대의 문화로 1900년대 초반 일본 학자 도리이 류조鳥居龍藏가 관련 유적들을 처음 발견하면서 알려졌다. 중국에서는 베이징대학교 교수인 쑤빙치蘇秉琦의 주장이 받아들여지면서 1980년대부터 황하 문명을 중시하는 기조에서 중국 문명 발생의 다양성을 강조하는 기조로 돌아섰고, 이와 함께 시기적으로 앞서면서도 광범위한 영향을 미친 것으로 추정되는 홍산 문화의 중요성이 높아졌다. 중국 정부는 홍산 문화를 랴오허 문명이라 부르며 이 문명이 갖는 의미를 선전하는 데 힘을 쏟고 있다. 우리나라에서도 최근 들어 고조선과의 연관성이 대두되면서 이 문화에 대한 관심이 커지는 중이다.

10장

———

흑점 수 변동이 가져온 파장

태양 활동의 변화와 홀로세 기후

홀로세 시기에 기후 변화를 주도한 주요 요인으로는 다음 여섯 가지를 들 수 있다. 앞서 언급한 내용도 있지만 기후와 고대 문명의 관계를 추적하기 위해 각각의 내용을 정리해보자.

홀로세 기후 변화의 주요 요인

세차운동

영거드라이아스기가 끝나고 홀로세가 시작될 때 지구의 북극은 직녀성을 바라보고 있었다. 홀로세가 시작될 즈음에는 북반구의 계절성이 무척 커진 상태였다. 당시 북반구가 여름일 때 태양과 지구가 가장 가까이 위치했고, 겨울일 때 가장 멀리 위치했기 때문이다. 이에 따라 북반구의 빙하는 빠른 속도로 녹았다. 지

194

금은 북극이 북극성을 바라보고 있어 북반구는 낮은 계절성을 보인다. 세차운동만 놓고 봤을 때는 다음 빙하기가 올 수 있는 조건이 이미 갖춰진 상태다. 그러나 지구 궤도의 이심률이 현재 충분히 높지 않기 때문에 미래의 빙하기는 수만 년은 더 지나야 도래할 것으로 보인다.[1] 홀로세가 시작된 순간부터 지금까지 북반구의 계절성은 꾸준히 감소했고, 그 결과 북반구 지표의 빙하량은 조금씩 증가해왔다. 이에 따라 홀로세 대부분의 기간 동안 북반구 기온은 전반적으로 감소 추세를 보였다. 그러나 이러한 경향은 최근의 지구 온난화로 완전히 역전되었다.

북대서양 자오선 역전순환 변동

둘째 요인은 앞서 언급한 북대서양 자오선 역전순환의 변동으로, 주로 홀로세 초기의 기후 변화를 주도했다. 이 순환은 바닷물의 열에너지와 염 농도 변화에 의해 형성되는 해류의 장기적 흐름으로, 북대서양으로 향하는 표층 해수와 남대서양으로 향하는 심층 해수로 이루어진다. 남대서양의 표층 해수는 적도를 지나 북쪽으로 이동하는 과정에서 고위도의 차가운 대기에 많은 열을 빼앗긴다. 또한 따뜻한 저위도 지역을 통과할 때 증발이 활발하게 일어나므로 바닷물의 염도는 높아지게 된다. 수온의 저하와 염도의 상승으로 바닷물의 밀도는 그린란드 부근에서 크게 높아지며 해수는 더는 표층에 머무르지 못하고 가라앉게 된다. 심해로 가라앉은 바닷물은 남쪽으로 이동하는 심층 해수에 합류한다. 표층 해수의 이러한 흐름은 저도 지역과 남반구의 잉여 에너지를 북반구로 전달하는 역할을 한다. 저위도 지역에서 전달되는 열 덕분에 북대서양의 고위도 지역은 같은 위도 대의 다른 곳들보다 기후가 온난한 편이다. 그러나 기온 상승으로 빙하가 녹아 북대서양으로 대량의 담수가 유입되면 밀도가 낮아진 표층 해수가 잘 가라앉지 않아 열염순환은 느려진다. 이러한 상황이 최종빙기와 홀로세 기간 동안 주기적으로 나타나곤 했다. 열염순환의 교란이 일어날 때마다 북대서양 주변의 빙하 규모는 커졌고, 곧이어 기후원격상관에 의해 북반구 전역이 차가워졌다.

태양 활동의 변화

태양 활동은 태양의 흑점 수와 관련이 있다. 태양 표면의 흑점 수가 증가하면 지구로 유입되는 태양 에너지의 양이 증가한다. 얼핏 태양 표면에 검은 점이 많아지면 지구로의 에너지 유입이 감소할 것 같지만 그 반대의 결과가 나타나는 것이다. 이는 흑점 주변으로 고온의 밝은 플라주plages가 함께 나타나기 때문이다. 플라주의 표면적은 보통 흑점의 표면적보다 크며, 따라서 흑점이 많아지면 태양 복사에너지의 양이 오히려 증가한다.[12]

태양 흑점 수 변화에 따른 홀로세 기후 변화는 오랜 기간 많은 고기후학자의 관심 사안이었다. 태양 흑점 수는 11년 주기로 변화한다. 즉 흑점 수가 많아지는 시기가 11년마다 돌아온다. 그러나 관찰을 통해 인지할 수 있는 짧은 주기의 흑점 수 변화는 과거 장기간의 기후 변화를 논할 때 그리 중요하지 않다. 중요한 것은 긴 호흡을 갖는 변화 주기들이다. 학계에서 어느 정도 존재가 인정된 것들로는 1500년 주기(본드 주기), 200년 주기(드 브리스 주기), 88년 주기(글리스베르그 주기) 등이 있다. 태양 활동의 주기적 변화는 홀로세 중에 나타난 대부분의 단기 한랭기를 촉발한 근본 원인으로 지목받고 있다.

화산 폭발

화산이 폭발할 때는 상당히 많은 양의 이산화황이 대기 중으로 방출된다. 이산화황이 수증기와 결합해 대기 중에 황산 에어로졸을 형성하면 지구의 반사도가 높아져 지표의 기온은 떨어지게 된다. 대형 화산이 폭발하면 대기 온도는 연 0.2도 정도 떨어지며, 그 효과는 보통 2~3년 정도 지속된다.[13] 따라서 만약 화산 폭발이 여러 지역에서 엇비슷한 시기에 발생한다면 눈에 띄는 기후 변화가 나타날 수 있다. 에어로졸뿐 아니라 화산재도 반사도를 높인다. 그러나 무게 때문에 대기 중에 머무르는 시간이 짧아 기후에 미치는 영향은 크지 않다. 과거에 대기로부터 내려앉아 빙하 속에 포함된 황산염을 분석하면 지난 화산 활동을 복원할 수 있다. 학자들은 시기별로 측정된 빙하의 황산염 양을 성층권의 에어로졸 두께로 변환해 화산 활동의 규모를 추정하곤 한다. 그러나 최근까지 대부분의 화산 활동 연구는 독립적인 고기후 자료의 생산과 해석이 아닌, 태양 흑점 수 변화가 미치는 영향을 더욱 정확히 이해하려는 목적 속에서 이루어질 때가 많았다.[*]

과거 화산 활동이 지구 생태계에 단기적인 충격을 가한 것은 여러 사례를 통해 입증되고 있지만, 홀로세의 기후 변화에 장기적인 영향을 미쳤는지는 아직까지 불분명하다. 동시기의 황산염 측정치가 빙하 코어별로 다르게 나오는 경우가 많아 과거의 화산 활동 변화를 정확히 복원하기가 어렵기 때문이다. 이는 황산 에어

---

[*] 지구 온난화를 이해하기 위해서는 인위적인 요인뿐 아니라 자연적인 요인도 함께 고려해야 한다. 온실 기체가 인위적인 기후 변화의 원인이라면 자연적인 기후 변화를 가져오는 핵심 요인은 태양 활동이다. 만약 과거 기후 변화로부터 화산 폭발이라는 변수를 제외할 수 있다면 태양 활동 변화와 기후 변화의 관계는 더욱 명확해질 것이다.

로졸 농도의 지역별 차이에서 비롯한 것일 수도 있고, 코어의 연대 문제일 수도 있다. 장기적인 화산 활동 변화 연구가 지지부진한 이유는 또한 홀로세 후기, 즉 2000년 전 이후의 기후 변화에 집중하는 최근의 연구 경향과도 관련이 있다. 미래의 지구 온난화를 예측하고자 할 때 먼 과거보다는 가까운 과거의 기후 변화 메커니즘이 중요하므로 근과거에 대한 연구에 치중하는 것은 학자에게 당연한 일이다. 게다가 태양 활동에 비해 기후 변화에 기여하는 바가 크지 않다는 이유로 화산 활동은 고기후 연구의 주류에서 멀어져 있을 때가 많았다. 그러나 화산 활동이 전체 홀로세 기후에 미친 영향은 결코 작지 않았다. 특히 화산 활동은 초기 인류가 아프리카를 떠나 유라시아로 이동하던 무렵부터 오랜 기간 인간 사회의 성쇠에 지대한 영향을 미친 기후 변화 요인이었다. 향후 홀로세 기후의 복원이 정밀해질수록 장기적이고 연속적인 화산 활동 자료에 대한 관심이 더욱 높아지지 않을까 생각한다.

적도 태평양 해수면 온도 변화

이 요인은 특히 홀로세 후기의 기후 변화에 지대한 영향을 미친 것으로 알려져 있다. 적도 태평양의 해수면 온도 변화는 소위 엘니뇨 남방진동이라는 해양과 대기의 대순환과 관련 있다(그림 10.1). 엘니뇨는 무역풍이 약해지면서 적도 서태평양에 모여 있던 따뜻한 물이 중태평양과 동태평양 쪽으로 이동하는 현상이다. 그 결과 적도 서태평양의 해수면 온도는 평소보다 낮아지고 동태평양의 온도는 높아지면서 적도 태평양 주변의 여러 지역에서 예기치 못한 기상 이변이 발생한다. 엘니뇨는 스페인어로 어린아이 혹은 아기 예수라는 의미로 대략 2~7년 주기로 도래한다. 보통 예수

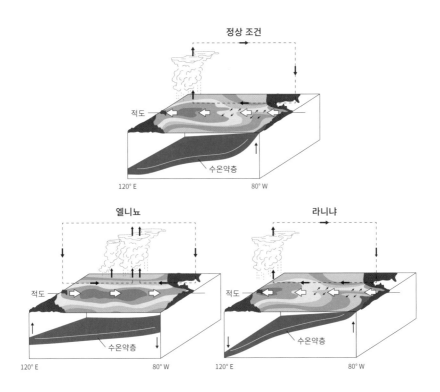

그림 10.1 엘니뇨 남방진동

의 탄생일인 12월 25일 즈음해서 이 현상이 나타나기 때문에 엘니뇨로 불리게 되었다.

엘니뇨가 적도 태평양의 해수면 온도 변화를 나타낸다면, 남방진동은 바다 위의 기압 배치 변화를 지시한다. 즉 엘니뇨 시기에는 평소와는 달리 적도 동태평양의 따뜻해진 바닷물 위로 저기압이 자리 잡고, 해수면 온도가 낮아진 서태평양 위로는 고기압이 자리한다. 엘니뇨와 반대인 상황인 라니냐 시기에는 적도 동태평양에 평소보다 강한 고기압이, 서태평양에는 강한 저기압이 위치한다. 이와 같이 적도 태평양의 해수면 온도와 바다 위 대기의 기압은 서로 연동되어 변화한다.

현재의 엘니뇨가 실생활에 직결되는 이상 기후를 일으키는 것은 사실이지만 고기후학적인 중요성은 그리 크지 않다. 엘니뇨와 같이 짧고 불규칙한 주기의 해수면 온도 변화를 복원하는 것은 정확성을 담보하기 어려워 미래 기후를 예측할 때 큰 도움이 되지 못하기 때문이다. 오히려 정밀하게 복원된 장주기(10~1000년 주기)의 해수면 온도 변화가 과거 기후 변화의 메커니즘을 밝히고 미래의 변화를 보여주는 핵심 단서가 될 수 있다. 적도 서태평양의 장기적 온도 변화는 특히 우리나라를 포함한 동북아시아 해안 지역의 홀로세 기후에 큰 영향을 미쳤다. 이 내용은 나중에 더 자세히 다룰 것이다.

피드백 메커니즘

직접적인 기후 변화의 요인이라고 보기는 어렵지만 피드백 메커니즘 또한 홀로세 기후에 중요한 영향을 미쳤다. 수많은 피드백이 홀로세의 기후 변화 경향을 증폭하거나 억제했다. 기후 변화의 폭이 컸던 플라이스토세와 홀로세의 경계부에서는 서로 상대의 변화 추세를 더욱 강화해나가는 양의 피드백이 우세하게 나타났다. 다음의 세 가지 연쇄 작용은 홀로세 초기에 양의 피드백이 가져온 효과를 잘 보여준다. 홀로세에 접어들면서 지구의 기후는 온난해졌고, 식생 밀도는 증가했다. 더불어 빙하도 빠르게 녹기 시작했다. 맨땅과 빙하가 감소하면서 지구 반사도는 낮아졌고, 그 결과 지구의 기후는 더욱 온난해졌다. 이와 함께 빙하나 영구동토층 등이 녹으면서 그 밑에 갇혀 있던 이산화탄소나 메탄가스가 대량 방출된 것도 홀로세 초기 기온의 빠른 상승에 일조했다. 홀로세 초기의 온도 상승은 또한 유기물의 활발한 부패로 이어졌다. 대기 중 이산화탄소의 농도는 높아졌고 지구 온난화 추세는 강화되었다. 한편 위의 세 경우와는 반대로 홀로세 초기에 기후 변화의 속도를 늦췄던 음의 피드백도 존재했다. 예를 들어 홀로세 초기에 숲의 확장과 함께 급증한 광합성 활동은 대기 중 이산화탄소의 농도를 낮춰 온실 효과를 억제하는 역할을 했다.

* * *

종합하면 지구의 세차운동, 북대서양의 해수 순환, 태양 활동(흑점 수), 화산 활동, 적도 태평양 해수면 온도, 피드백 효과 등 여섯 가지 요소에 의해 홀로세 기후가 대부분 결정되었다고 볼 수 있다. 이 가운데에서 태양 흑점 수 변화는 특히 홀로세 후기의 기후 변화를 가져온 주요 요인으로 전 세계 과거 사회의 성쇠에 큰 영향을 미쳤기 때문에 더 상세히 살펴볼 필요가 있다.

태양 활동 변화가 미친 영향

태양 흑점 수의 변화가 홀로세 기후에 영향을 미쳤다는 가설이 주목을 받은 데는 민즈 스투버Minze Stuiver와 앞서 언급한 바 있는 제러드 본드의 역할이 컸다. 탄소 연대 측정의 보정 곡선을 개발한 학자로 널리 알려진 스투버는 방사성탄소(^{14}C)를 활용해 태양 활동의 주기를 밝히는 데도 전력을 다했다.[4] 동시에 그는 그린란드 빙히 코어의 신소동위원소 지표와 태양 흑점 수의 복원 사료를 상호 비교해 태양 활동의 변화가 북반구의 홀로세 기후에 지대한 영향을 미쳤음을 입증했다.[5]

지금 흑점과 태양 활동에 대해 이야기하는 중이지만, 여기서 잠깐이라도 방사성탄소와 탄소 연대 측정에 대해 설명하고 넘어가는 것이 전체적인 이해에 도움이 될 것이다. 태양 흑점 수 변화를 복원하는 과정에서도 연대 측정 때와 마찬가지로 방사성탄소가 결정적인 역할을 하기 때문이다. 대부분의 고환경과 고고학 연구에서 연구의 성패를 좌우하는 것은 결국 자료가 갖는 연대의 정확성이다. 연대 측정 방법들은 다양하다. 그러나 과거나 지금이나 유기물 속에 포함된 방사성탄소의 양을 측정해 연대를 추정하는 방법이 가장 빈번하게 활용되고 있다. 시료 확보, 전처리, 분석 과정 등이 비교적 어렵지 않기 때문이다. 아주 적은 시료로도 연대 측정이 가능한 AMS(가속기 질량 분석 Accelerator Mass Spectrometry) 방법이 가격 면에서 대중화되면서 최근 수십 년간 세계적으로 연대 자료의 수는 폭발적으로 증가했다.

한편 탄소 연대 측정 결과는 연구에 활용되기에 앞서 약간의 보정을 거쳐야 한다. 방사성탄소의 반감기를 토대로 연대를 유추할 때는 매년 대기 중 방사성탄소의 양이 일정하다는 가정이 필요한데, 그 양이 해마다 달라지기 때문이다. 과거의 대기 중 방사성탄소의 양을 파악하기 위해 학자들은 오래된 나무의 나이테에 포함되어 있는 방사성탄소를 분석했다. 그리고 반감기를 고려해 연도별 방사성탄소의 양을 추정했다. 스투버는 이러한 방사성동위원소 자료를 토대로 정교한 탄소 연대 보정 프로그램 'CALIB'을 만들었다. 이 보정 곡선은 지속적으로 개선되는 중이다. 2019년 현재 프로그램 버전은 7.1에 이르렀다.[6]

그런데 대기의 방사성탄소량은 왜 매년 변하는 것일까? 이는 태양의 흑점 수가 주기적으로 증감을 거듭한다는 사실과 관련이 있다. 태양 표면에 흑점 수가 늘어나게 되면 태양풍*은 더욱 강력해지며, 그 결과 지구로 유입되는 우주선cosmic ray**의 양이 감소한다. 대기 중 방사성탄소의 양을 결정하는 것이 바로 이 우주선의 유입량이다. 방사성탄소는 대기 중의 질소가 우주선과 충돌하면서 생겨나기 때문이다. 따라서 태양의 흑점 수가 늘면 지구로 유입되는 우주선이 감소해 대기 중 방사성탄소량 또한 감소한다. 반대로 흑점 수가 줄면 방사성탄소량은 증가한다.[7]

따라서 과거의 대기 중 방사성탄소 자료는 연대의 보정뿐 아니라 태양 흑점 수 변화를 복원할 때도 활용된다. 우리는 방사성탄소량과 태양 흑점 수의 관계를 이용해 과거의 태양 활동 변화를 꽤 정확하게 유추해낼 수 있다. 물론 유럽에서는 1600년대 초부터 갈릴레오 등이 망원경으로 흑점을 정밀하게 관찰했고, 중국이나 한국에서는 갈릴레오보다도 500년 이상 앞서 흑점을 관측하기 시작했으므로,[8] 최근 정보를 얻고자 한다면 간접적 복원 방법을 거칠 필요 없이 고문헌을 직접 찾아보는 것도 한 방법이다. 그러나 오래전의 흑점 수 변화 자료가 필요하다면 방사성탄소나 빙하 속

---

* 태양풍은 태양에서 불어오는 바람으로 태양에서 방출된 양성자와 전자 등으로 이루어져 있다. 지구 근처를 지날 때의 속도는 평균 초속 400킬로미터 정도이다. 평소에는 지구를 둘러싸고 있는 자기장 덕분에 지구는 태양풍의 영향을 거의 받지 않는다. 그러나 태양 활동이 활발해지면 강한 태양풍이 생성되어 지구가 영향을 받곤 한다. 인공위성 내 전자기기들이 오작동을 일으키거나 지상 통신이나 전력 공급에 문제가 발생한다. 태양풍은 오로라의 생성에도 관여한다. 대부분의 태양풍은 지구 자기장에 의해 자기권 외부로 빗겨 빠져나가지만, 자기층이 얇은 극지역에서는 일부 태양풍이 대기로 진입하기도 한다. 이때 태양풍과 공기 분자가 반응해 빛을 내는 현상이 오로라다.

** 우주선은 우주에서 지구로 쏟아져 들어오는 각종 입자나 방사선을 의미한다. 은하계에서 천체가 폭발한 결과 만들어지는 것으로 알려져 있다. 대기로 들어온 우주선의 중성자가 질소에 부딪히면 질소로부터 양성자 하나가 방출된다. 원자번호 7번인 질소는 양성자가 하나 줄어들면서 원자번호 6번인 (방사성) 탄소로 변한다. 이후 방사성탄소는 베타붕괴를 통해 원래의 질소로 돌아간다. 베타붕괴는 핵 속의 중성자가 양성자와 전자로 변하고 전자는 핵 밖으로 튀어나오는 현상이다. 방사성탄소의 반감기는 5730년이다.

의 방사성베릴륨(^{10}Be)과 같은 방사성동위원소를 분석하는 것 외에는 대안이 없다.

　스투버가 태양 흑점 수 변화와 기후 간에 상관성이 있다는 점을 피력한 후, 본드는 북반구의 홀로세 기후 변화가 대략 1500년 주기의 태양 활동 변화에 좌우되었다고 주장했다.[9] 이 가설은 학계에 큰 파장을 몰고 왔다. 본드의 가설이 제시된 지 이미 20년 넘게 흘렀지만 여전히 이 주기와 관련된 논문이 매년 100편 이상 출간될 정도로 관심을 끌고 있다. 한편 1500년 주기로 나타나는 홀로세의 한랭 이벤트들을 비슷한 주기의 단스고드-외슈거 이벤트와 유사하게 보는 시각도 존재한다. 아직 과학적으로 입증되지는 않았지만 태양 활동 변화가 홀로세 이전부터 지구 기후에 영향을 미쳤을 가능성은 커 보인다.

　그러나 1500년 주기라는 것이 실제 존재했는지 그리고 이것이 과연 태양 활동에 의한 것인지 의구심을 표하는 학자들도 있다.[10] 연구마다 홀로세 기후 변화의 주기는 매우 다양하게 나타나고 있다. 예를 들어 태양 활동 주기로 잘 알려진 1500년과 200년 주기 외에도 1000년, 800년, 500년 주기 등도 흔하게 관찰된다.[11] 태양 활동뿐 아니라 북대서양이나 적도 태평양의 해양 순환도 기후의 주기적 변화에 깊이 관여하는 것으로 판단되며, 이는 태양 활동의 영향력을 밝히는 일이 결코 간단하지 않음을 시사한다. 사실 태양의 흑점 수 변화가 지구로 유입되는 태양 복사에너지의 양을 크게 높이거나 낮추지는 않는다. 지난 2000년간 흑점 수가 가장 적었던 소빙기를 예로 들면, 당시의 일사량은 최근과 비교할 때 겨우 0.15~0.25퍼센트 정도 적은 수준이었다.[12] 그러나 소빙기가 당시 사회에 미친 충격은 과거 문헌이 알려주듯 미미한 일사량 변화와는 전혀 어울리지 않는 것이었다. 소빙기에 대해서는 다음 장에서 더 자세히 살펴볼 것이다.

많은 고기후학자는 홀로세 중후기에 나타난 기후 변화가 대부분 태양 활동의 변화에서 기인한다고 생각한다. 물론 틀린 말은 아니지만 흑점 수 변화 못지않게 이후에 나타난 피드백 효과 또한 중요했다. 흑점 수 변동이 가져오는 일사량 변화가 그리 크지 않았음을 감안한다면, 과거 태양 활동은 지구의 기후 변화를 일으킨 불씨였고 이후에 나타난 연쇄적 피드백들은 변화를 증폭시킨 기폭제였다. 그런데 그 과정에 존재한 복잡한 기후 메커니즘을 밝히기가 어렵다 보니 홀로세 기후 변화를 단순히 태양 활동 변화로만 설명하려는 시도가 많은 것이 사실이다. 이러한 경향을 비판하는 연구자들을 중심으로 태양의 역할에 대한 회의적인 시각이 불거지기도 하였다.[13] 그러나 여전히 홀로세 기후 변화의 대부분은 지구 외부의 태양 활동 변화에서 비롯되었다고 보는 이들이 많다. 태양 활동에 따른 일사량 변화는 대기, 해양, 식생이 연관된 피드백을 거치면서 그 힘이 증폭되어 지구 생태계와 인간 사회에 큰 충격을 가하곤 했다.

* * *

홀로세 후기(신빙기)로 접어들면서 여름철 일사량은 점진적으로 줄어들었고 북반구의 온도는 낮아졌다. 동시에 태양 활동, 화산 활동, 저도 태평양의 해수면 온도 등의 변동 폭은 확대되었다. 이전의 홀로세 최적기보다 기후 변화의 강도는 높아졌고, 북반구 전역에 걸쳐 갑작스러운 대가뭄이 반복적으로 나타났다. 그중 일부는 석회암 동굴의 석순 산소동위원소 자료 등에서 잘 확인된다. 대표적인 예가 4.2ka 이벤트라 부르는 4200~3900년 전의 대가뭄이다 4.2ka이벤트와 같은 기후 급변은 무엇보다도 당시 북반구에서 점차 세력을 키워가고 있던 각 지역의 고대 사회에 큰 충격을 안겼다.

11장

가뭄과 고대인의 수난

홀로세 후기의 대가뭄과 고대 사회의 대응

홀로세 기후가 이전의 빙기와는 달리 상당히 안정적이었다는 사실은 이미 여러 차례 언급한 바 있다. 그러나 어디까지나 빙기에 비해 그러했다는 것이다. 사실 홀로세 기간 중에도 북반구에서 갑작스러운 기온 하강이나 대가뭄이 주기적으로 발생해 생태계에 충격을 안기곤 했다. 앞에서 자세히 설명한 8.2ka 이벤트도 그중 하나다. 홀로세 초기의 대표적인 기후 급변 사례가 8.2ka 이벤트라면, 후기의 대표적인 사례는 4.2ka 이벤트다. 두 이벤트 모두 북반구 전역에 광범위한 영향을 미쳤으나 메커니즘과 성격은 서로 다른 것으로 추정된다. 8.2ka 이벤트는 빙기가 끝났음에도 오랜 기간 소멸되지 않고 남아 있던 북아메리카의 로렌타이드 빙상에서 기인했다. 빙하호에서 융빙수가 북대서양으로 유입되면

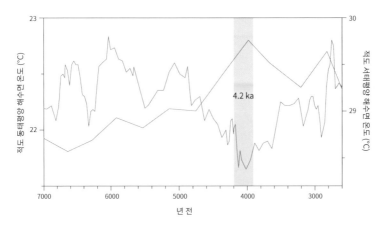

그림 11.1 4.2ka 이벤트와 적도 태평양의 해수면 온도 변화 그래프에서 보듯이 대략 4000년 전 적도 동태평양의 해수면 온도(파란 선)는 그 전후 시기보다 높았고 서태평양 해수면 온도(빨간 선)는 낮았다. 장주기 엘니뇨와 4.2ka 이벤트 간에 밀접한 관계가 있음을 알 수 있다.

서 나타난 열염순환의 교란이 주된 원인이었다.

반면 4.2ka 이벤트(4200~3900년 전)[*]는 아직 그 원인이 명확하지 않다. 단 적도 태평양의 해수면 온도 변화와 일정 부분 관련이 있는 것은 분명해 보인다. 당시 적도 동태평양의 해수면 온도는 그 전후 시기보다 높았던 반면, 서태평양의 해수면 온도는 낮았기 때문이다(그림 11.1).[1] 이러한 온도 분포는 엘니뇨의 해수면 온도 분포와 유사하다. 4.2ka 이벤트는 북반구 지역 대부분에 영향을 미쳤다. 한반도를 포함한 동아시아 동부에도 기후가 건조해지는 경향이 나타났다.[2] 적도 서태평양 해수면 온도의 저하가 영향을 준

---

[*]   참고로 최근 연구 결과들을 보면 4200년 전이 아닌 4000년 전을 중심으로 갑작스러운 기후 변화가 나타났다는 것을 알 수 있다. 따라서 4.0ka 이벤트라는 명칭이 더 적절해 보이긴 하지만, 오랜 기간 학계에서 통용된 4.2ka 이벤트라는 용어에 충실하고자 한다. 이 책에서는 혼란을 줄이기 위해 4200년 전에서 3900년 전 사이에 나타난 가뭄은 모두 4200년 전(4.2ka)의 가뭄으로 통일해 표현했다.

것으로 보인다. 도대체 3000킬로미터 이상 떨어진 먼 바다의 해수면 온도 변화가 어떻게 한반도 기후에 영향을 미칠 수 있었을까?

현재 엘니뇨 남방진동이 한반도 기후에 어떠한 식으로 영향을 미치는지는 여전히 불투명하지만, 다음과 같이 일반적인 추정은 가능하다. 서태평양 저위도 지역에서 해수면 온도가 낮아지면 수증기 생성이 저해되고, 이에 따라 여름철 몬순에 의해 북쪽으로 전달되는 수증기의 양이 줄어든다. 또한 필리핀 동쪽 해상에서 발원하는 열대성 저기압(태풍)의 발생 빈도가 감소하고 그 세력이 약해진다. 따라서 여름철에 열대성 저기압의 영향을 많이 받는 중국 동해안과 한반도 남부 등에서는 하계 강수량이 감소한다. 이와 반대로 적도 서태평양의 해수면 온도가 높아지면 동북아시아에 태풍이 자주 오면서 한반도는 상대적으로 습윤해진다.[3] 과거 장주기 엘니뇨 남방진동의 결과로 한반도가 겪은 기후 변화 또한 이와 유사하지 않았을까 생각된다.

그러나 적도 서태평양의 해수면 온도가 낮아지면 겨울철에 눈이 많이 내릴 수 있다. 바다 위의 기압이 높아지면서 대륙과 해양의 기압 차이가 감소해 겨울철의 북서계절풍이 약해지기 때문이다. 그 결과 겨울철은 평소보다 따뜻해지고 강수량은 늘어나게 된다. 하지만 동아시아 몬순 지역에서 한 해의 습윤한 정도를 결정하는 요인은 여름철 강수량으로, 겨울철 강수량의 영향력은 그리 크지 않다. 결론적으로 과거 적도 서태평양의 온도가 낮아졌을 때 한반도는 대체로 건조했을 가능성이 크다.

장주기 엘니뇨 남방진동[**]이 증폭되면서 북반구의 기후에 실질적인 영향을 미치기 시작한 시점이 대략 5500년 전이다.[4] 홀로세로 접어든 이후 주로 북대서양의 해수 흐름에 의해 조절된 지구 기후가 홀로세 중기를 지나면서 적도 태평양의 상태 변화에 크게 영향을 받기 시작한 것이다. 북반구의 하계 일사량은 홀로세가 시작된 후부터 세차운동에 의해 지속적으로 줄어들었다. 그 결과 북대서양의 해빙 현상이 감소하면서 시간이 흐를수록 전 세계 기후에 미치는 태평양의 영향력은 점차 커져갔다.[5]

홀로세 단기 기후 변화를 가리키는 본드 이벤트에 대해서는 앞에서도 잠깐 다룬 바 있다. 8.2ka 이벤트, 4.2ka 이벤트, 뒤에서 설명할 소빙기 모두 여러 본드 이벤트 가운데 하나다. 0번에서 8번까지 아홉 개 이벤트 중 3번 이벤트가 시기적으로 4.2ka와 일치한다. 본드 이벤트는 북대서양의 심해 퇴적물 분석 결과 밝혀진 것으로, 그린란드와 아이슬란드에서 흘러 내려온 유빙과 관련이 있다. 북반구의 기후가 한랭해지면 북대서양의 유빙이 늘어나는 동시에 평소보다 더 남쪽까지 이동한다. 유빙 내에는 빙하 생성 지역에서 침식된 조립질 광물들이 포함되어 있다. 이들은 유빙이 녹을 때 바다 밑으로 가라앉으므로 심해 퇴적물 속에 들어 있는 물질을 분석하면 특정 시기 유빙의 남하 정도를 파악할 수 있다. 즉 심해 퇴적물에서 외부 침식 물질이 많이 확인될수록 기후가 더 한랭했을 것으로 추정한다. 본드 이벤트는 2장에서 설명한 마지막 빙기의 하인리히 이벤트와 비슷한 성격을 띤다.

본드 이벤트는 과거 수많은 연구에서 인용되었으며 많은 학자의 지지를 받아왔다. 그러나 홀로세 초기에 선명했던 이벤트의 모습은 홀로세 후기로 접어들면서 사라진다. 이러한 변화는 북대

** 장주기 엘니뇨 남방진동이나 엘니뇨를 표현하기 위해 영어권에서는 엄밀히 말해 엘니뇨는 아니지만 엘니뇨와 유사하다는 뜻으로 보통 'ENSO-like' 혹은 'El Nino-like'라는 용어를 쓴다.

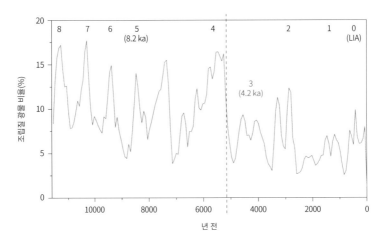

그림 11.2 본드 이벤트 자료 대략 5000년 전(점선)부터 이벤트의 변동 폭이 감소하기 시작한다. 본드 이벤트를 보여주는 북대서양의 퇴적물 분석 자료에서는 특히 4.2ka 이벤트가 명확하게 나타나지 않는다.

서양의 해수 흐름이 북반구의 기후를 결정하는 요인에서 어느 정도 밀려났음을 시사한다. 대략 5000년 전 이후부터 본드 이벤트의 강도는 확연하게 감소한다(그림 11.2). 특히 4.2ka 이벤트에 대응하는 3번 본드 이벤트의 조립질 비율 변화가 미미한 것이 눈에 띈다. 홀로세 후기에는 주로 적도 태평양의 해수면 온도 변화가 지구 기후에 많은 영향을 미쳤다는 것이 최근의 중론임을 고려할 때, 4.2ka 이벤트는 북대서양 해수 순환의 교란보다는 엘니뇨 남방진동의 강화가 중요한 발생 요인이었음을 시사한다. 여하튼 이 시기의 가뭄은 한반도뿐 아니라 당시 번영하던 북반구의 여러 고대 사회에 큰 피해를 입혔다. 특히 중동, 인도, 이집트의 사례는 고고학계에 잘 알려져 있다.

고대 문명에 대가뭄이 찾아오다

홀로세에 나타난 단기 기후 이벤트 가운데 4.2ka는 변화의 크기 측면에서 두세 번째로, 8.2ka에는 못 미쳤지만 소빙기와 엇비슷했다. 4.2ka의 지속 기간은 8.2ka의 두 배에 달했다. 일부 학자는 이러한 4.2ka의 중요성을 인정해 홀로세 중기와 후기를 나누는 기준으로 삼아야 한다고 주장했고, 결국 여러 논란에도 불구하고 이 제안은 받아들여졌다. 국제층서위원회는 홀로세를 세 시기로 나눠 8200년 전 이전을 그린란드기, 8200~4200년 전을 노스그립기, 4200년 전 이후를 메갈라야기로 부를 것을 의결하게 된다. 이에 대해서는 앞서 언급한 바 있다.

세계에서 최초로 농경이 시작된 서남아시아에서는 4200년 전부터 강수량이 급격하게 줄어들어 레반트, 아나톨리아, 메소포타미아, 이란 등 여러 지역의 관개농업이 큰 타격을 입었다. 일부 지역은 강수량이 이전 시기의 절반에 머물 정도로 혹독한 가뭄을 겪었다.[6] 당시의 강수량 감소로 터키 남서부, 시리아 서부, 북부 메소포타미아의 많은 농경민은 농지를 버리고 강가 주변에서 임시로 머무를 수 있는 곳을 찾아 끊임없이 이동해야 했다.

메소포타미아에서 수메르의 여러 도시 국가가 난립해 경쟁하던 4300년 전, 메소포타미아 중부에 아카드Akkad라는 도시 국가가 돌연 출현했다. 아카드를 세운 왕의 이름은 사르곤Sargon이었다. 사르곤 왕과 그의 후계자들은 단 100여 년 만에 메소포타미아 전역을 정복하고 세계 최초의 제국을 세우게 된다.[*] 역사가들은 사르곤을 세계에서 다민족 중앙집권 국가를 수립한 최초의 인물로 평가한다. 그러나 막강한 군사력을 토대로 오랜 기간 번영을 구가할 것만 같았던 아카드 제국은 겨우 수십 년의 짧은 전성기를 누리고 알 수 없는 이유로 갑자기 사라졌다. 막강했던 제국이 빠르게 소멸된 이유를 둘러싸고 다양한 가설들이 제시되었지만, 모두를 만족시키는 답을 찾기란 쉽지 않았다. 최근 고해상의 고기후 복원 자료들이 연이어 보고되면서 제국의 몰락에 대한 궁금증이 일부 해소되는 모습이다. 인류 역사상 최초의 제국이었던 아카드 왕국 또한 갑작스럽게 도래한 대규모 가뭄을 극복하기 쉽지 않았던 것으로 보인다.

북부 메소포타미아에는 계절에 따라 유프라테스강 중류 양편을 오가며 양을 키우던 아모리인Amorite이 살고 있었다. 그런데 가뭄으로 목축이 가능한 지역이 줄어들자 그들은 유프라테스강 하류 쪽으로 대대적인 이동을 시작했다. 이에 남쪽의 아카드 왕조는 아모리인의 유입을 막기 위해 거대한 장벽을 건설하는 등 적극적인 이민족 배척 정책을 펼쳤다. 그러나 이러한 방해를 극복하고 아카드 사회에 진입하는 데 성공한 아모리인이 있었고, 그들이 아카드 전복에 필요한 정치·군사 세력을 갖추기까지 필요한 시간은 단 한 세대면 충분했다.[**] 아카드 왕조를 무너뜨린 아모리인들은 이후 나타난 우르 제3왕조까지 평정하고 메소포타미아 전역의 패권을 장악하는 바빌론Babylon을 세운다. 일부 학자들은 아카드 제국에 충격을 가한 대가뭄의 존재를 인정하면서도 대가뭄이 자연

---

[*]   수메르 문명은 초기 왕조, 아카드 왕조, 우르 제3왕조 등 크게 세 시기로 구분된다. 메소포타미아 중부의 도시국가였던 아카드 왕국은 수메르 초기의 도시국가들을 모두 통일해 세계 최초의 제국을 세웠다. 아모리인(혹은 구티안족)의 침입으로 아카드 왕국이 4100년 전에 무너진 후, 메소포타미아 남부의 도시 우르Ur를 중심으로 우르 제3왕조가 나타난다. 그러나 이 왕조 또한 아모리인의 침입으로 4000년 전에 멸망하고, 수메르 문명은 아모리인 중심의 바빌론 문명으로 완전히 교체된다.

[**]   아카드 제국을 실제로 멸망시킨 주범은 서쪽 자그로스 산맥의 유목민이었던 구티안족 Gutian이라는 가설도 있다.

적인 기후 변화가 아닌 인구의 급격한 증가나 도시 확장과 같은 인위적 요인에서 비롯되었다고 주장한다. 그러나 대다수는 인구 증가가 아닌 기후 변화가 아카드 제국을 몰락시킨 일차적 원인이었다는 견해에 공감하고 있다.[7]

거대한 피라미드로 유명한 이집트 나일강 유역의 고왕국Old Kingdom 또한 4200년 전의 대가뭄으로 큰 피해를 본 과거 문명 중 하나다. 제4왕조에서 전성기를 누린 이집트의 고왕국은 제6왕조에 접어들면서 혼란기에 빠져들었다. 귀족들의 발호로 파라오는 점차 힘을 잃었으며, 지방 토호들은 저마다 세력을 다지면서 파라오의 권위에 도전하기 시작했다. 장기간의 통치에도 불구하고 제

그림 11.3 모헨조다로 유적지 규칙적으로 배열된 건축물과 거리를 통해 과거 이 도시의 형태를 짐작할 수 있다. 면밀한 도시 계획과 배수 설비는 인더스 문명의 문화 수준이 꽤 높았음을 시사한다.

6왕조의 페피 2세Pepi II는 정치적 위기를 전혀 해소하지 못한 채 사망했다. 복잡한 후계자 구도는 심각한 권력 다툼으로 이어질 수밖에 없었다. 페피 2세가 죽고 얼마 지나지 않아 나라 전체는 내란에 휩싸였으며 민중들의 불만은 최고조에 달했다. 이렇게 허물어져가던 고왕국에 마침표를 찍은 것은 4200년 전의 대가뭄이었다.[8] 가뭄으로 나일강의 수위가 낮아지면서 범람 횟수는 감소했고 농사에 필요한 물은 부족해졌다. 농경민들은 심각한 기근에 시달렸고 찬란했던 고왕국은 무너졌다. 이후 이집트는 100년 넘게 암흑기를 겪게 된다.

4200년 전의 기후 변화는 지금의 파키스탄 지역에서 발원한 인더스 문명에도 치명적이었다.[9] 당시의 이례적인 가뭄은 인더스강의 물길을 다른 곳으로 돌렸고, 하천 수위를 눈에 띄게 낮췄다. 강 유역의 작물 생산량은 크게 감소할 수밖에 없었다. 또한 마찬가지로 가뭄으로 어려움을 겪던 메소포타미아 지역과의 교역마저 원활하게 이루어지지 않으면서 어려움은 배가되었다. 그 결과 모헨조다로Mohenjo-daro나 하라파Harappa* 같은 대도시조차 버려졌다(그림 11.3).[10]

중국의 고대 사회들 또한 동시기의 기후 변화를 피할 수 없었다. 양쯔강 하류의 량주良渚 문화**나 산둥의 룽산龍山 문화***는 모

---

* 모헨조다로와 하라파는 인더스 문명의 중심지로 철저한 구상에 따라 조성된 계획 도시였다. 도시 내 대부분의 건물은 불에 구운 벽돌로 지어졌다. 도시의 전체적인 모습은 바둑판을 연상케 한다. 잘 갖춰진 우물, 화장실, 하수도, 목욕 시설 등은 당시 인더스 문명의 높은 수준을 반영한다

** 냉누 눈화가 홍누로 쿵꾀뵌 부 살아남는 난빈늘은 북쪽으로 이농했는데, 이늘이 황허 중류에서 하 왕조를 세운 것으로 추정된다.

*** 룽산 문화는 황허강 중하류에 걸쳐 존재했으며 검은색 도기로 유명하다. 하류 쪽 산둥 지역에 자리 잡고 있던 룽산 문화가 4200년 전의 홍수로 큰 피해를 입었다.

그림 11.4 일본의 산나이-마루야마 유적지 당시의 특징적인 주거 형태였던 기다란 움집과 아마도 망루였을 것으로 보이는 여섯 개의 대형 밤나무 기둥 구조물을 복원한 모습이다.

두 4200년 전 대규모 홍수로 큰 피해를 보았다. 장기 가뭄과 대형 홍수는 동전의 양면과 같다. 가뭄으로 식생의 밀도가 감소하면 홍수의 강도는 커지기 마련이다. 1000년간 유지된 량주 문화가 양쯔강의 홍수로 사라졌으며, 황허강의 홍수로 산둥 반도를 포함한 황허 유역의 인구는 급감했다.[11] 다수의 조몬인들이 1500년 이상 거주했던 일본의 산나이-마루야마[*] 지역(그림 11.4) 또한 4200년 전에 별다른 이유 없이 버려졌는데, 북반구의 다른 지역들과 마찬가지로 기후 변화가 그 원인으로 추정된다.[12]

---

[*]　산나이-마루야마는 일본 아오모리현에 위치한 홀로세 중기의 대규모 취락 유적이다. 건물 축조에 활용된 지름 1미터의 거대한 나무 기둥 일부와 기둥 구멍 여섯 개가 발견되어 관심을 끌었다.

한반도에 들이닥친 가뭄과 수렵·채집 사회의 변화

한반도의 기후는 대략 4800년 전부터 건조해지기 시작했다. 이후 1000년 이상 이러한 건조화 경향이 지속되었다.[13] 4800년 전부터 3600년 전까지 적도 서태평양의 해수면 온도는 그 전후 시기보다 상대적으로 낮았다. 반면 적도 동태평양의 해수면 온도는 상대적으로 높았다. 즉 장주기의 엘니뇨 조건이 강하게 나타난 기간이라 할 수 있다. 장주기 엘니뇨는 한반도를 포함하는 동북아시아 해안 지역에 가뭄을 몰고 왔다. 장주기 엘니뇨가 특히 강했던 시기는 4200년 전부터 3900년 전까지로, 이 기간은 북반구에서 대가뭄이 동시다발적으로 일어난 시기이기도 하다. 장주기 엘니뇨가 당시 한반도의 건조한 기후를 야기한 주원인이라고 단정하기에는 아직 근거가 부족하다. 그러나 한반도의 가뭄과 적도 태평양의 해수면 온도 사이에 강한 기후원격상관이 존재했던 것만큼은 분명하다.

당시 가뭄은 한반도의 수렵·채집 사회에 심각한 영향을 미쳤다. 조나 기장 같은 밭작물을 소규모로 재배하긴 했으나 이 원시 사회에서 여전히 가장 중요한 먹을거리는 내륙에서는 도토리 같은 나무 열매였고 해안가에서는 어패류였다. 건조해진 기후는 낙엽성 참나무의 도토리 생산량을 크게 감소시켰다. 참나무의 생산성 하락은 한반도의 꽃가루 분석 결과에서도 명확하게 나타난다 (건조한 기후는 도토리뿐 아니라 꽃가루 생산량 또한 감소시킨다). 나무의 생산성 감소는 야생동물 개체 수의 감소로도 이어졌을 것이다. 따라서 수렵·채집민은 사냥이나 채집 활동에 어려움을 겪었을 가능성이 크다. 주변에 먹을거리가 부족해지면 한곳에 오래 머물기 어렵다. 고고학 발굴 결과를 보면, 대략 6000년 전부터 증가하던 주거지(움집pit house*) 수가 4800년 전에 이르러 급하게 줄어들었고, 이후 1000년이 넘는 기간 동안 지속적인 감소세를 보였음을 알 수 있다(그림 11.5).[14] 수렵·채집민은 먹을거리를 충분히 확보하기 위해 더 자주 움직여야 했을 것이고, 이러한 이동성 강화는 주거지 수의 감소로 이어졌다.[13]

홀로세 후기 한반도에서 갑작스러운 단기 가뭄이 4200년 전에만 나타났던 것은 아니다. 약 500년을 주기로 이와 유사한 기후 변화가 나타났는데, 그 시기를 따져 보면 대략 4700년, 4200년, 3700년, 3200년, 2800년, 2400년 전이다. 이 시기들 하나하나가 모두 한반도의 환경사 측면에서 중요한 의미를 가진다. 4700년 전의 가뭄은 한반도에서 홀로세 기후최적기의 끝을 알리는 기후 변화였다. 곧이어 앞에서 설명한 4.2ka 이벤트가 나타났고, 이후 3700년 전에도 4200년 전의 가뭄 못지않은, 오히려 더 강력해 보이는 가뭄이 나타났다. 하지만 4700년부터 지속된 건조화 경향으로 위축되었던 한반도의 고대 사회는 3500년 전부터 기후가 양호해지고 거의 동시에 벼농경이 본격적으로 시작되면서 급격한 인구 증가를 겪게 된다(그림 11.5).[13] 이때의 벼농경은 남중국에서 요동을 거쳐 유입된 농경민이 주도한 것으로 보인다. 최근의 유전자 분석 결과는 한반도인이 고립되어 중국인과 유전적으로 달라

---

*　움집은 땅을 파내고 기둥을 땅에 박아 고정한 후 벽체 없이 풀이나 짚단으로 만든 지붕만 올린 집을 의미하며 고고학 용어로 수혈주거라고도 한다. 움집이 있던 구덩이가 발견되면 거주 연대를 추정하기 위해 보통 그곳에서 출토된 탄화목이나 탄화종자의 탄소 연대를 측정하게 된다. 이러한 연대 측정치들을 모두 모아 통합하면 과거의 주거지 수 변화를 연속적으로 보여주는 자료를 만들어낼 수 있다. 단, 통합된 연대 자료는 시기에 따른 주거지의 상대적 변화 추이를 파악하고자 할 때에는 참고할 만하지만 정량적으로 정확한 정보를 제공해주지는 않는다. 주거지 수는 대체로 인구에 비례한다고 볼 수 있으므로, 이 자료는 과거 인구 변화의 프록시 자료로 자주 활용된다.

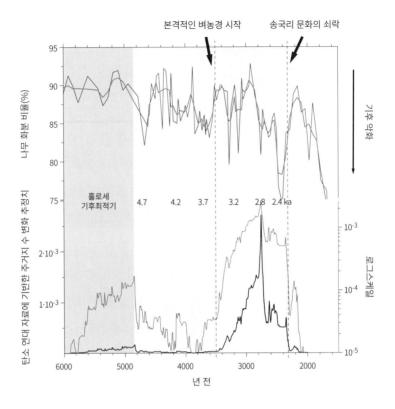

그림 11.5 홀로세 기후최적기 이후 한반도에서 나타난 단기 기후 악화 전라남도 광양의 나무 꽃가루 비율 변화가 나타내는 홀로세 후기의 기후 변화와 당시의 한반도 주거지(인구) 수 변화가 관련이 있어 보인다. 약 2300년 전 한반도의 송국리 문화는 갑작스러운 기후 악화와 함께 사라졌다.

지기 시작한 시기, 즉 벼농경민이 한반도로 이주한 시기를 대략 3600년 전으로 추정한다.[15]

집약적 벼농경의 시작과 그에 따른 인구 증가는 2800년 전에 절정에 이르렀던 송국리 문화와 깊은 관련이 있다. 송국리 문화는 우리나라 선사 시대의 대표적인 문명으로 대략 3000년 전부터 집약적인 수도작을 기반으로 성장해 충청 이남의 광범위한 지역에 영향을 미쳤다. 그러나 벼농경에서 창출되는 잉여 생산물을 토대로 오랜 기간 번영을 구가할 것만 같았던 송국리 문화는 대략 2300년 전 갑작스럽게 종적을 감추고 만다.

송국리 문화의 쇠퇴와 야요이 문명의 출현

송국리 문화의 수수께끼 같은 소멸은 오랜 기간 국내 고고학계의 관심을 끌었다. 특히 주목했던 부분은 송국리 문화가 사라진 이후 벼농경이 크게 쇠퇴했다는 점이었다. 수도작이 인구의 급증을 가져온 다음에 이처럼 외면을 당한 사례는 송국리 문화를 제외하면 한반도뿐 아니라 동아시아 전체에서도 찾기 힘들다. 한반도에서는 원삼국 시대가 시작되기 전까지 일시적으로 벼농경이 물러나고 수렵과 채집이 다시 강화되는 독특한 모습이 나타났다. 이에 국내 고고학자들은 송국리 문화의 전파와 쇠락에 많은 관심을 갖고 오랜 기간 논의를 지속해왔다. 하지만 아직도 이 문화가 단기간에 소멸한 이유를 명확하게 제시하지 못하고 있다.[16] 그런데 최근 광양에서 보고된 고기후 자료는 그 원인이 기후 변화에 있을 가능성을 강하게 시사한다(그림 11.5).[13]

2800~2700년 전 한반도의 기후는 갑자기 나빠졌다. 소위 2.8ka 이벤트라 불리는 갑작스러운 단기 가뭄이 발생한 것이다. 이 기후 이벤트는 지금까지 유럽 학계[17]에서 주로 보고되어 동북아시아 지역에서의 존재 여부는 알 수 없었으나, 광양의 꽃가루 자료는 2.8ka 이벤트의 여파를 확실히 보여주고 있다. 이 시기에 퇴적된 전체 꽃가루 중에 나무 꽃가루의 비율이 현저하게 떨어지는데, 이는 가뭄으로 나무의 꽃가루 생산성이 크게 감소했음을 의미한다. 흥미로운 것은 이 시기에 주거지 수도 큰 폭으로 줄어들었다는 사실이다. 주거지의 수가 크게 감소한 원인은 어디에 있을

까? 기후 악화 탓에 작물 생산량이 급감해 많은 사람이 기아에 시달리다 죽었을 수 있다. 혹은 먹을거리의 부족을 만회하기 위해 수렵·채집 활동을 재개했거나 벼농경에 적당한 환경을 찾아 끊임없이 이동한 결과 주거지 수가 감소했을 수 있다. 두 경우 모두 당시의 조악한 초기 벼농경 기술을 고려할 때 충분히 있음 직한 상황들이다. 당시 집약적 벼농경에 따른 인구 급증은 불안정한 초기 농경 사회의 지속 가능성을 현저하게 떨어뜨렸을 것이다. 벼는 물을 좋아하는 아열대 작물이므로 과거 한반도에서는 기후 여건이 작황을 크게 좌우했다. 약간의 기후 변화라도 당시 사회에는 큰 충격으로 다가왔을 가능성이 크다.[18]

초기 정착 농경민은 이전의 수렵·채집민과 비교했을 때 기후 변화에 대한 적응력이 뒤처질 수밖에 없었다. 기후가 악화되었을 때 소수의 수렵·채집민은 좀더 나은 곳을 찾아 이동할 수 있었다. 평소에도 지속적으로 움직이는 이들에게 소규모 기후 변화는 큰 부담이 아니었다. 그러나 이미 정착 상태에 들어선 농경민에게 기후 변화는 악몽과도 같았다. 미세한 기후 변화에도 농경 사회는 크게 흔들렸다. 작황이 부진하다 해서 터전을 버리고 움직이는 것은 도박과 같은 행위다. 그들은 임박한 기후 변화에 대부분 적절한 결정을 내리지 못한 채 고스란히 피해를 감수했을 가능성이 크다. 양호한 환경 조건에서 농경을 시작한 초기 경작민은 저장의 필요성을 인식하지 못하고 약간의 잉여 산물에도 충분히 만족했다. 그들이 갑작스러운 기후 악화가 가져온 생태적 충격을 극복하기란 쉽지 않은 일이었다.

장기간 가뭄에 시달리던 송국리의 초기 농경 사회를 한번 상상해보자. 수확량 감소와 기근은 부족의 인구를 크게 감소시켰다.

사망률은 점점 높아지고 출생률은 낮아졌다. 사회적 지위가 낮은 계층의 피해가 더욱 두드러졌다. 빈곤한 영양 상태 탓에 질병에 취약해진 사람들 사이로 전염병이 창궐했다. 부족의 우두머리는 기후 변화에 따른 기근으로 자신의 권위가 무너지고 있음을 느끼지만, 이러한 상황 속에서도 기근 문제를 해결할 방안을 내놓지 못했다. 오히려 재난 상황을 타개하기 위해 이미 심신이 피폐해질 대로 피폐해진 부족 구성원에게 이전과 같은 수준의 세금을 요구했다. 더 참을 수 없게 된 구성원들은 봉기를 일으키고, 동시에 새로운 곳으로 떠나려는 욕구가 팽배해졌다. 극심한 기근과 사회 혼란을 뒤로하고 더 나은 곳을 향해 이주를 결심하는 사람이 속출했다. 이 중에는 생면부지의 땅을 찾아 바다를 건너는 모험을 단행하는 이들도 있었다.

송국리 문화는 대략 3000년 전부터 금강 중하류를 중심으로 발전했다고 알려져 있다. 이후 2700~2400년 전에 이르면 전라도와 경상도 서부의 기존 문화들이 대부분 송국리 문화로 대체되는 모습이 나타난다.[18] 이러한 남쪽으로의 문화 확산이 앞에서 설명한 대로 2800년 전의 기후 악화와 관련이 있지는 않을까? 농경민들이 기후적으로 벼농경에 유리한 지역을 찾아 이주하면서 송국리 문화 유형은 점차 남쪽으로 전달되었을 것이다. 이들 중 일부는 아예 바다를 건너 일본 규슈 일대에 도착해 일본의 야요이 시대를 열었다. 벼농사는 온난 습윤한 규슈 지역에서 훨씬 수월하게 이루어질 수 있었다.

한반도에서 건너간 야요이인은 수도작의 높은 생산성을 기반으로 점차 인구를 늘려갔다. 그들은 단기간에 당시 일본 열도에서 수렵·채집으로 삶을 영위하던 조몬인들을 몰아내거나 동화시

컸다. 이때 북쪽으로 밀려나간 조몬인의 후손들이 홋카이도의 원주민인 아이누족이다. 아이누족과 류큐인을 제외한 일본인 유전자의 80퍼센트 이상이 야요이인들로부터 왔으므로,[19] 일본인들에게 한반도의 농경민이 이주한 사건은 매우 중요한 의미를 지닌다. 오랫동안 일본의 야요이 문화는 대략 2500~2300년 전부터 시작되었다고 여겨졌다. 그러나 2000년대 초반 일본의 고고학자들이 야요이의 시작 시점을 500년 더 이른 3000년 전까지로 소급시키면서 논란을 불러왔다. 지금은 이보다 조금 늦은 약 2800년 전부터 야요이가 시작됐다는 것이 중론이다. 일본과 한국의 연대 측정 자료들 또한 이를 지지한다.[20] 최근의 유전자 분석 결과를 봐도 한국인과 일본인이 분리되는 시점은 대략 2800년 전이다.[15] 이러한 연구 결과들은 2800년 전부터 갑작스러운 기후 변화의 충격으로 농경민들이 남쪽으로 이주했고, 그들 중 일부가 일본으로 건너가 야요이 문화를 일으켰다는 가설과 시기적으로 잘 들어맞는다.

대략 2300년 전 남한 지역의 주거지 수는 크게 감소해 거의 찾아보기 힘든 수준까지 떨어졌다. 송국리 문화가 소멸한 것이다. 광양의 꽃가루 자료는 한반도에 2800년 전의 가뭄에 이어 2400~2300년 전 다시 한번 큰 가뭄이 닥쳤음을 보여준다. 앞에서 언급했듯이 농경을 받아들인 후에 송국리 문화와 같이 농경 활동의 심각한 쇠퇴가 나타나는 경우는 흔치 않다. 기후 변화가 농경의 생산성에 직접적으로 영향을 미쳤을 뿐 아니라 다른 사회, 문화, 환경 요소 또한 크게 자극하여 당시 사회의 토대가 뿌리째 흔들렸을 가능성이 크다.

최근 중국 학자들의 연구 결과 홍산 문화나 이후의 샤자뎬 문화 등 랴오허 유역에 위치했던 고대 사회들의 성쇠 또한 홀로세 중후기에 나타난 500년 주기의 기후 변화에 의해 좌우되었음이 밝혀졌다.[21] 기후가 나빠질 때마다 주거지 수와 인구수가 감소하는 모습이 나타났는데 한반도의 상황과 매우 유사했다. 한반도의 송국리 문화가 쇠퇴하던 2700년 전 이후, 동시기에 랴오허 유역에서 발생한 기후 난민들 가운데 일부는 분명 랴오둥 지역 사회를 자극했을 것이다. 랴오둥의 주거민들은 도미노와 같이 한반도로 밀려 내려왔을 것이고, 가뜩이나 기후 변화 때문에 어려움을 겪던 한반도 사회는 설상가상으로 이주민 문제까지 겹치면서 더 이상 회복이 힘든 상태까지 내몰렸을 것이다.

게다가 당시 한반도 사회는 이미 지속 가능하지 않은 상태였을지 모른다. 생산성이 높은 수도작이 시작되면서 환경의 수용 능력을 초과할 정도로 인구가 급증했기 때문이다. 2900~2800년 전 급격히 증가하는 주거지 수를 보라(그림 11.5). 이런 상황에서는 약간의 기후 변화라도 큰 충격으로 이어질 수 있다. 낯선 이주민과의 갈등 그리고 인구 급증에 따른 환경 훼손은 기후 변화로 먹을거리가 부족했던 당시 상황을 더욱 악화시켰을 것이다. 따라서 기후 변화로 벼농경이 힘들어지면서 송국리 문화가 단기간에 쇠락하였다는 가설이 그리 억측으로 느껴지진 않는다.[18]

두 번의 기후 변화를 거치면서도 생존한 농경민들은 수렵·채집에 귀의한 사람들을 뒤로한 채 벼농경에 적당한 지역을 찾아 계속 남쪽으로 나아갔다. 그리고 그들 중 일부는 바다 건너 섬나라로 향했다. 이미 오래전 일본 규슈로 건너가 살고 있던 사람들에게 그 지역에 대한 여러 정보를 들어온 터였다. 규슈가 농사 짓기에 더 좋은 땅이라는 소문은 이미 한반도 농경 사회에서는 공공연한 사실이었다. 한반도에서 건너간 벼농경 집단에 의해 규슈의 인구는 기후의 뚜렷한 악화에도 불구하고 오히려 증가하게 된다.[22] 급기야 현 일본의 근간이라 할 수 있는 야요이 문명의 탄생으로까지 이어졌다. 당시 대부분의 동북아 지역에서 볼 수 있던 혼란과는 전혀 다른 모습이었다.

제주의 송국리 문화와 오름

바다를 건너기로 결심한 송국리 문화인들은 일본의 규슈뿐 아니라 제주도에도 도착했다. 섬에 도착한 후 이들은 대대손손 제주도의 생태계를 어지럽히고 원래의 경관을 송두리째 바꿔놓았다. 그들의 적극적인 교란 행위 덕에 현재 제주도의 아름답고도 독특한 풍광이 만들어졌으니 환경 훼손의 주범으로 여긴다면 그들이 억울하지 않을까라는 생각이 든다. 정리되지 않는 원시림보다는 인간의 때가 적당히 묻은 경관이 오히려 인간들에게 편안함을 주기 마련이다.

제주도 하면 한라산이 먼저 떠오르지만 넓은 초지와 오름으로 구성된 중산간 지대 또한 제주도의 상징으로 부족함이 없다. 곶자왈*과 오름이 빚어내는 이국적 경관 덕에 제주도는 동북아시아에서도 손꼽히는 관광지가 되었다. 중산간 지대의 초지는 제주도의 온난·습윤한 기후와 전혀 어울리지 않는다. 오랫동안의 목축 활동의 결과로 나타난 인위적인 경관이다. 중산간의 수많은 오름은 형태가 매우 다양하다. 초지로 이루어진 오름도 있고 정상에

---

*   곶자왈은 제주어로 숲을 뜻하는 '곶'과 가시덤불을 의미하는 '자왈'이 합쳐져 만들어진 단어다. 용암류가 식으면서 형성된 불규칙한 모습의 암괴 위로 나무나 덩굴 식물이 뒤엉켜 원시림을 이루고 있다. 과거 경작이나 목축이 힘들어 버려진 땅이었지만 오히려 그 덕분에 생태계가 온전하게 보존되어 제주도의 중요한 자연 경관으로 자리 잡을 수 있었다.

그림 11.6 제주도의 오름 용눈이오름의 초지와 물영아리오름의 습지.

화구호와 함께 습지가 형성된 오름도 있다(그림 11.6).

송국리 문화인이 제주도로 건너가기 전 중산간 지대는 참나무, 서어나무, 느릅나무 등이 밀생하던 산림지대였다. 지금 이곳은 대부분이 초지로 이루어져 있다. 만약 인간의 교란이 없었다면 중산간 전체가 울창한 숲으로 덮여 있었을 것이다. 목축에 적합하지 않아 인간의 훼손을 피할 수 있던 중산간의 일부 곶자왈에 아름드리나무가 무성하게 자라고 있는 것만 봐도 제주 환경에 맞는 식생이 풀이 아니라 나무라는 것은 분명한 사실이다. 그러나 농경민이 도래하기 한참 전에도 마치 인위적으로 훼손된 것처럼 일부 오름은 제주 기후에 어울리지 않는 모습을 띠고 있었다. 오름 중에는 나무가 아닌 풀만 자라는 것들이 다수 존재하는데, 이는 오름의 지형 및 토양 특성과 관련이 있는 것으로 보인다. 오름은 사면의 경사가 급할 뿐 아니라 스코리아scoria*로 이뤄진 토양이 오름 사면에서 쉽게 흘러내리기 때문에 수목이 정착하고 성장하기가 쉽지 않다.[23] 당시 중산간의 원시림 사이로 점점이 놓인 초지 오름들은 본토에서 제주도로 갓 건너온 송국리 문화인에게 분명 독특한 느낌으로 다가왔을 것이다.

그러나 희망을 안고 새로운 땅을 찾아 섬으로 건너온 농경민들은 엄청난 장벽에 부딪혔다. 섬을 샅샅이 뒤져봐도 벼농경이 가능한 곳을 찾을 수 없었다. 제주도는 화산섬 토양 특유의 높은 투수성 때문에 지표에서 물을 찾기가 어렵다. 송국리 문화의 특징인 수도작은 아예 불가능했다. 산지에서 소규모 화전은 가능했으나 이 또한 영양분이 부족한 척박한 토양 탓에 생산성이 낮았다. 낮은 생산성을 극복하기 위해 이들은 수렵, 채집, 어로 활동의 비중을 늘려야 했고, 주로 해안을 중심으로 살아가게 되었다.[24] 한편 중산간에서 화전을 기반으로 근근이 살아가던 소수의 농경민은 주변에서 흔히 볼 수 있던 오름에서 생계 문제를 해결할 수 있는

---

* 스코리아는 화산 활동 중 생성된 분출물로 다공질이며 어두운 색을 띤다. 제주어로 가벼운 돌이라는 뜻으로 '송이'라고도 불린다. 보통 난을 재배하거나 분재를 키울 때 많이 쓰는데, 최근에는 의약이나 미용 제품에도 활용되고 있다.

실마리를 찾았다. 오름의 초지가 목축 활동을 하기에 나쁘지 않았던 것이다. 목축이 작물 농경보다 유리하다고 판단한 제주도의 고대인들은 중산간 지대 전역에 걸쳐 대형 화입火入을 통해 초지를 조성하기에 이른다. 이러한 변화 과정은 제주도 오름의 꽃가루와 탄편 분석 결과에서 잘 나타난다.[25]

기후와 조화를 이루지 않는 중산간 지대의 초지가 도대체 어떻게 조성되었는지 그 과정을 여러 학자가 궁금해했다. 화전 농업의 결과라는 주장도 있었지만,[26] 소규모 화전 행위로 중산간 지대에 광활한 초지가 만들어졌을 가능성은 크지 않다. 일부는 중산간에 초지가 형성된 이유를 몽골군이 여몽전쟁의 승리 후 이곳에 설치한 대규모 말 목장에서 찾기도 한다. 몽골군이 13세기에 목장을 설치한 이후 중산간 지대의 초지 면적이 좀더 늘어난 것은 사실이다. 그러나 몽골인들이 제주도에 목마장을 설치해야겠다고 결심한 이유는 이곳의 초지 경관이 고향 땅의 초원과 유사하다고 느꼈기 때문이었다. 몽골 군대가 들어오기 전에 이미 중산간 지대는 제주도에서 살아가던 고대인의 목축 활동 때문에 크게 교란된 상태였다. 현재 중산간 지대의 독특한 초지 경관은 결국 제주도의 초기 농경민들이 목축의 가능성을 발견한 오름에서 비롯된 셈이다. 제주도의 오름이 사람들에게 다양한 영감을 주는 것은 예나 지금이나 마찬가지다.[23]

* * *

지금까지 홀로세 후기에 도래한 4.2ka 이벤트와 2.8ka 이벤트에 대해 알아봤다. 다음 장에서는 중세 온난기 그리고 소빙기와 같은 역사 시대의 기후 변화가 실제 인간 사회에 어떠한 영향을 미쳤고, 이에 대한 인간의 대응은 어떠했는지 검토해볼 것이다. 4.2ka 이벤트나 2.8ka 이벤트는 기후 변화의 규모 면에서 이후에 나타난 소빙기에 필적했음에도 일반인에게는 잘 알려져 있지 않다. 반면 소빙기는 추위와 함께 기근과 질병이 만연했던 시기로 악명이 높은데, 소빙기에 인구가 많아 그 피해가 더 클 수밖에 없었기 때문이다. 또한 소빙기와 관련된 문헌이 많이 남아 있어 당시의 피해상을 쉽게 접할 수 있었다는 점도 소빙기가 널리 알려진 이유였다. 현재의 기후 변화를 해석하고 미래의 기후 변화를 예측하고자 할 때 그리고 기후 변화가 미래의 우리 사회에 미칠 영향을 추정하고자 할 때, 먼 과거보다는 가까운 과거를 보여주는 고환경 자료가 더 중요할 수밖에 없다. 가까운 과거일수록 연대가 정확한 자료를 확보하기 쉽다는 이점도 물론 존재하지만, 지금까지 근과거에 대한 자료가 상대적으로 더 많이 축적된 것은 근본적으로 자료의 효용성 측면에서 차이가 있었기 때문이다. 다음 장에서는 이들 자료를 토대로 지난 1000년 동안의 기후 변화가 전 세계와 우리나라의 과거 사회에 미친 영향을 알아볼 것이다.

12장

작은 기후 변화가 인간 사회를 뒤흔들다

중세 온난기와 소빙기

중세 온난기Medieval Warm Period는 대략 기원후 900~1300년(더 좁게 보면 기원후 1000~1200년) 사이에 북대서양 주변 지역을 중심으로 기온이 상승한 시기다. 초창기 고기후학자였던 휴버트 램Hubert Lamb이 처음으로 이 시기에 대한 연구를 시작하고 관련 책들을 출간하면서 대중에게까지 알려졌다.[1,2] 지구 온난화에 대한 우려가 증폭되면서 기온이 높았던 중세 온난기에 대한 관심은 최근까지 상당히 높았다. 그러나 프록시 자료를 통해 이 시기의 기온을 복원해보니 일부 지역에서만 기온이 높았을 뿐이고 그마저도 현재의 기온과 엇비슷한 수준이었다.[3] 무엇보다 중세 온난기와 현재의 기후 메커니즘이 서로 다르다는 점이 강조되면서 중세 온난기의 기후 변화 연구는 차츰 시들해지는 모습이다.

중세 온난기의 기온 상승과 지금의 지구 온난화 경향은 여러 면에서 성격이 서로 다르다. 화석 연료의 남용으로 불거진 지구 온난화는 전 지구에 영향을 미친다. 즉 모든 지역의 기온이 동반 상승하는 것이다. 이산화탄소나 메탄가스 같은 온실 기체는 특정 지역에만 고농도로 분포하지 않는다. 반면 중세 온난기는 전 지구적인 현상이 아니라 국지적인 현상이었다. 기온의 상승은 주로 북유럽을 중심으로 나타난 현상으로, 오히려 기온이 하강한 지역도 존재했다.[3] 아시아의 경우, 기온보다는 강수량의 변화가 주된 기후 변화였다.

따라서 이 시기의 특징을 기온의 상승이 아닌 기후의 변화에 두고, 최근에는 중세 온난기라는 명칭 대신 중세 기후 이상기Medieval Climate Anomaly라는 단어를 주로 사용하는 편이다. 그럼 중세 온난기의 기후 변화는 왜 그리고 어떻게 나타난 것일까? 학자들은 이 시기에 북반구의 화산 폭발이 감소했으며 태양의 흑점 수가 증가했다는 사실을 그 이유로 들고 있다. 화산 폭발의 감소와 흑점 수의 증가로 지표면으로 유입되는 태양 복사에너지가 증가하면서 기온이 상승했다는 것이다. 나중에 자세히 설명하겠지만 중세 온난기 이후 소빙기에는 정반대의 조건에서 기온의 하강 국면이 나타나게 된다.

중세 온난기 연구에 천착한 휴버트 램에 대해 좀더 알아보자. 그는 영국의 기후학자로 이스트앵글리아대학교의 기후연구소Climate Research Unit를 처음 창설한 사람이다. 이스트앵글리아대학교는 케임브리지나 옥스퍼드와 같이 세간에 잘 알려진 대학은 아니지만, 이 대학의 기후연구소만큼은 꽤 유명하다. 자체적으로 확보한 수많은 기후 자료를 기반으로 전 세계 기후 변화 연구를 선도하고 있기 때문이다. 지구 온난화 문제로 자주 언급되면서 대학의 연구 기관으로는 드물게 대중의 관심도 받고 있다. 2009년에는 연구소 서버가 해킹당하면서 수천 개의 이메일과 문서가 공개되기도 했다. 지구 온난화에 대해 회의적인 단체들이 당시 공개된 문서들을 검토한 후 기후연구소 자료 중 상당수가 조작되었다는 음모론을 제기하면서 연구소는 더욱 유명세를 탔다. 그러나 학계에서의 결론은 "자료 중 일부가 조작되었을 가능성을 배제할 수는 없으나 인간에 의한 지구 온난화는 부정할 수 없는 사실이다"였다.[4]

 램은 중세 온난기 그리고 소빙기와 관련해 초기 가설을 세운 사람이다. 그는 서유럽의 식물, 문헌, 기상 자료 등을 분석한 후 중세 온난기의 존재를 확신했다. 1965년 출간된 논문에서 그는 자신의 논리를 뒷받침하는 다양한 증거들을 제시했다.[1] 이 논문에 따르면 중세 온난기 들어 기후가 따뜻해지면서 그린란드 바이킹의 무덤 깊이는 깊어졌고, 바다에 떠다니던 빙산은 거의 사라졌다. 또한 북대서양의 해수면 온도는 상승했고 북아메리카 이누이트 원주민들의 거주 영역은 북쪽으로 확대되었다. 그러나 이후 한랭한 소빙기의 도래로 기온이 점진적으로 낮아지면서 국면이 전환되기 시작했다. 중세 온난기에서 소빙기로 이행될 때, 특히 유럽의 기온 하락이 뚜렷했다. 예를 들어 영국에서는 1200년경(중세 온난기)과 1600년경(소빙기)의 평균 기온 차이가 1.2~1.4도에 달했다.[1]

기후로 본 바이킹의 흥망성쇠

 중세 온난기에 대해 이야기할 때 빠지지 않고 등장하는 것이 그린란드의 바이킹이다. 온화한 기후 덕을 조금 보긴 했지만, 그린란드의 바이킹은 문명인이 전무한 황무지를 개척하는 데 일가

그림 12.1 바이킹 정착지와 붉은 머리 에릭 그리고 그의 아들 레이프 에릭손의 항해 경로 빈란드는
캐나다의 뉴펀들랜드섬을 포함한 북아메리카의 북동부 해안 지역을 가리키는 과거 바이킹식 이름
으로 이 지역에는 당시 바이킹이 아메리카를 탐험한 흔적이 남아 있다.

견이 있던 매우 진취적인 사람들이었다. 그러나 그들의 이야기는
주로 환경 변화에 적극적으로 대응하지 못하고 소멸된 과거 문명
의 사례로 언급되는 경우가 대부분이다.[5] 여기서는 그린란드 바이
킹의 안이했던 상황 판단을 안타깝게 바라보기보다는 홀로세 후
기의 기후 변화가 당시 바이킹의 삶에 미친 영향을 중심으로 간략
하게 서술할까 한다.

　바이킹이 그린란드 서남부에 발을 처음 내디딘 시기는 대략
10세기 후반이었다(그림 12.1). 그린란드에서 바이킹이 모두 사라
진 때가 15세기이니 대략 400~500년 정도 이곳에서 거주한 셈이

다. 그린란드의 기온이 최고점을 찍은 1100년경, 바이킹은 그린란드 서남부에 본격적으로 정착하기 시작했다. 그린란드의 바이킹 인구는 절정기 때 3000명에 달했다. 기온이 높아진 지역은 그린란드만이 아니었다. 그린란드의 기온이 최고치를 기록한 이후 100~200년간은 유럽 전역이 전례 없이 따뜻한 기후를 경험했다. 노르웨이에서 밀을 재배했으며 아이슬란드에서 귀리와 보리를 재배했다. 위도상 포도 재배가 어려운 스코틀랜드에서 와인을 제조하기도 했다.

그린란드와 아이슬란드, 이들 섬의 자연환경에 대해서 조금이라도 아는 사람들은 섬 이름을 이해하기 힘들 것이다. 북반구에서 가장 큰 빙하가 지표 면적의 대부분을 차지하고 있는 섬을 그린란드Greenland라 부르고, 오히려 일부만 빙하로 덮여 있는 섬을 아이슬란드Iceland라고 부르니 말이다. 그린란드라는 지명의 어원을 따지고 들어가기 전에 우선 한 인물에 대해 알아보자. 아이슬란드의 사가saga[*]는 그린란드를 개척한 붉은 머리 에릭Erik the Red을 자세히 기술하고 있다. 그는 노르웨이에서 태어난 후 아이슬란드로 건너가 살아가던 중 살인죄로 추방을 당한 인물이다.

붉은 머리 에릭은 추방당한 3년 동안 가족들과 함께 당시 얼음의 땅으로 알려져 있던 미지의 그린란드로 건너가 지냈다. 에릭은 추방 기한이 끝나자 다시 아이슬란드로 돌아왔는데 이유는 분명했다. 그는 자신의 성공 여부가 얼마나 많은 사람을 아이슬란드에서 그린란드로 불러올 수 있느냐에 달려 있다고 생각했다. 그린란드라는 멋들어진 이름은 황량하고 차가운 섬을 매력적인 곳으

---

*   중세 아이슬란드에서 오래전부터 전해오는 이야기를 엮은 장편 산문이다.

로 포장해 사람들을 꾀기 위한 그의 얄팍한 수였다.[6] 이름이 효과가 있었는지 그는 아이슬란드에 거주하던 이들을 25척의 배에 태우고 그린란드로 향하는 데 성공한다. 그중 11척은 그린란드에 도착하지 못했지만, 나머지 14척의 배는 무사히 도착해서 당시 그린란드에서 유일하게 농경이 가능했던 서남부에 정착할 수 있었다.[7] 의도가 어찌 됐든 붉은 머리 에릭 덕분에 현재 표면의 81퍼센트가 얼음으로 덮여 있는 빙토가 아이러니하게도 '녹색의 땅'으로 불리고 있다.

에릭은 모험 정신이 투철한 탐험가였다. 에릭의 기질을 이어받은 맏아들 레이프 에릭손Leif Erikson은 광대한 그린란드를 돌아다니는 것만으로는 부족했는지 아메리카 대륙까지 탐험을 한다. 그는 지금의 캐나다 뉴펀들랜드섬에 도착한 것으로 추정된다. 콜럼버스보다 500년 앞서 아메리카 대륙을 발견한 것이다. 우리에게는 잘 알려지지 않은 인물이지만, 미국 내에는 이 진정한 신대륙 발견자를 기리는 동상이나 흉상이 생각보다 많다.

12세기 중반까지 그린란드 서남부에는 280여 개의 농장에 3000명 이상의 사람들이 모여 살고 있었다.[8] 주민의 수만 보면 자연환경의 제약을 극복하고 지속 가능한 삶을 누리고 있었을 것으로 생각하기 쉽지만 그렇지는 않았다. 수십 년 전부터 조금씩 차가워지고 있는 기후 탓에 농경이 어려워지면서 매해 궁핍한 생활을 견뎌내야 했다. 기온의 하강으로 하나둘 늘어가는 빙산은 그들에게 또 다른 걱정거리였다. 바다 위 빙산 수가 증가하면서 그린란드를 오가는 선박의 수가 크게 줄었기 때문이었다. 북유럽의 상인 입장에서는 빙산을 피해 남쪽으로 우회하는 운항 방안도 있었지만 경제적이지 않았고 무엇보다 빙산과의 충돌 위험성을 고려하지 않을 수 없었다.[9] 작물 생산량이 감소하고 대륙에서 부족한 식량을 조달하기도 어려워지다 보니 주민들의 영양 상태는 눈에 띄게 나빠졌다.

당시 주민들은 먹을거리의 부족으로 사회 자체가 소멸되어 가는 와중에도 비교적 손쉬운 어로 행위에 눈길을 돌리기보다는 어려운 농경과 목축에만 매달렸다. 결국 이러한 정착 생활에 대한 집착은 심각한 영양실조로 이어졌다. 정착 초기 그린란드 주민들의 키는 평균 170센티미터 이상이었으나, 1400년대에는 152센티미터에도 못 미쳤다.[2] 키가 무려 20센티미터나 작아졌으니 당시 상황이 얼마나 참혹했는지 충분히 짐작할 수 있을 것이다. 콜럼버스가 아메리카 대륙에 도착한 1492년, 그린란드의 바이킹 사회는 완전 소멸된 상태였고 아이슬란드의 농부들은 굶주림에 지쳐가고 있었다. 반면 소빙기는 절정을 향해 내닫는 중이었다.

중세 온난기가 끝나고 기온이 하락하다

중세 온난기가 끝나는 1400년경부터 북반구 대부분 지역의 평균 기온은 감소하기 시작했다. 낮은 기온은 19세기 말까지 이어졌다. 지구상의 여러 곳에서 빙하가 확장하거나 전진했기 때문에 우리는 보통 이 시기를 소빙기라 부른다. 소빙기라는 이 명칭 또한 영국의 기후학자 휴버트 램이 처음 사용했다. 원래 소빙기는 일부 지역에 국한되어 나타난 국지적 한랭기로 여겨졌다. 그러나 지금은 전 지구적 현상이었다는 견해에 많은 학자가 동의하고 있다. 단, 발생 시기는 지역마다 약간씩 달랐으며 기온의 하강폭 등 변화의 크기 또한 천차만별이었다.[10]

당시 사회에 미친 영향이 컸기 때문인지 소빙기와 관련된 일화는 동서양 할 것 없이 기후 변화의 위험성을 알리는 글이나 다큐멘터리 등에서 쉽게 접할 수 있다. 그리고 지구 온난화에 대한 대중의 관심이 점점 높아지면서 가까운 과거의 기후 변화 사례 가운데 하나로도 자주 소개된다. '소빙기'는 학계에서만 통용되는 학술 용어가 더는 아니다. 그러나 여전히 소빙기의 기후 메커니즘에 대한 완전한 이해는 요원해 보인다. 예를 들어 산업혁명이 한창일 때 소빙기의 위력이 잦아들기 시작했는데, 당시의 기온 상승이 인간의 화석 연료 과용 때문인지, 자연적인 현상이었는지조차 명확하지 않다.

소빙기의 원인이나 메커니즘은 여전히 미궁 속에 있지만, 그 결과만은 분명히 알고 있다. 가까운 과거의 일이라 소빙기를 묘사하는 관측 기록, 일기, 공문서, 농장 기록, 항해 일지 등을 쉽게 구할 수 있기 때문이다. 이러한 문헌들을 통해 기후 변화가 사회에 미친 파장을 더욱 정교하고 면밀하게 밝혀낼 수 있다. 당시 한랭화로 가장 큰 충격을 받은 지역은 유럽이다. 따라서 소빙기와 관련해서는 유럽의 기록들이 특히 많으며, 그 내용도 다채로워 농업, 건강, 경제, 사회, 이주, 예술, 문학 등 전방위에 걸쳐 있다.

지금은 보기 힘든 모습이지만 소빙기의 네덜란드에서는 겨울철만 되면 운하가 얼어붙었다. 네덜란드의 화가들은 결빙된 운하 위에서 스케이팅을 즐기는 사람들을 생동감 있게 묘사하곤 했다. 그들의 그림은 소빙기 유럽의 사회 분위기뿐 아니라 겨울철 경관 또한 생생하게 보여준다(그림 12.2).

소빙기에 기온이 낮아지면서 알프스 산지의 빙하들이 점차 아래쪽으로 확장했다. 이는 무서운 자연재해로 이어졌다. 1595년에는 스위스의 기에트로츠 빙하에 가로막힌 드랜스강의 강물이

그림 12.2 헨드릭 아베르캄프Hendrick Avercamp의 1608년 작 〈스케이트 타는 사람들과 겨울 풍경Winter Landscape with Skaters〉

넘쳐 하류의 바그네 지역에 거주하던 주민 50명이 사망하는 피해가 발생했다. 1600년대에는 프랑스의 샤모니 빙하가 확장하면서 발생한 대홍수가 세 마을을 덮치기도 했다. 북유럽에서도 소빙기의 여파는 뚜렷했다. 1700년대에는 아이슬란드의 빙하가 갑작스럽게 커지는 바람에 인근의 농장들이 다수 파괴되었고, 노르웨이에서는 1710년부터 25년 동안 빙하가 한 해 평균 100미터씩 전진하는 극히 이례적인 변화가 관찰되기도 했다.[11]

소빙기의 기후 악화는 자연재해에 그치지 않았다. 기온이 내려가면서 영국인들은 중세 온난기 이후로 지속해온 포도 농사를 접을 수밖에 없었다. 포도주의 본고장인 프랑스에서도 포도밭 면적은 크게 감소했다. 유럽 전역에서 밀과 같은 작물의 생산량이 감소하면서 기근이 들었고 전염병이 창궐했다.[12] 엎친 데 덮친 격으로 루터의 종교개혁이 30년 전쟁을 촉발하면서 유럽 사회는 어찌할 수 없을 정도로 피폐해졌다. 당시 사회의 혼란을 수습하고 흉흉해진 민심을 달래기 위해서는 희생양이 필요했고, 이는 근거 없는 마녀사냥으로 이어졌다. 대개 점치는 무녀들이 마녀로 지목받아 화형을 당했지만 극히 정상적인 사람이 희생되는 경우도 비일비재했다. 특히 주변에 가족이 없으면서 부유했던 과부들이 억울한 누명을 쓸 때가 많았다. 소빙기에 마녀사냥이라는 미명 아래 처형된 죄 없는 여성들만 수십만 명에 달했다.

흑점 수와 유럽 밀 가격의 관계

소빙기가 위세를 떨치던 때는 과학 기술이 여전히 낙후된 시기였기 때문에 경제 상황은 기후 조건에 크게 좌우될 수밖에 없었다. 1801년, 영국의 천문학자이자 작곡가였던 윌리엄 허셜William Herschel은 경제학자 애덤 스미스Adam Smith의 《국부론The Wealth of Nations》에 포함되어 있던 유럽의 밀 가격 변동 자료를 태양 흑점 수 변화와 비교 검토한 후 흥미로운 사실을 보고했다. 그는 태양 흑점 수가 적었던 시기가 다섯 차례 있었는데 그때마다 밀 가격이 폭등했다고 주장했다.[13] 흑점 수의 변화가 밀의 작황에 영향을 미쳤다는 이야기에 많은 학자는 비과학적이라며 비웃었다. 그러나 점차 연구 결과가 축적되면서 허셜의 주장이 허무맹랑한 소리만은 아니었다는 것이 밝혀졌다. 허셜은 천왕성을 처음 발견한 천문학자로 유명한 사람이지만 고기후학계에서는 태양 흑점 수 변화가 기후 변화와 관련 있다는 사실을 처음으로 인식한 사람으로 회자된다.[14]

그렇다면 지난 1000년 동안 태양 흑점 수는 어떻게 변해왔을까? 나이테나 빙하 속에 포함된 방사성동위원소를 분석하면 과

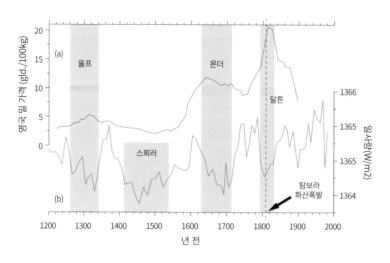

그림 12.3 영국의 밀 가격 변화와 일사량 변화 비교 연한 푸른색 막대로 표시된 극소기에 밀 가격이 대체로 높았음을 알 수 있다.

거의 흑점 수를 유추할 수 있다. 태양 흑점 수가 적은 시기를 학계에서는 극소기solar minimum라 부른다. 홀로세 후기의 중요한 극소기에는 흑점 연구자들의 이름이 붙어 있다. 1010년에서 1070년까지 흑점이 적었던 시기를 오르트Oort 극소기라 부르고, 1260년에서 1340년까지는 울프Wolf 극소기, 1410년에서 1540년까지는 스푀러Spörer 극소기, 1645년에서 1715년까지는 몬더Maunder 극소기, 1790년에서 1830년까지는 달튼Dalton 극소기로 부른다.[15, 16] 이들 중 몬더 극소기는 흑점이 거의 없다시피 할 정도로 크게 감소한 시기로 유럽에서 혹독했던 추위가 나타난 기간과 상당 부분 겹치기 때문에 일반인에게도 잘 알려져 있다.

학계에서는 윌리엄 허셜의 주장을 어느 정도까지 받아들여야 할지 여전히 논쟁 중이지만, 그의 생각대로 소빙기 유럽의 밀 가격은 태양 활동에 따른 기후 변화에 일부 영향을 받은 것으로 보인다.[17] 밀 가격은 1차적으로 1570년경부터 상승하기 시작해 1650년경까지 그 증가세가 이어졌다. 이후 100여 년 동안은 주춤했지만 1750년부터 재차 높아져 1800~1850년 사이에 정점에 도달했다. 1800년대 초, 영국에서는 밀 가격이 1500년대에 비해 무려 일곱 배 이상 뛰면서 과도한 식량 인플레이션이 심각한 사회 문제로 대두되기도 했다.[12] 그림 12.3에서 보듯이 모든 극소기 때 밀 가격이 높았던 것은 아니다. 그러나 이는 장기적인 변화를 비교했기 때문에 나타나는 모습일 수 있다. 실제 흑점 수와 밀 가격의 단기적인 변화를 비교한 연구에서는 두 변수 간 상관관계가 비교적 뚜렷했다.[17] 아직까지는 자료가 충분하지 않기 때문에 흑점 수 변화가 밀 가격에 지속적으로 영향을 미쳤다는 주장이 옳다고 단정하기는 어렵다.[18] 그러나 1800년대 초반 달튼 극소기에 영국을 위시한 유럽 전역에서 밀 가격이 급등했던 것은 명확한 사실이다. 흑점 수 감소에 따른 기후 변화의 여파일 가능성이 크다.

그런데 이 시기에는 유럽뿐 아니라 미국에서도 밀과 옥수수 가격이 치솟았다. 특히 1816년의 밀 가격은 전례 없는 상승폭을 기록했다.[19] 인도네시아의 탐보라 화산이 폭발한 해가 1815년이므로 그다음 해에 밀 가격이 폭등한 것이다. 지난 1000년 동안 지구의 기후 변화를 주도한 요인은 태양 활동과 화산 폭발이었다. 탐보라 화산은 달튼 극소기 때 폭발했다. 흑점이 적었던 시기에 화산이 폭발했으니 기온의 저하는 더욱 뚜렷했을 것이다. 게다가 분출 기둥이 무려 43킬로미터에 달했고 내뿜은 이산화황의 양만 60메가톤에 이르렀을 정도의 대형 폭발이었다. 이 폭발로 대기 중에 형성된 에어로졸의 양은 지난 100년 내 가장 강력했던 필리핀의 피나투보Pinatubo 화산 폭발 때의 여섯 배에 달한다.[20] 캐나다 허드슨만 지역의 1816년 연평균 기온은 평년보다 5~6도 낮았으며, 허드슨만 근해는 그해 여름 내내 얼어 있었다.[21] 중국과 인도에서는 흉작으로 농민들의 피해가 심각했다. 중국에서는 남서부 윈난의 피해가 특히 컸다. 1815년에서 1817년까지 3년에 걸쳐 이 지역 역사상 가장 심한 기근이 이어졌다. 냉해에 따른 흉작으로 먹을 것이 부족해져 굶어 죽는 사람이 속출했는데, 작물의 성장 기간인 여름철에 기온이 크게 떨어진 것이 주된 이유였다. 1816년의 8월 기온은 평년보다 3도 가까이 낮았다. 당시 먹을 것을 찾지 못한 주민들은 흙을 먹으면서 버텼다고 전해진다.[22]

미국에서는 1816년을 '여름이 사라진 해'라고 부른다. 그해 여름철 기온이 유례없이 낮았기 때문이다. 미국 북동부 버몬트주의 댄빌타운에서 발간된 주간지 《노스스타North Star》의 6월 15일자 기사를 통해 당시 상황을 생생히 접할 수 있다.

"6월 5일은 작년 9월 이후로 가장 덥고 습한 날이었다. 그러나 그날 밤에 요란한 번개가 치더니 다음날 아침은 벽난로를 때야 할 정도로 추위가 급습했다. 6월 6일 종일 11월 초 혹은 4월 초를 연상케 하는 차갑고 매서운 바람이 불었다. 아침 10시부터는 눈과 우박이 쏟아지기 시작했다. 차가운 돌풍이 저녁까지 계속되었고 겨울철 옷을 다시 꺼내서 입어야 할 정도로 추웠다."

"어제 저녁부터 밤새 비가 을씨년스럽게 내리다 아침에는 북동쪽에서부터 강한 바람이 불면서 폭우가 쏟아졌다. 폭우와 함께 차갑고 매서운 돌풍이 불었다. 아침 8시부터 급기야 눈이 내리기 시작했고 오후 2시까지 눈과 비가 오락가락하며 내렸다. 주변에 있는 산의 정상은 모두 눈으로 덮였다. 내가 경험한 날씨 중 가장 음울하고 특이한 날씨였다."[23]

1815년의 탐보라 화산 폭발은 비교적 최근에 발생한 데다 규모가 컸기 때문에 우리에게 잘 알려져 있지만, 소빙기에 폭발한 화산이 탐보라만 있던 것은 아니다. 1259년 멕시코의 엘치촌El Chichon, 1362년 아이슬란드의 외라이바이외퀴들Öraefajökull, 1479년 미국 워싱턴주의 세인트헬렌Saint Helens, 1783년 아이슬란드의 라키Laki 화산 등이 폭발해 북반구 기후에 큰 영향을 끼쳤다.[24] 이 같은 대형 화산들의 연이은 폭발은 소빙기 내내 기온이 낮게 유지되는 데 한몫했다.

19세기 초, 태양 활동 감소와 대형 화산 폭발에 따른 기온 하락은 유럽 전역에 광범위한 피해를 가져왔다. 먹을거리가 부족해지면서 거지는 늘어났고, 빈부의 격차는 날로 커졌다. 감옥은 범죄자들로 가득 찼고, 장티푸스나 펠라그라 같은 질병이 횡행했다. 그러나 유럽의 변방이던 아일랜드의 주민들에게 이는 단지 악몽의 전초전일 뿐이었다. 닥른 극소기의 기후 변화는 생활에 불편을 끼치는 정도에서 끝나지 않았다. 1800년대 초 유럽에서 이상 기후로 작황이 저조해지면서 곡물 가격이 급등하자 밀, 귀리 등 아일랜드의 작물은 당시 식민지배국이던 잉글랜드로 대부분 반출되었다. 아일랜드 주민들은 잉글랜드의 착취에서 벗어나고 척박한 환경에서 살아남기 위해 생산성이 높은 감자 재배에 매달릴 수밖에 없었다. 단일 작물 재배의 폐해는 심각했다.[*] 예고 없이 들이닥친 감자 역병으로 감자가 흉작이 들자 주민 대다수는 굶어 죽는 것 외에 다른 선택지가 없었다(그림 12.4). 1845년부터 1849년까지

그림 12.4 1847년 《런던뉴스London News》에 실린 삽화로 아일랜드 남부 코크주 스키베린의 상황을 묘사하고 있다. 기근으로 앙상해진 뼈를 드러낸 채 감자를 수확하고 있는 아일랜드 농민의 모습을 볼 수 있다.

4년이라는 짧은 시간 동안 아일랜드 사회는 감자 역병의 창궐로 거의 초토화되었다.[25]

아일랜드 대기근의 주된 원인은 물론 감자 역병이다. 그러나 기근의 피해가 전례 없이 확대된 이유는 아일랜드인이 감자 재배

---

* 아일랜드의 농민들은 럼퍼lumper라는 단 한 종의 감자만 키웠다. 1845년 여름 아메리카에서 아일랜드로 감자 역병균*Phytophthora infestans*이 유입되었고, 불행하게도 아일랜드의 럼퍼는 이 새로운 병원체에 대한 저항력이 없었다. 산업화된 농업에서는 생산성을 높이기 위해 유전적 다양성을 포기하고 단일 재배종을 선호하기 마련이다. 그러나 이러한 농경 방식은 예상치 못한 환경 변화에 취약할 수밖에 없다.

외에는 달리 살길이 없도록 만든 영국의 이기적인 식민지 정책에 있었다. 잉글랜드의 지주들과 영국 정부는 대기근의 근본 원인이 자신들에게 있음에도 원조를 요청하는 아일랜드 농민을 철저하게 외면했다. 애초에 개신교 신자였던 잉글랜드 지주들과 가톨릭을 믿는 아일랜드 농민들은 서로 공존하기 힘든 조합이었다.[26] 감자 대기근으로 100만 명이 죽고 100만 명 이상이 아일랜드를 탈출하면서 아일랜드 인구는 무려 20퍼센트 이상 감소한다.[25] 당시 대규모 이주의 결과 현재 미국에 거주하는 아일랜드계 주민은 전체 미국 인구의 10퍼센트에 달한다. 이와 같이 유럽 사회에 소빙기가 미친 직간접적 충격은 무척 컸다. 그렇다면 동시기에 한반도 상황은 어떠했을까?

건조했던 한반도의 중세 온난기와 여몽전쟁

극히 최근까지도 우리나라에서 근과거의 기후 변화를 보여주는 고해상의 고기후 자료를 찾기는 어려웠다. 고기후 연구의 주목적이 미래 기후의 예측에 필요한 정보를 제공하는 것에 있다고 한다면, 가까운 과거의 기후 변화 자료가 먼 과거의 자료보다 더 중요할 수밖에 없다. 특히 자연적으로 발생한 소빙기의 특징과 메커니즘을 정확하게 이해하는 것은 인간의 개입과 자연적인 변화 경향이 함께 어우러져 나타날 미래의 기후 변화를 예측하는 데 필수적이다.

우리나라에서 고기후나 고환경에 관심을 갖고 있는 연구자는 얼마 되지 않는다. 연구가 진행되지 않으니 자료가 축적되지 않아 한국에서는 고기후 자료가 필요할 때마다 중국의 연구 결과를 인용하곤 했다. 그러나 과거의 기후 변화는 지역별로 편차가 컸다. 수백 년 단위의 짧은 기간에 나타난 기후 변화는 특히 그러했다. 게다가 바다의 영향을 많이 받는 한반도와 그렇지 않은 중국 내륙 지역의 기후 변화는 질적으로 달랐다. 다행히 최근 고해상의 고기후 연구 결과들이 우리나라에서도 생산되기 시작하면서 한반도의 중세 온난기와 소빙기의 기후적 특성을 확인할 수 있게 되었다. 더불어 세밀하게 복원된 고기후 자료를 통해 당시에 나타난 기후 변화가 한반도 과거 사회에 미친 영향 또한 추론할 수 있게 되었다.

보통 몬순의 영향을 많이 받는 동북아시아 지역은 우리가 흔히 접하는 기상 용어인 '온난·다습'이나 '한랭·건조'와 같이, 기온이 상승하면 바다에서 수분이 많이 공급되어 습도와 강수량이 높아지고 반대로 기온이 낮아지면 건조해지는 경향이 뚜렷하다. 그러나 이는 일반적인 기후 성격이 그러했다는 것으로, 반대의 상황도 종종 나타나곤 했다. 몬순의 영향을 받는 동아시아와 달리 서부 유럽이나 서부 아메리카처럼 편서풍의 영향을 많이 받는 지역은 한랭할 때 습윤하고 온난할 때 건조해지는 경우가 오히려 일반적이다.* 따라서 온난했을 때 비교적 습윤했을 것이라는 단순 가정은 틀릴 수 있으니 유의해야 한다. 한반도에서 지난 1000년간 나타난 기후 변화가 그 사례다. 한반도의 중세 온난기는 상대적으로 건조했고 소빙기는 춥고 습했다.

한반도에서 중세 온난기가 그 전후 시기보다 따뜻했는지는 명확하지 않다. 그러나 중세 온난기 이후는 북반구 전역의 기온이 낮아진 소빙기였으므로, 중세 온난기의 기온이 뒤이은 시기보

---

* 서안해양성 기후나 지중해성 기후 지역에서는 편서풍대가 중위도로 확장되는 겨울철에 눈이나 비가 많이 내린다. 편서풍이 해양에서 생성된 수증기를 몰고 오기 때문이다.

다는 높았을 것이다. 몬순 지역의 고기후 자료에서는 보통 기온 변화보다는 강수량 변화가 뚜렷하게 나타난다. 한반도에서는 중세 온난기가 소빙기에 비해 강수량이 적었고 건조했다.[27] 건조했던 이유는 900~1300년 사이에 적도 태평양의 해수면 온도가 장주기 엘니뇨 조건에 있었기 때문으로 추정된다. 앞서 설명했듯이 정상적일 때보다 적도 동태평양의 해수면 온도는 높고 서태평양의 온도가 낮은 장주기 엘니뇨 상황이 오게 되면, 한반도로 전달되는 수증기의 양이 감소한다.

중세 온난기 중에는 1200~1300년 사이가 특히 건조했다.[27] 《고려사高麗史》는 당시의 가뭄으로 피폐해진 사회상을 상세하게 기술하고 있다. 《고려사》에 따르면 특히 고려의 23대 국왕이었던 고종高宗의 통치 기간(1213~1259년)에 가뭄에 따른 기근이 자주 발생했다. 고종 16년과 17년 두 해에는 심한 기근으로 길 위에서 굶어 죽는 이들이 속출했다.[28] 고종은 고려 왕 중 재위 기간이 가장 길었지만, 최씨 정권의 첫 번째 지도자였던 최충헌에 의해 왕으로 옹립되었기 때문에 왕좌에 있는 내내 최씨 일가의 전횡에 시달려야 했다. 또한 몽골의 침략으로 한반도에서 총 아홉 차례의 여몽전쟁(1231~1257년)이 일어나면서, 고종은 재위 후반부의 대부분을 참혹한 전쟁을 치르면서 보내야만 했다.

몽골과의 전쟁은 여러모로 이기기 힘든 싸움이었다. 몽골 제국의 강대함은 차치하고라도 무신정권의 횡포와 연이은 반란에 나라의 힘이 크게 위축되었다. 이에 더해 기후 상황 또한 절대적으로 몽골 편이었다. 몽골 초원이 일개 군인이었던 칭기즈칸이 지휘하는 소규모 기마 부대가 한반도에서 동유럽에 이르는 광범위한 영토를 정복한 비결은 무엇이었을까? 여러 가지가 있겠지만 기후 변화도 그중 하나였음이 분명하다. 칭기즈칸의 몽골군이 스텝 지역을 벗어나 정복 전쟁을 시작한 해가 1206년이다. 몽골의 나이테 분석 결과는 1211년경부터 강수량이 증가하기 시작해 1226년경까지 강수량이 높게 유지되었음을 보여준다.[29] 칭기즈칸은 사망할 때까지 쉬지 않고 정복 활동에 매달렸다. 1207년 탕구트족의 서하를 무너뜨렸고, 1211년 금나라를 침공해 세력을 크게 약화시켰다. 1218년 거란족의 서요를 멸망시켰고, 곧이어 중동의 호라즘 왕국을 공격했다. 칭기즈칸이 사망한 1227년에는 이미 만주에서 카스피해에 이르는 넓은 땅이 몽골 제국에 편입된 상태였다. 그가 죽은 후 1231년에 호라즘 왕국이 멸망했고 1234년에는 금나라가 무너졌다. 1279년 남송까지 함락하면서 몽골은 유럽과 인도 등을 제외한 유라시아 대부분의 영토를 지배하게 된다.[30]

13세기 초는 칭기즈칸의 정복 전쟁이 집중된 시기였다. 동시에 지난 1000년을 놓고 봤을 때 몽골 지역에서 가장 강수량이 높은 시기이기도 했다. 초원의 생산성은 최고에 달했고, 말을 먹일 수 있는 풀은 흔했다. 풍부한 사료는 기마병을 주축으로 하는 몽골 군대에 큰 힘이 되었다. 사실 학계에서는 오랫동안 몽골의 정복 활동은 기후 악화에서 기인했다고 보는 견해가 강했다.[31] 가뭄에 시달리다가 살아남기 위해 남쪽으로 이동했다는 주장이었는데, 최근의 연구 결과들은 정반대의 가설을 지지한다. 반면 같은 시기 고려에서는 가뭄과 기근으로 많은 백성이 빈궁한 삶을 견뎌내야 했으며, 불안정한 정치는 상황을 악화시키고 있었다. 고려는 물리적인 전력에서도 몽골에 현격하게 모자랐지만, 13세기의 가뭄은 고려에게 제대로 맞서 싸울 사기조차 허락하지 않았다.

경신대기근과 홍경래

한반도에서 중세 온난기가 끝나고 소빙기가 시작된 시점은 대략 1300년경이다. 소빙기 들어 중세 온난기에 강하게 나타났던 장주기 엘니뇨 현상이 눈에 띄게 약해지면서, 한반도에서는 강수량이 전반적으로 증가하는 추세를 보였다. 그러나 소빙기 내내 습하기만 했던 것은 아니었다. 소빙기를 구성하는 세 개의 극소기 가운데 스푀러 극소기(1410~1540년)와 달튼 극소기(1790~1830년)에는 기후가 건조해지는 경향이 나타났다. 그렇지만 몬더 극소기(1645~1715년)에는 흑점 수가 가장 적었음에도 다른 극소기 때와는 달리 오히려 습했다. 몬더 극소기에 적은 흑점 수에도 한반도가 습했던 이유는 이 시기에 적도 서태평양의 해수면 온도가 높았을 뿐 아니라 화산 활동 또한 저조했기 때문으로 판단된다. 상대적으로 스푀러 극소기와 달튼 극소기에는 화산 활동이 활발했다.[27] 그러나 이는 단순한 추정일 뿐이다. 한반도의 소빙기 기후와 관련해서는 여전히 밝혀져야 할 것들이 많다.

소빙기는 불과 수백 년 전에 있었던 기후 현상이다. 먼 과거의 기후 변화를 밝히기 위해서는 프록시를 통한 복원 외에는 달리 방법이 없지만, 소빙기와 같은 가까운 과거가 연구 대상일 때는 고문헌에서 관련 자료를 찾는 것이 좋은 연구 방법이 될 수 있다. 실제 우리나라의《조선왕조실록朝鮮王朝實錄》이나《증보문헌비고增補文獻備考》*등은 소빙기 기후를 복원할 단서가 된다. 그러나 이렇게 관에서 펴낸 문헌을 참고할 때는 문헌의 내용이 자연 현상을

---

* 1770년(영조 46)에 간행된《동국문헌비고東國文獻備考》를 개찬한 일종의 백과사전이다. 갑오개혁 이후 변화한 문물 제도를 반영하기 위해 대한제국 시기인 1903년부터 1908년까지 5년에 걸친 작업 끝에 완성했다.

객관적으로 서술한 것인지 의심할 필요가 있다. 과거 편찬자들이 정치적인 목적으로 기상 상황을 과장하거나 축소해 기록했을 가능성을 배제할 수 없기 때문이다.[32]

《조선왕조실록》의 기록을 토대로 조선 시대 소빙기의 원인을 운석 충돌에서 찾는 견해도 존재한다. 운석의 충돌이 일시적으로 기상에 영향을 주었을 수 있다. 그러나 앞서 설명했듯이 소빙기의 주요 원인으로 학계에서 유력하게 받아들여지고 있는 것은 태양 활동의 감소와 화산 활동의 증가다. 만약 운석의 충돌이 특정 시기에 유독 많이 발생해서 기후가 나빠졌다면, 세계적으로 같은 시기에 유사한 기후 변화가 나타났어야 한다. 이는 화산 활동이 폭발 지점만이 아닌 전 세계의 기후에 영향을 미치는 것과 같은 원리이다. 그러나 소빙기의 기후 변화 과정은 시기적으로, 지역적으로 천차만별이었다. 태양 활동과 화산 활동 외에 대기 순환이나 해양 순환 등도 소빙기 기후 변화에 깊숙이 관여했기 때문이다.

소빙기 연구가 활발한 중국이나 유럽에서도 소빙기의 원인으로 운석 충돌을 거론하는 논문은 거의 없다. 만에 하나 운석의 충돌이 소빙기 기후에 실제 영향을 미쳤다 하더라도 단지 여러 원인 중 하나일 뿐이다. 운석 충돌을 소빙기 기후의 절대적 원인으로 보고 이것을 지나치게 강조하는 것[33]은 학술적으로 엄밀해 보이지 않는다. 과거 문헌 속에 남아 있는 기록을 토대로 특정 시기의 기후 변화를 복원하는 것은 충분히 가능하다. 그러나 기후가 변화한 원인과 그 메커니즘까지 밝히려고 하는 것은 무모함에 가깝다. 기후 변화는 다양한 요인들이 함께 작용한 결과다. 과거 기록만으로 기후 변화의 복잡한 메커니즘을 이해할 수 있다고 생각하지 않는다. 더군다나 그 기록의 객관성을 완전히 신뢰하기도 어려운 것이 사실이다.[32] 단정적으로 결론을 내리기 전에 신중을 기할 필요가 있다.

본론으로 돌아가 우리나라의 고문헌에서 확인되는 소빙기에 대한 기록들을 살펴보자.《증보문헌비고》에는 1550년에서 1900년까지 소빙기의 대부분 기간 동안 대체로 강수량이 많았고 추웠다고 기술되어 있다.[34] 소빙기에 강수량이 많았다는 사실은 조선왕조실록에서도 찾아볼 수 있다.《조선왕조실록》의 〈현종실록〉에는 1670년(경술년)과 1671년(신해년)에 잦은 홍수로 심각한 흉작과 함께 전대미문의 대기근이 발생해 수많은 사람이 아사했다는 기록이 나온다. 이를 경술년과 신해년에 걸친 기근이었기 때문에 각 해의 앞 자를 따 경신대기근이라 한다. 20여 년 후에는 1695년부터 4년 동안 이어진 을병대기근이 발생해 재차 많은 피해를 보았다. 학계에서는 소빙기에 나타난 이상 기상 현상을 대기근 발생의 원인으로 보고 있다.[35]

기근이라는 말은 가뭄과 관련된 문제로 인식되기 쉽지만, 소빙기의 경신대기근이나 을병대기근은 봄철 냉해와 여름철 홍수 피해가 주된 원인이었다. 경신년 봄철은 이상하리만큼 우박과 서리가 잦았다. 초여름까지 우박이 떨어지는 바람에 농작물 피해가 컸다. 가뭄과 우박으로 봄철 파종에 어려움을 겪은 데다 태풍과 폭우가 여름뿐 아니라 초가을까지 계속되면서 전국에 흉년이 들었다. 특히 주요 식량 생산지인 호남의 피해가 컸다. 먹을 것이 부족해지자 전염병이 돌아 거리에는 시체가 넘쳐났다.[36]

두 차례의 대기근이 있은 후 1715년 즈음해서 흑점 수의 증가와 함께 몬더 극소기는 끝이 난다. 이와 함께 조선 후기 가장 추앙받는 두 왕이 연달아 즉위했다. 영조의 통치 기간은 1724년에서

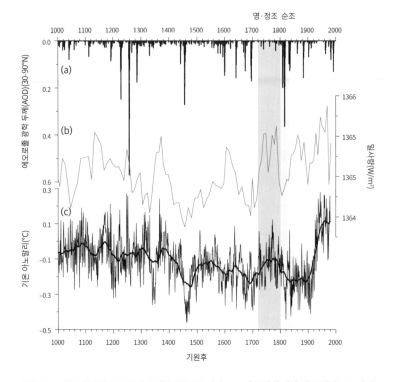

그림 12.5 화산 활동과 순조 통치 시기의 기온 (a) 지난 1000년 동안의 화산 활동 변화 프록시 자료. 빙하 속에 포함되어 있는 황산염의 양을 측정하여 화산 활동의 규모를 시기별로 복원한다. 화산 활동의 규모를 북반구 성층권의 에어로졸 두께aerosol optical depth(AOD)로 표현했다. (b) 태양 활동의 변화를 보여주는 과거 일사량total solar irradiance(TSI) 복원 자료. (c) 1961~1990년까지의 연평균 기온을 기준으로 한, 지난 1000년간의 북반구 기온 변화. 영조와 정조의 통치 기간과 뒤이은 순조의 통치 기간 사이에 기온 차이가 두드러진다. 영조나 정조의 시기와 달리 순조 재위기에는 태양 활동이 저조하고 화산 폭발이 잦았다. 특히 거의 동시에 나타나는 AOD와 기온 아노말리의 급격한 변화에서 알 수 있듯이 1815년 탐보라 화산 폭발이 기후에 미친 여파는 상당했다.

1776년까지였으며, 뒤이어 정조는 1776년부터 1800년까지 왕위를 지켰다. 달튼 극소기가 시작되는 시점은 1790년경이다. 따라서 영조와 정조의 통치 기간은 몬더 극소기와 달튼 극소기 사이 흑점이 많았던 시기, 즉 기후가 양호했을 가능성이 큰 시기와 일치한다. 후대로부터 높은 평가를 받는 두 왕의 치세가 온전히 그들의 정치적 능력에서 비롯된 것일까? 혹시 기후 변화의 도움을 조금이라도 받은 것은 아닌지 궁금해지는 지점이다.[33]

정조의 뒤를 이은 순조의 재위 기간은 1800년에서 1834년까지였다. 달튼 극소기와 정확히 겹친다. 순조가 왕위에 있던 시기 내내 세도정치와 탐관오리의 득세로 삼정은 문란했으며 백성들은 곤궁했다. 부패한 관료에 실망하고 지주들의 과도한 수탈에 지친 백성들은 봉기하거나 도적의 무리에 합류했다. 수해와 전염병까지 겹쳐 사회는 크게 혼란스러웠다. 당시 조선 정치의 폐단은 1811년 서북 출신의 몰락양반 홍경래가 평안도에서 사회 개혁을 기치로 봉기를 하게 된 계기가 된다. 비록 홍경래의 난은 이듬해 평정되었지만 그 여파는 이후에도 수십 년간 지속되어 농민 봉기나 모반이 끊이지 않았다. 엎친 데 덮친 격으로 1815년 탐보라 화산이 폭발해 1816년 극심한 흉년으로 이어졌다. 1816년의 호구조사 결과에 의하면, 인구가 2년 만에 무려 130만 명 이상 감소했다. 먹을 것이 없어 아사한 사람들 외에 도적으로 유입되거나 화전민으로 전락해 호구조사에 잡히지 않은 인구도 상당수에 달했던 것으로 추정된다.[37] 순조가 아버지 정조와 달리 무기력했던 군주로 평가받는 이면에는 기후 변화라는 피할 수 없는 저주가 있었는지도 모른다.

다양한 프록시 자료를 기반으로 구축된 북반구의 기온 변화 자료에서도 영·정조 시기와 순조 시기 간 기온 차이는 뚜렷하다.[38, 39] 그림 12.5에서 보듯이 1720년부터 1800년까지 비교적 높은 기온이 유지되다가 1800년경부터 갑자기 기온이 낮아지기가 시작해 1800년대 중반까지 감소 기조가 이어졌다. 이러한 기온 변화는 화산 폭발과 태양 활동의 변화에 기인한다. 영조와 정조 시기에는 태양 흑점 수가 증가하고 화산 활동이 저조해 기온이 전반적으로 높았던 반면, 순조 통치기에는 흑점 수가 감소하고 화산 폭발이 잦아 기온이 낮았다.

기후 변화와 왕조 교체

기후가 왕조의 성쇠에 중대한 영향을 미친다는 가설은 자연과학자들이 즐겨 다루는 주제다. 이웃 중국의 예를 한번 들어보자. 2008년 미국의 저명한 학술지《사이언스Science》에 중국 왕조의 흥망성쇠와 기후 변화가 직결되어 있다는 과감한 글이 실렸다.[40] 저자들은 석순의 산소동위원소 분석 결과를 토대로 지난 1800여 년간의 동아시아 몬순 기후를 복원했다. 그들은 태양 활동의 변화, 중국 기온의 증감, 고산 빙하의 전진과 후퇴 등이 모두 연결되어 있으며 기후 악화가 중국 왕조들의 멸망에 관여했다는 점을 강조했다. 당, 원, 명 사회가 불안해지고 멸망의 길로 들어서는 모든 순간에 태양 활동은 저조했고 몬순은 약해 가뭄이 들었다는 것이다. 반면 몬순이 강했던 북송 초기에는 반대로 농경 활동이 활발해지면서 인구가 급증했다(그림 12.6). 중국의 경우와 마찬가지로 우리나라에서도 왕조 교체의 한 원인을 기후 악화에서 찾으려는 학자들이 있다. 아직은 근거가 부족하기 때문에 학계에서 심각하게 받아들이지는 않는 분위기지만, 앞으로 심층적으로 파고들 만한 학술 주제인 것만은 분명해 보인다.

530년에서 660년 사이, 소위 '고대 후기 소빙기Late Antique Little Ice Age'[*]라 불리는 한랭기가 북반구의 여러 지역에서 나타났다.[41] 이 시기의 기후 한랭화를 가져온 요인으로는 536년과 540년에 발생한 두 차례의 대형 화산 폭발이 지목된다. 두 폭발 모두 기후에

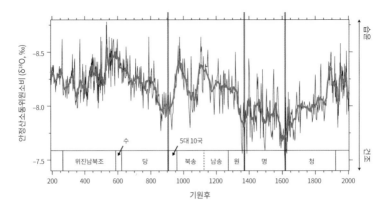

그림 12.6 중국 서북부 간쑤성 완시앙 동굴의 석순 δ¹⁸O 자료 당, 원, 명 왕조의 쇠락에 기후 악화가 일조했을 가능성이 크다. 당, 원, 명 세 왕조의 몰락 시점(빨간선)이 δ¹⁸O 값이 높았던 시기, 즉 기후가 건조했을 때와 거의 일치한다.

미친 파장이 컸지만, 특히 536년에는 전례 없는 이상 기상 현상이 기근으로 이어지면서 전 세계적으로 사회 혼란이 극심했다. 이후 다양한 양의 피드백이 작동하면서 화산 폭발로 야기된 추위가 예외적으로 오래 지속되었다. 7세기에 저조했던 태양 활동 또한 이때의 한랭화에 한몫한 것으로 보인다. 정확한 상관관계를 입증하긴 어렵겠지만, 고구려와 백제가 660년대에 무너졌으므로 고대 후기 소빙기의 기후 악화가 이들 나라의 기반을 약화시켜 멸망에 이르게 하는 단서를 제공했을 가능성을 배제할 수 없다. 실제로 《삼국사기三國史記》에는 536년과 537년에 고구려에서 가뭄을 비롯한 여러 자연재해가 발생해 기후 난민이 속출했다는 기록이 나온다.[42]

그림 12.7은 제주 물영아리 습지의 화분 분석 결과로, 과거

---

* 영국 케임브리지대학교 지리학과의 울프 뷘트겐Ulf Büntgen 교수를 위시한 연구진이 2016년 나이테 분석 논문에서 536년에서 660년까지 한랭했던 시기에 붙인 이름이다.

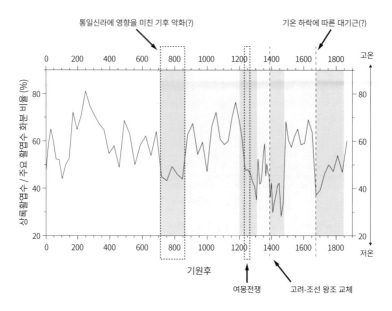

그림 12.7 지난 2000년간 제주도의 상록활엽수 화분 / 주요 활엽수 화분 비율 변화 자료 상록활엽
수는 기온에 민감하게 반응하므로 과거 기온 변화를 보여주는 프록시 자료로 참고할 만하다. 그래
프 안의 연한 푸른색은 냉량했던 시기, 연한 노란색은 따뜻했던 시기를 나타낸다.

2000년 동안 주요 활엽수 화분 대비 상록활엽수 화분의 비율이
어떻게 변화했는지를 보여준다.[43] 상록활엽수가 기온에 민감하
다는 점을 감안할 때 과거 제주도의 기온 변화를 나타내는 자료
로 볼 수 있다. 그림에서 보듯이 통일신라의 국세가 기울어가던
750~850년경, 제주도의 기후는 냉량한 경향이 뚜렷했다. 이러한
분석 결과는 통일신라의 멸망에 기후 변화가 일조했다는 일부 학
자들의 주장을 뒷받침한다.[44]

이후 850년부터 1200년까지는 온난한 기후가 전반적으로
우세했고, 여몽전쟁과 무신정권 시기라 할 수 있는 1200년부터
1300년까지는 냉량 건조했다. 그리고 100년 정도 상대적으로 온

난한 기후가 유지되었으나, 고려 말기인 14세기 후반부터 다시 냉량해지기 시작했다.[43] 따라서 14세기 후반 고려에서 조선으로의 왕조 교체 또한 기후 변화로부터 자유롭지 않아 보이는데, 이러한 가능성에 대해서는 역사학계에서 이미 다룬 바 있다.[45] 이와 함께 경신대기근과 을병대기근이 발발한 17세기 후반, 상록수 화분 비율이 크게 감소하는 모습 또한 당시 기온의 급작스러운 하락을 의미하는 것으로 볼 수 있다. 그러나 여기서 주의할 것은 이렇게 하나의 고기후 자료만을 토대로 추정한 가설에 너무 많은 의미를 부여해서는 안 된다는 점이다. 이와 관련된 논의의 진전이 있으려면, 우리나라에서 정확한 연대 측정치를 갖는 고해상의 프록시 자료가 더 많이 생산되어야 함은 물론이다.

우리나라 외에도 전 세계적으로 가뭄과 같은 기후 변화가 오랫동안 번성하던 문명을 쇠락시켰다고 여겨지는 사례는 많다. 앞에서 다룬 4200년 전의 메소포타미아 아카드 문명과 3200년 전의 서남아시아 청동기 문명, 1300년 전의 멕시코 테오티우아칸 문명, 1100년 전의 멕시코 마야 문명, 800년 전의 안데스 티와나쿠 문명, 550년 전 동남아시아의 앙코르 문명 등이 쇠퇴한 이유가 가뭄에 있다는 주장은 학계에서 널리 받아들여지고 있다.[46] 더 자세한 내용은 기후 변화와 문명의 위기를 다룬 4부에서 살펴보겠다.

기후의 힘과 결정론적 사고

이처럼 기후 변화가 과거 사회의 성패를 좌우했다는 가설을 단순히 흥미를 끌기 위한 환경 결정론적 주장으로만 치부하기에는, 둘 사이의 관계를 입증하는 자료들이 적지 않다. 실제로 20세기 초반만 하더라도 지리학계에서는 환경이 인간의 삶을 좌우한다는 '환경 결정론environmental determinism'이 지리학의 핵심 이론 가운데 하나로 자리 잡고 있었다. 오랫동안 기후와 환경이 인간 사회에 미친 영향력을 감안할 때 이 이론이 근대 지리학자들의 관심을 끈 것은 당연했다.

그러나 환경 결정론은 그 학술적 가치는 차치하고라도 도덕적으로 많은 결함을 안고 있는 이론이라 학계의 지속적인 지지를 받기가 어려웠다. 사회진화론과 결부되어 제국주의와 인종차별을 지지하는 수단으로 오용된 것이 치명적이었다. 게다가 당시 환경(기후)이 인간 사회의 성쇠를 좌우한다는 결정론적 인과관계를 입증하기에는 과학적 근거가 부족한 경우가 많아 성급한 일반화라는 비판 또한 피할 길이 없었다. 이에 프랑스의 지리학자인 비달 드 라 블라쉬Vidal de la Blache는 환경 결정론을 반박하면서 문화의 역할을 강조하는 '가능론possibilism'을 제시했고, 그 사조를 이어받아 미국의 역사지리학자 칼 사우어Carl Sauer는 환경 결정론의 비과학성을 혹독하게 비판했다.

현재, 환경 결정론은 지리학계에서 불미스러웠던 과거로 치부된다. 최소한 겉으로는 완전히 폐기된 것처럼 보인다. 그러나 재러드 다이아몬드Jared Diamond의 세계적인 베스트셀러인《총, 균, 쇠Guns, Germs, and Steel》(1997)의 성공에서 보듯이 환경 결정론은 변형된 형태로 여전히 살아남아 있다.《총, 균, 쇠》를 읽다 보면, 과거의 환경 결정론에서 인종차별적 요소만 제거되었을 뿐 나머지는 대동소이하며, '인간 사회의 성패를 결정한 주요인은 환경이었다'는 다분히 결정론적 인과관계가 책 전체를 관통하고 있다는 걸 알 수 있다. 최근에는 지구 온난화에 대한 대중의 우려가 높아지면서 환경(기후) 결정론적 사고가 지리학뿐 아니라 다양한 인접 학문 분야에서도 광범위한 인기를 누리는 중이다. 도덕적으로 옳든 그르든 이렇듯 끈질긴 생명력은 환경 결정론이 갖고 있는 힘을 대변한다.

오랫동안 대다수 인류학자와 역사학자는 기후 변화는 문명의 성쇠를 가져온 여러 원인 가운데 하나일 뿐 주된 동력은 아니었다는 생각을 유지해왔다. 그러나 이들 사이에서도 최근 들어 역사의 전개에 기후 변화의 역할을 더 적극적으로 탐색해야 한다는 목소리가 심심치 않게 나오고 있다.[47] 그런데 재미있는 것은 마야 문명의 소멸과 관련된 최근의 연구들이다. 1990년대 중반 이후 유력하게 받아들여진 '대가뭄 가설'의 허점이 여러 곳에서 드러나면서 오히려 지금은 사회·문화적 요인을 강조하는 기류가 다시금 힘을 얻는 모습이다.[48] 가설은 가설일 뿐이다. 과거를 연구하는 학자에게 영원한 정답이란 존재하지 않는다.

4부

기후 변화와 미래

13장

지구 온난화는 허구인가?

온실 기체와 기온 상승

우리는 왜 과거를 연구하는가? 과거에 벌어진 일들에 대한 호기심이 그 이유일 수 있다. 순수한 학술적 동기에 이끌려 연구를 시작하게 된 학자도 적지 않다. 그러나 과거 연구의 강력한 동기는 대부분 미래 인류의 삶에 도움이 될 만한 것들을 찾고자 하는 거창한 열망에서 기인한다. 미래에 도움이 되지 않는 과거는 의미가 없다고 극단적으로 생각하는 사람도 있다. 하지만 한편으로는 과거의 경험을 토대로 미래의 길을 설계하는 것이 현실적으로 가능한지 의구심이 드는 것이 사실이다. 과거의 상황과 앞으로 우리 앞에 놓일 상황은 크게 다른 수밖에 없기 때문이다.

개인적으로 과거로부터 미래 세대가 필요로 하는 정보들을 찾아낼 수 있는지는 우리의 꾸준한 노력과 세심한 관심에 달려 있다고 생각한다. 우리의 삶과 아무런 관계가 없어 보이는 과거의 사소한 일에도 참고할 만한 것들이 숨어 있을 수 있다. 과거를 공부하는 것의 목적이 반드시 미래의 삶에 필요한 무언가를 찾기 위함일 필요는 없지만, 그럴 수만 있다면 금상첨화다.

오랫동안 고환경 연구는 비과학적이고 비실용적이라는 오명을 떨쳐내지 못했다. 아무래도 입증이 불가한 과거의 일을 다루는 학문이다 보니 이런 비판은 자연스럽게 따라올 수밖에 없었다. 더불어 성장이 지상 과제였던 산업사회에서 과거에 관심을 가질 여유가 없었던 것도 고환경 연구의 더딘 발전에 한몫했다. 그렇지만 당장의 사회 발전에 큰 도움이 되지 못한다는 이유로 과거에 대한 연구의 가치를 무시하는 것은 근시안적인 행동이다. 연구 결과 하나하나는 비록 하찮게 보일지라도 이것들이 충분히 모이면 미래에 도움이 되는 중대한 발견의 초석이 될 수도 있다. 다행히 최근 과거 환경 변화의 중요성이 강조되면서 관련 연구에 대한 재정적 지원이 지속적으로 늘고 있다. 연구 결과의 효용성 또한 함께 상승하는 중이다.

IPCC 평가보고서가 처음 발간된 해가 1990년이다. 당시만 해도 관측 기록 이전의 기후 변화에 대한 관심이 그리 높지 않아 정밀하고 정확한 프록시 자료가 부족했고, 그 결과 고기후 연구가 갖는 의미에 회의적인 시선이 많았다. 그러나 2007년의 4차 평가보고서에는 미래 기후를 예측하고자 할 때 고기후의 정확한 이해가 중요하다는 주장이 반영되어 고기후를 다루는 독립된 장이 생기게 되었다. 그리고 이후 보고서에서도 고기후 자료를 분석하고 설명하는 글의 비중이 높아지고 있다. 프록시 자료와 모델링 결과를 바탕으로 정량적이고 통합적인 연구들이 속속 보고되면서 최근 수십 년 사이에 고기후 자료의 신뢰도는 크게 높아졌다. 그런데 만약 우리에게 '지구 온난화'라는 심각한 사회 문제가 존재하지 않았다면 고기후 연구가 지금과 같이 활발하게 진행될 수 있었을까? 미래 사회에서 필요로 하는 정보를 제공할 수 있을 때 과거 연구의 가치는 더욱 높아진다.

최근 들어 역사의 전개에서 기후 변화의 역할을 더 적극적으로 탐색해야 한다는 목소리가 심심치 않게 나오고 있다. 오래전에 발생한 일들이니 기후 변화가 과거 문명에 미친 영향을 밝히기는 쉽지 않을 것이다. 하지만 기후가 인간 사회의 진행 방향과 성패를 좌우한 요인 가운데 하나였음은 분명하다. 안정적이던 사회에 첫 파장을 일으킨 조그만 자갈이었을 수도 있고 사회가 변화를 겪는 와중에 박차 역할을 했을 수도 있다. 아니면 지지부진하게 이어지던 사회 변화를 끝낸 종지부였는지도 모른다.

물론 원시 사회의 성쇠를 결정한 요인은 기후 외에도 무수히 많을 것이다. 그러나 기후의 영향력 유무는 과학적인 분석을 통해 어느 정도 확인이 가능한 반면, 다른 사회적 요인은 기록이 부재한 경우 입증할 방법이 마땅치 않다는 어려움이 있다. 원시 사회의 변동 과정을 밝히는 일은 단순하게 일차적인 인과관계를 찾는 작업이 아니다. 설득력 있는 가설을 수립하고자 한다면 모든 가능성을 열어두고 당시의 사회 및 환경 조건들을 종합적으로 검토하는 열의가 필요하다. 과학적인 분석을 선호하는 고기후학자가 증거가 불명확하다는 이유로 다른 사회적 요인들의 중요성을 간과하는 것도 옳지 않으며, 인문학자가 고기후 연구들을 근거가 빈약한 결정론적 해석에 불과하다고 폄하하는 것도 바람직하지 않다.

만약 과거 문명들이 기후 변화에 많은 영향을 받은 것이 사실이라면 미래의 우리 사회 또한 기후 변화에서 파생되는 여러 문제로부터 자유로울 수 없을 것이다. 점차 심화되고 있는 기후 변화의 위협에 우리는 어떻게 대처해야 할까? 전 세계에서 미래의 지구 온난화를 우려하는 목소리가 크다. 그러나 안타깝게도 최근의 파리기후협약에서 보듯 정치적·경제적 이해관계로 복잡하게 얽혀 있는 국제 사회에서 온난화 문제의 해결은 요원해 보인다. 온난화가 앞으로 우리의 삶에 어떠한 파장을 미칠지 누구도 예측하기 어렵지만 아무 일도 없이 지나가지는 않을 것이다. 기후 변화가 필연이라면 새로운 환경을 오히려 발전의 기회로 삼는 역발상의 아이디어도 필요하다. 엄청나게 복잡해진 현 사회를 고려할 때 과거의 사례에서 미래에 도움이 될 만한 무언가를 찾기란 쉽지 않다. 그러나 남들보다 미리 예측하고 먼저 행동하는 사람에게 기회가 주어진다는 명제만은 과거, 현재 그리고 미래에도 변치 않을 것이다.

강대했던 문명이 '자연적'으로 나타난 홀로세 후기의 기후 변화에 타격을 입은 흔적들은 세계 곳곳에서 발견된다. 이전 빙기의 기후와 비교할 때 '변화'라는 단어를 쓰기에도 민망한 수준이었지만 그 파장은 적지 않았다. 과학 기술이 일천했던 시기였기에 약간의 기온 변화 혹은 강수량 변화라도 사회적 갈등을 일으키기에는 충분했다. 그렇다면 현재 우리가 겪고 있는 '지구 온난화'는 앞으로 어떠한 결과를 낳을까? '자연적'이지 않고 '인위적'인 지구 온난화 또한 과거와 같이 인간 사회에 큰 타격을 줄 만한 기후 변화일까? 미래에 대한 올바른 예측과 과학 기술의 개선을 통해 어떻게든 무마할 수 있지 않을까? 과연 국제 공조를 통해 지구 온난화를 막을 수 있을까? 지구 온난화에 수반되는 자연환경 변화에 우리는 어떻게 대처해야 할까? 모두 난해한 질문들이지만 과거에 그 답이 숨어 있을 수 있다.

지금 우리가 당면하고 있는 지구 온난화 문제는 과거를 이해해야 풀 수 있는 일이다. 지구 온난화는 자연적인 기후 변화에 화석 연료 남용과 같은 인위적 요인이 겹쳐 나타나는 기후 현상이다. 과거 기후의 분석을 통해 자연적인 기후 변화 메커니즘을 밝힐 수 있다면 일단 변수의 절반은 이해한 셈이 된다. 이 책은 주로 과거의 기후와 환경 변화를 살펴보고 이러한 변화들이 고대 사회에 미친 영향을 탐색하기 위한 목적으로 집필되었다. 그러나 과거를 이해하려는 목적 중의 하나가 미래를 현명하게 예측하는 것에 있으므로, 마지막 4부에서는 과거뿐 아니라 현재의 지구 온난화 그리고 미래의 대응 방향까지 함께 다루고자 한다. 우선 과거 기후 변화가 인간 사회에 가한 충격을 전 세계의 사례를 통해 좀더 알아보자.

기후 변화로 무너져 내린 문명들

홀로세 중기에 접어들면서 서남아시아를 중심으로 우르크Urk 와 같은 초창기 도시들이 나타나기 시작했다. 이후 수많은 도시국가의 탄생과 소멸이 이어졌다. 워낙 오래전의 일이라 시기별로 도시의 사회 변동을 유발한 내외부적 요인을 정확히 알 수는 없지만 이들 중 상당수가 기후와 연관되어 있었음이 분명하다. 그중에서도 대략 4200년 전에 발생한 가뭄은 특히 치명적이었다. 이 시기의 가뭄은 북반구 전역에 영향을 미쳤다. 아카드 제국, 이집트 고왕국, 인더스 계곡 문명 등 당시 주변을 호령하던 문명들 중 대다수가 비슷한 시기에 무너졌다. 4200년 전의 사회 격변은 기후 변화가 인간 사회를 파괴하는 결과를 가져올 수 있음을 여실히 드러낸 사례라 할 수 있다. 홀로세 후기의 기후 변화는 대략 500년을 주기로 반복되었으므로 기후 변화에 따른 사회 변동이 4200년 전에만 있었던 것은 아니었다. 그 이후로도 시간을 달리하면서 전 세계에 유사한 상황들이 끊임없이 발생했다.

4200년 전의 가뭄으로 큰 혼란을 겪은 서남아시아와 동지중해 지역은 1000년이 흐른 3200년 전에 다시 한번 가뭄으로 심한 피해를 입은 것으로 보인다. 그리스 남부 필로스만과 팔레스타인 가자 지구 사이에 존재하던 많은 도시가 갑자기 훼손되고 버려졌다. 지중해 연안 지역의 청동기 후기를 상징했던 거대한 궁들은 가뭄을 겪은 후 고립되고 낙후된 마을들로 대체되었다. 사실 에게해와 동지중해 연안에 산재해 있던 서남아시아 청동기 문명이 3200년 전 미스터리하게 소멸한 사건은 오랫동안 풀지 못한 지중해 고고학계의 수수께끼였다. 주로 지진, 해적, 민란 등이 당시 청동기 문명의 쇠락을 불러온 원인으로 간주되었으나, 최근 들어 고해상의 기후 변화 프록시 자료가 다수 보고되면서 기후 변화 또한 유력한 가설 가운데 하나로 대두되고 있다. 기후 변화 가설을 옹호하는 측은 300년 간 이어진 대가뭄으로 기근이 발생하고 이주가 빈번해지면서 정치적·경제적 불안이 증폭되었고, 그 결과 도시 사회들이 몰락했다고 주장한다.[1] 무척 건조한 편인 지중해 연안 지역의 농업 생산량은 지금도 기후 변화에 민감하게 반응하곤 한다. 과거에는 아마도 그 정도가 더욱 심했을 것이다. 쇠락의 원인으로 여러 가지가 있겠지만, 동지중해의 청동기 시대에 종말을 고하고 철기 시대의 도래를 부추긴 주된 요인으로 대가뭄이 자주 언급되는 데는 이유가 있다.

이 시기에 멸망한 문명만 해도 그리스 남부의 미케네 왕국, 바빌로니아의 카시트 왕조, 아나톨리아의 히타이트 제국, 이집트 제국 등 다수다. 다수의 잘 나가던 문명이 동시에 무너진 배경에는 기후 변화와 가뭄 탓에 이주가 빈번해진 당시 상황도 맞물려 있다. 이른바 '해양 민족'이라 불렸던 침략자들은 아나톨리아, 시리아, 가나안, 키프로스뿐 아니라 남쪽의 이집트까지 광범위한 지역을 침입하고 약탈을 일삼았다. 주로 그리스인으로 구성된 민족으로 추정된다. 그들 가운데 '블레셋인'이라 불리며 지금의 팔레스타인 지역에 정착한 사람들도 있었는데, 성서에 따르면 유대인 목동 다윗의 돌팔매질에 쓰러진 거인 골리앗이 바로 블레셋인이었다. 동지중해 문명들은 대가뭄으로 국력이 약해진 상태에서 해양 민족의 침략이 이어지자 걷잡을 수 없이 무너졌다.

멕시코 고산 지대, 현재의 멕시코시티에서 멀지 않은 곳에 '테오티우아칸Teotihuacan'이라 불리며 오랫동안 번영을 누린 왕조가 존재했다. 이 왕조의 유적지는 멕시코의 세계적인 관광지로 잘 알려져 있다. 특히 '해의 피라미드'는 그 웅장한 크기로, '죽은 자의 거리' 끝에 놓여 있는 '달의 피라미드'는 인신 공양의 제의가 이루어졌다는 이유로 관광객의 인기를 끈다. 테오티우아칸은 전성기 인구가 10만 명을 넘을 정도로 아즈텍 왕조 이전 메조아메리카 지역에서 가장 큰 도시 문명이었다. 그런데 이 거대했던 도시가 대략 1300년 전에 빠르게 소멸했다. 지금까지는 내부 민란이 멸망 원인으로 자주 언급되었지만, 민란이 발생한 근본 원인이 대가뭄에 있다는 주장이 최근 들어 힘을 얻고 있다.[2,3] 반건조 기여인 멕시코 고지대는 원래 생태적으로 불안정한 곳인데, 여기에 과밀한 사회가 조성되다 보니 약간의 환경 변화라도 주거민에게 미치는 충격은 클 수밖에 없었다.

약 2200년 전에 출현하여 수백 년간 아메리카 대륙을 호령하던 거대 문명은 1500년 전부터 나타난 기후 변화에 차츰 흔들리기 시작했다. 특히 기원후 535~536년에 발생한 아이슬란드의 화산 폭발은 대서양 반대편에 위치한 이곳에까지 뚜렷한 변화를 몰고 왔다. 수많은 사람이 가뭄에 따른 기근으로 굶어 죽었다. 이는 당시 유년기 아이들의 뼈 상태를 통해서도 입증된다. 기근은 곧 전쟁과 내란으로 이어졌고 주변의 다른 도시들(촐룰라, 소치칼코, 카카슈틀라 등)은 테오티우아칸의 어려운 정세를 틈타 지역에서 주도권을 차지하기 위한 경쟁에 들어갔다. 주변 도시들의 발호로 정치적인 힘마저 상실한 테오티우아칸은 결국 무너지게 된다. 학자들은 오랫동안 테오티우아칸의 멸망이 1300년 전에 발발한 전쟁과 관련 있다고 생각했다. 최근에는 전쟁보다는 민란에 초점을 맞추는 경향이 우세하다. 파괴의 흔적이 지배층의 거주지나 그들을 상징하는 구조물에 국한되어 나타나고 있기 때문이다.[4] 그러나 전쟁이든 민란이든 혼란의 시작은 기근을 일으킨 기후 변화, 즉 가뭄에서 비롯되었을 가능성이 커 보인다.

콜럼버스의 발견 이전 아메리카 대륙의 문화를 선도한 세 문명(아즈텍, 잉카, 마야) 가운데 마야는 사람들에게 가장 많은 관심을 받은 문명일 것이다. 이는 불가사의할 정도로 갑작스러웠던 마야의 멸망과 관계가 있다. 대략 3000년 전 멕시코의 유카탄 반도에 나타난 마야 문명은 기원후 250년 이후부터 전성기를 누리다가 750~900년 사이에 빠르게 쇠락했다고 알려져 있다. 마야인들은 수백 년에 걸쳐 고도로 발달된 과학 기술과 문화를 향유했음에도 치명적인 사회 변동을 막을 수 없었다. 마야 문명의 쇠퇴는 한가지 요인에 기인했다기보다는 내전, 인구 증가, 낙후된 정치, 테오티우아칸의 쇠퇴에 따른 무역 쇠퇴, 환경 파괴, 가뭄 등 여러 사회 및 환경 문제가 동시에 혹은 연이어 나타난 결과였다.

자연과학자들과 일부 고고학자들은 퇴적물이나 석순의 산소 동위원소 분석 결과를 근거로 여러 요인 가운데에서도 특히 가뭄이 결정적인 역할을 했다고 주장한다. 인구 증가와 환경 훼손의 여파로 600~800년 사이 마야의 도시 간 전쟁이 폭증하였는데, 학자들은 이때 대가뭄이 강한 불쏘시개 역할을 하면서 동반 몰락을 부추겼을 가능성이 높다고 본다.[5,6] 마야 문명이 갖는 신비함 때문인지 마야는 매우 흥미로운 연구 대상으로 간주되었고 오랜 기간 학자들 사이에서 높은 인기를 누렸다. 특히 기후 변화가 마야 문명에 미친 영향을 찾는 자연과학적 연구들이 끊임없이 발표되었다. 그러나 최근 대가뭄 가설의 모호함이 연이어 부각되면서 마야의 멸망에 있어 사회·문화적 요인을 강조하는 기류가 강해지고 있다.[7] 과거를 연구하는 학자에게 영원한 정답이란 존재하지 않는다는 사실을 다시금 일깨워준다.

티와나쿠Tiwanaku 문명은 잉카 제국 이전 볼리비아 티티카카 호수 인근을 지배했던 안데스의 왕조로 기원후 100년경에 나타나 600~800년 사이에 전성기를 누렸다. 해발 고도 3850미터의 고지대에 위치한 도시 티와나쿠를 중심으로 선진 농경 기술과 종교 문화를 자랑하던 남아메리카의 대표적인 문명이었다. 티와나쿠 문명 또한 갑작스럽게 소멸되었기 때문에 여러 학자의 관심을 끌어왔다. 최근 안데스 산지의 빙하 연구 결과를 토대로 장주기 엘니뇨 남방진동에 의해 1100년경에 나타난 대가뭄이 티와나쿠 문명의 멸망 원인이라는 가설이 제시된 바 있다. 즉 당시 강한 엘니뇨가 발생하면서 티와나쿠 문명이 위치한 안데스 고지대에 건조한 기후가 도래했고, 그 결과 농업 생산량이 하락하여 문명이 멸망했다는 주장이다.[8] 앞서 봤듯이 한반도에서도 과거 장주기의 엘니뇨가 강화될 때마다 가뭄이 들면서 사회가 곤경에 빠지곤 했는데, 태평양 반대편 안데스 산지에서 살아가던 사람들도 유사한 어려움을 겪은 것이다.

그런데 적도 태평양의 해수 순환을 머릿속에 그려보면, 엘니뇨 조건에서는 이곳에 비가 많이 와야 했다. 그런데도 반대로 가뭄이 든 이유는 무엇일까? 이는 티와나쿠 문명이 고지대에 있었기 때문이다. 엘니뇨로 적도 동태평양의 해수가 따뜻해지면 저기압이 강화되어 남아메리카의 태평양 연안 지역에 비가 많이 내리는 것이 사실이다. 그러나 안데스 고지대는 무역풍이 약해져 아마존으로부터 수증기가 잘 전달되지 않으면서 평소보다 건조해진다.

앙코르(크메르) 왕국은 1200년대 초반까지 정교하면서도 거대한 수리 시설을 기반으로 전성기를 누리던 인도차이나 반도의 강력한 고대 국가였다. 그러나 1300년대 들어 자연재해가 잇달아 발생하고 과도한 건축 행위로 구성원들의 불만이 누적되면서 왕국은 쇠약의 길을 걷게 된다. 특히 1300년에서 1450년 사이에 번갈아 발생한 대가뭄과 홍수는 당시 인도차이나 반도의 대부분을 차지할 정도로 강대국이던 앙코르 왕국의 정치·경제 체제를 뿌리째 흔들었다. 태평양의 엘니뇨가 강화되면서 나타난 장기 가뭄은 도시의 용수 공급에 차질을 가져왔고 대형 홍수는 사회의 중요한 기반시설이었던 수로를 파괴하였다. 인도차이나 반도의 나이테 분석 결과는 1300년대 중반부터 1400년대 중반까지 장주기 엘니뇨로 몬순이 약해지면서 이 지역에 가뭄이 발생했음을 잘 보여준다.[9]

앙코르는 한때 신의 도시로 불릴 정도로 위세를 떨쳤으나 기후 변화로 인한 피해가 누적되고, 15세기 초 타이 침략자들과의 전쟁이 반복되면서 결국 멸망하고 만다. 1431년 시암(지금의 태국)에서 발원한 아유타야 왕조의 침략과 함께 앙코르 왕국이 사라졌다고 알려져 있지만, 그전에 이미 스스로 무너지는 중이었다. 무엇보다 1300년대의 반복된 홍수와 가뭄에 엘리트들이 적절하게 대처하지 못한 것이 문제였다. 그들은 900년대 이후 빠르게 늘어가는 인구를 부양하기 위해 농업 생산성을 높여야 했다. 수리 시설의 보강과 수리를 반복했고 그 규모를 지속적으로 확장했다. 앙코르의 수리 시설이 거대해지고 복잡해질수록 사회의 취약성은 높아져만 갔다. 특히 장기적으로 이어지는 가뭄과 극단적인 홍수에 대한 회복력이 크게 떨어진 것으로 보인다. 이미 지속 가능성에 문제를 안고 있던 수리 시설에 기대 기후 변화의 여파를 떨쳐내기에는 대내외 여건이 그리 좋지 못했다.

미국 남서부 애리조나, 콜로라도, 유타, 뉴멕시코 등 네 개 주의 접경 지역인 차코캐니언Chaco Canyon에서 3500년 전부터 나타난 아나사지Anasazi 문명 또한 수수께끼 같은 종말로 우리에게 잘 알려져 있다. 아나사지 문명은 생태적으로 취약한 건조 지대에 위치했음에도 11세기의 양호했던 기후의 도움을 받아 사회·문화적으로 번영을 구가했다. 이곳은 현재 연 강수량이 220밀리미터 정도에 불과할 정도로 매우 건조한 곳이지만 과거에는 비교적 습윤하여 많은 사람이 모여 살 수 있었다. 당시 차코캐니언에 거주하던 사람들 수만 해도 수천 명에 달했다. 그러니 12세기 중반의 대가뭄은 이들을 뿔뿔이 흩뜨렸고, 집을 버리고 형편이 나은 곳을 찾아 떠난 아나사지인 대다수는 원래 살던 곳으로 돌아가지 못했다.[10]

차코캐니언에서 자동차로 두 시간 반 정도 걸리는 거리에 아나사지인이 머물렀던 또 다른 주거지 유적이 있다. 유네스코 세계유산인 메사베르데Mesa Verde의 벼랑 거주지로 관광지로도 유명한 곳이다. 절벽 중간에 지어진 아파트 같은 건물에 100여 개가 넘는 방이 빼곡히 채워져 있는 모습이 인상적이다. 그들은 침실과 거실뿐 아니라 예배실도 갖추고 살았다. 차코캐니언의 거주민을 몰아낸 가뭄은 메사베르데의 이 '절벽 궁전'에도 영향을 미쳤다. 나이테 분석 결과는 당시의 기후 변화를 명확히 알려준다.

이곳에 사람들이 들어와 살기 시작한 것은 대략 기원후 400~500년 정도로 기후가 뚜렷하게 습윤해지던 시기였다. 수렵·채집 생활을 영위하며 떠돌던 아나사지인은 메사베르데에 정착하면서 옥수수와 콩 등을 재배했다. 관개 시설까지 구축하면서 인구는 급격히 증가했다. 그러나 12세기 중반에 발생한 극심한 가뭄은 평지나 골짜기에서 살던 수많은 사람을 기근으로 몰아넣었다.[11] 가뭄을 극복하고 힘겹게 살아남은 사람들은 소수에 불과했다. 생존자들은 우선 외지인의 공격을 막을 방안이 필요했다. 뒤가 막혀 외적에 대한 방어가 유리한 가파른 절벽을 골라 주거지를 조성했다. 절벽 중간에 대규모 주거지를 건설하는 작업은 결코 쉽지 않은 일이었을 터인데 용케 해냈다. 그러나 그토록 힘들게 일군 삶의 터전이었건만, 1200년대 후반에 닥친 또 다른 대가뭄은 결국 이곳마저 포기하게 만들었다. 마지막까지 견디던 아나사지인이 굶주림에 지쳐 남긴 식인의 흔적들은 당시의 참혹했던 상황을 잘 보여준다. 건조한 차코캐니언과 메사베르데에서 터를 잡은 후 불리한 환경 속에서도 수백 년 이상을 버티며 축적했던 경험도 극심한 장기 가뭄에는 무용지물이었다.

이렇듯 기후는 과거 사회의 성쇠를 결정한 주된 요인이었다. 그렇다면 앞으로는 어떨까? 과거의 기후 변화 메커니즘을 완벽히 이해한다 해도 미래의 기후가 어떠한 방향으로 흐를지 예측하기는 쉽지 않을 것이다. 우리가 우려하고 있는 지구 온난화는 인간의 화석 연료 남용과 같은 인위적인 요인에 의해 발생하는 것으로 여기서 언급한 대가뭄과는 다른 성격을 띠기 때문이다. 지구 온난화에 따른 피해를 최소화하기 위해서는 앞으로의 상황을 논리적으로 예측하고 잠재적 변화에 대비해야 한다. 그러기 위해서는 먼저 지구 온난화의 속성부터 정확히 숙지할 필요가 있다. 지구 온난화는 무엇인가?

지구 온난화는 허구인가?

효과가 어떻든 탄소 배출 규제를 강화하려는 국제적 노력이 가시화되면서 산업체를 중심으로 적지 않은 반발이 일어나고 있다. 최근 들어서는 생산 활동이 위축될 것을 두려워하는 기업들의 지원을 등에 업고, 기후 변화를 연구하는 학자들을 비난하면서 지구 온난화의 실체에 의문을 제기하고 부정하는 일종의 사이비 과학자나 음모론자도 증가하고 있다. 그들의 공격은 보통 영국의 기후연구소와 IPCC 등 권위 있는 기후 변화 연구진을 겨냥한다. UN이 1988년 설립한 IPCC는 지구 온난화가 인간에 의한 것임을 공표함으로써 〈교토의정서〉의 채택에 결정적인 역할을 했다. 이 단체는 1990년 이래로 5~8년마다 보고서를 발간하고 있다. 2022년에는 6차 보고서가 발간될 예정이다. IPCC는 기후 변화의 심각성을 널리 알리는 데 공헌한 점을 인정받아 2007년 미국의 앨 고어 부통령과 함께 노벨 평화상을 받기도 했다.

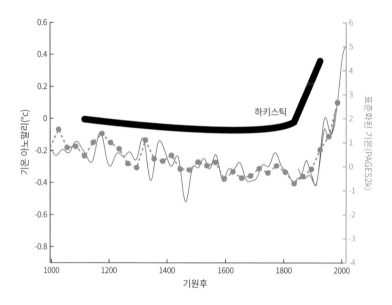

그림 13.1 하키스틱 모양을 띠는 전 세계 기후 변화 추이 파란 선과 녹색 점선은 지난 1000년 동안의 기온 복원 결과를, 빨간 선은 1850년 이후의 관측치를 보여준다. 파란 선의 아노말리 기준은 1902~1980년의 평균 기온이다. 1900년 이후 하키스틱 형태로 기온이 급증하는 모습이 뚜렷하다.

기후 변화 회의론자들은 지금도 끊임없이 지구 온난화는 허구라는 주장을 되풀이한다. 자신의 하키스틱 이론을 근거로 지구 온난화의 위험성을 강조했던 미국 펜실베이니아주립대학교의 마이클 만Michael Mann 교수 또한 정치인을 포함한 일군의 사람들로부터 무차별적인 공격을 받았다. 하키스틱 이론은 20세기 들어 기온이 하키 스틱 형태로 급속하게 상승하고 있으며, 현재의 지구 온난화가 과거에서 사례를 찾을 수 없는 특수한 기후 현상이라는 내용을 담고 있다(그림 13.1).[12] 다행인지 불행인지 해가 갈수록 기후 변화 자료들이 더욱 상세해지면서 기후 변화 회의론자들이 내세우는 거짓 주장의 실체들이 하나둘 밝혀지고 있다. 지구 온난화는 명백한 현실이다.

지구 온난화에 대한 음모론이 잦아들지 않는 이유는 사람들이 짧은 기간의 날씨나 기후 변화에 민감하기 때문이 아닐까 싶다. 예를 들어 2017~2018년 겨울에는 지구 온난화와 전혀 어울리지 않는 추위가 미국, 유럽, 중국 등을 덮쳤는데, 우리나라도 예외가 아니었다. 2017년 11월 중순부터 추워지기 시작하더니 이듬해 2월 초까지 한파가 지속되었다. 1월 말에는 철원 기온이 영하 25도 아래로 떨어지는 등 맹추위가 절정에 달했고 동파 사고와 한랭 질환 환자가 급증했다. 이렇게 추위를 겪게 되면 지구 온난화라는 말에 의구심이 들기 시작한다. 기후 변화 회의론자들이 대중을 설득할 수 있는 절호의 기회다. 대체로 미국인이 이러한 회의론자들의 좋은 먹잇감인 듯하다. 2014년 전 세계 여론 조사 결과 지구 온난화가 인간의 화석 연료 사용 때문이라고 응답한 비율이 미국에서는 54퍼센트에 불과했다. 중국의 93퍼센트와 비교할 때 큰 차이를 보인다.[13]

　　온난화의 기세가 주춤하던 시기가 있었다. 이산화탄소량의 증가에도 불구하고 2002년부터 2013년까지 연평균 기온이 거의 오르지 않았는데, 이는 지구 온난화가 소설이라는 회의론자의 주장을 지지하는 근거로 활용되었다. 이 시기를 학계에서는 지구 온난화 휴지기global warming hiatus라 부른다.[14] 회의론자에게는 안타까운 소식이지만 휴지기 이후 2014년부터 전 세계 대부분 지역에서 매년 연평균 최고 기온 기록을 경신하고 있다(그림 13.2). 우리나라 또한 2018년 엄청난 여름철 폭염을 겪었다. 2019~2020년 겨울은 1973년 우리나라에서 전국 기상 관측을 시작한 이래 가장 따뜻한 겨울이었다. 회의론자의 바람과는 달리 지구 온난화는 멈추지 않고 지금도 계속되는 중이다.

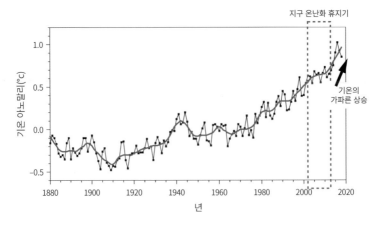

그림 13.2 지구 온난화 휴지기와 2014년 이후의 기온 상승 그래프 1951~1980년 평균기온 대비 편차

확실히 지구는 뜨거워지고 있다

여기서 우리는 일상에서 흔히 사용하는 온실 효과라는 단어의 뜻을 정확히 짚고 넘어갈 필요가 있다. 대기 중에 이산화탄소나 메탄가스 등이 증가해 대기의 온도가 상승하는 현상을 말할 때, 우리는 보통 지구 온난화와 온실 효과를 구분하지 않고 쓰는 경향이 있다. 온실 효과는 지표로부터 열이 빠르게 소실되는 것을 막아줌으로써 지구 대기의 온도를 일정하게 유지하는 역할을 한다. 지구에 온실 효과가 없었다면 온도가 너무 낮아 우리가 주위에서 보는 생명체 대부분이 나타날 수도 없었고 존재할 수도 없었을 것이다. 반면 지구 온난화는 온실 효과가 필요 이상으로 강화되면서 지구 생태계에 부정적인 영향을 미치는 상황을 의미한다. 온실 효과는 좋은 것이고, 지구 온난화는 나쁜 것이다.

태양계 내에서 오직 지구에만 생명체가 존재하는 이유를 설명할 때 학자들은 '골디락스 지대Goldilocks Zone'라는 용어를 자주 사용한다. 여기서 '골디락스'란 지나치지도 않고 모자라지도 않은 적당한 상황을 의미한다. 이 용어는 영국의 전래 동화인《골디락스와 곰 세 마리》에 나오는 주인공 소녀의 이름에서 유래했다. 온도가 다른 세 개의 수프 중 소녀가 먹기 적당한 수프를 고르고 즐거워했다는 동화 줄거리를 가져와 특정 상황을 설명할 때 쓴다. 금성, 화성, 지구를 수프에 비유하면, 금성은 뜨거운 수프, 화성은 차가운 수프, 지구는 알맞은 온도의 수프라 할 수 있다. 지구의 표면 온도는 생명체가 서식하기에 적당한 온도인 반면, 금성과 화성은 그렇지 않다는 것이다. 이처럼 지구가 골디락스 지대가 될 수 있었던 이유는 무엇일까? 바로 온실 효과 때문이다.

지구와 비교해 금성은 태양에 가깝고 화성은 멀다. 그래서일까? 금성은 무척 뜨겁고 화성은 무척 차갑다. 금성의 표면 온도는 477도에 이르는 반면, 화성의 표면 온도는 -55도밖에 되지 않는다. 반면 지구 표면의 평균 온도는 대략 15도 정도로 생물체가 살아가기에 적당하다. 지구에서 이렇듯 쾌적한 온도가 유지되는 이유를 지구가 태양에서 적절하게 떨어져 있기 때문이라고 생각하기 쉽다. 그러나 그렇지 않다. 만약 온실 효과가 없다고 가정하고 계산하면 지구의 표면 온도는 -18도, 금성은 -44도, 화성은 -63도 정도로 산출된다.[15]

그럼 각 행성에서 온실 기체에 의해 나타나는 온도의 차이는 어느 정도나 될까? 대기층이 두꺼운 금성에서는 온실 기체가 무려 기온을 521도나 높이는 반면, 대기가 거의 없다시피 한 화성에서는 불과 8도를 올리는 효과밖에 내지 못한다. 지구의 온실 기체는 기온을 33도 정도 높인다.[15] 만약 온실 기체가 없어 지구 표면의 온도가 평균 -18도였다면 대부분 지역은 빙하로 덮였을 것이고, 내륙에서 생명체가 살아갈 만한 공간은 극히 적었을 것이다.

온실 효과를 정확히 이해하기 위해서는 태양 복사에너지와 지구 복사에너지에 대한 약간의 이해가 필요하다. 열이 전달되는 방식에는 전도, 대류, 복사가 있으며 태양 에너지는 이들 중 복사의 형태로 지구로 전달된다. 태양과 지구 사이의 공간은 열을 전할 수 있는 물질이 없는 진공 상태이므로 전도와 대류는 일어날 수 없다. 태양 복사는 상이한 성질을 갖는 여러 전자기파로 구성되는데, 가시광선 영역의 전자기파가 태양 복사의 대부분을 차지한다. 인간의 눈은 가시광선 영역을 빨주노초파남보로 세밀하게 구분해 인식한다. 그러나 다른 파장대에 대한 민감도는 한참 떨어지는 편이다. 이는 태양 복사의 주요 전자기파인 가시광선에 대한 인간의 오랜 진화의 결과로 볼 수 있다.

표면 온도가 절대온도(-273도)보다 높은 물체는 모두 전자기파를 발산한다. 방출되는 전자기파의 주요 파장은 물체의 온도에 따라 각기 다르게 나타난다. 철을 달굴 때 처음에는 표면이 붉어지다가 온도를 더 올리게 되면 노란색으로 변하는 것을 볼 수 있다. 온도가 낮을 때는 파장이 긴 빨간색 전자기파를 내다가 온도가 높아지면서 파장이 짧은 노란색 파를 방출하는 것이다. 이와 같이 온도가 높을(낮을)수록 짧은(긴) 파장의 전자기파를 복사하는 물리적 현상을 '빈의 변위법칙 Wien's displacement law'이라 한다. 파장이 짧을수록 전자기파의 에너지는 크며 파장이 길수록 전자기파의 에너지는 작다(그림 13.3).

피부의 노화를 불러오는 자외선은 가시광선보다 파장이 짧은 전자기파다. 자외선 중에서도 특히 파장이 짧은 것들은 피부암을 일으킬 수 있어 주의해야 한다. 다행스럽게도 이러한 짧은 파

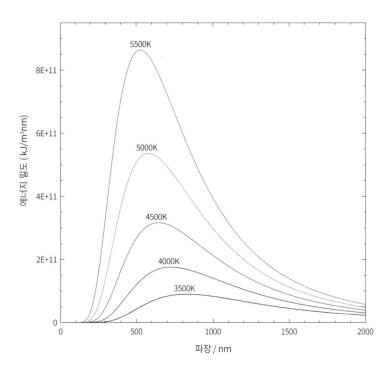

그림 13.3 흑체의 표면 온도가 높을수록 (에너지 밀도가 높은) 주 파장대가 짧아지는 것을 볼 수 있다. 그래프에서 보듯이 표면 온도가 높을수록 흑체에서 방출되는 에너지의 양도 커진다.

장의 자외선은 대부분 성층권의 오존층에 흡수되어 지표에 도달하지 못한다. 만약 오존층이 없었다면 지구의 생물다양성은 지금보다 현저하게 낮았을 것이다. 적외선은 가시광선보다 파장이 긴 전자파로 온실 효과와 관련이 깊다. 우리의 몸에서도 체온에 상응하는 전자기파인 적외선이 끊임없이 방출되고 있다. 따라서 적외선을 인식하는 기기를 이용하면 어두운 밤에 맨눈으로 식별하기 어려운 사람의 움직임을 파악할 수 있다.

지표의 온도 또한 절대온도보다 높으므로 당연히 전자기파가 방출되며 이를 지구 복사라 부른다. 물체의 복사에너지 규모는 온도와 직결된다. 물체(정확히 말하면 흑체)의 표면 온도가 두 배 오르면 방출되는 복사에너지는 '슈테판-볼츠만 법칙Stefan-Boltzmann's law'에 따라 그의 4승인 16배 상승한다. 지구의 표면 온도는 태양과 비교할 때 크게 낮으므로 단위 면적당 복사에너지의 양은 그리 많지 않다. 그러나 지구의 대기는 이 지구 복사에너지의 영향력을 배가시킴으로써 지구의 온도가 높게 유지되는 데 결정적인 역할을 한다.

지표에 도달하는 태양 복사의 대부분은 가시광선이다. 나머지 주요 전자기파 중 자외선은 성층권의 오존층에, 적외선은 대기의 수증기에 의해 대부분 흡수되기 때문이다. 파장이 짧고 에너지가 큰 가시광선이 지표를 데우면 지표에서는 파장이 길고 에너지가 작은 지구 복사에너지가 방출된다. 대기가 없다면 지구 복사가 우주로 모두 빠져나가면서 지구의 온도는 크게 떨어질 것이다. 그러나 대기의 존재 덕에 상당량의 지구 복사에너지가 갇히면서 지구의 온도는 적절한 수준에서 유지된다.

모든 지구 복사가 대기에서 흡수되어 지표로 재복사되는 것은 아니다. 지구 복사의 핵심 구간인 8~12마이크로미터의 파장대는 '대기의 창'이라는 공간을 통해 대부분 지구 외부로 빠져나간다. 대기 중의 수증기와 이산화탄소가 잘 흡수하지 못하는 파장대로 볼 수 있다. 하지만 이렇게 대기의 창이 존재함에도 현재 대기에서 지표로 다시 전달되는 복사에너지의 총합은 꽤 크다. 지표로 유입되는 단위 시간당 태양 복사에너지량의 두 배에 달한다.[16] 만약 대기의 창이 온실 기체에 의해 일부라도 막히게 되면 지구 온난화 문제는 더욱 심각해질 것이다.

우리는 흔히 여러 온실 기체 중 지구 대기의 온실 효과에 가장 크게 기여하는 기체가 이산화탄소라고 오해한다. 그러나 정답은 이산화탄소가 아니라 수증기다. 맑은 날 수증기는 전체 온실 효과의 60퍼센트를 책임진다. 이산화탄소의 기여 비율인 26퍼센트와 비교할 때 두 배 이상 영향력이 크다.[16] 대기에 존재하는 수증기 분자의 수는 이산화탄소 분자의 수보다 월등히 많을 뿐 아니라 분자 한 개의 효과도 수증기가 더 높다. 그런데 온실 효과에 있어 수증기의 역할이 훨씬 중요한데도 주지하다시피 지구 온난화의 주범으로 지목받고 있는 것은 수증기가 아니라 이산화탄소다. 왜 그런 것일까?

지구 온난화로 증발량이 늘어나 대기 중에 수증기가 꾸준히 증가하면 지구 온난화가 심화되는 양의 피드백이 나타날 수 있다. 반면 수증기의 증가는 구름의 증가로 이어지게 마련이므로 대기의 반사도를 높이는 음의 피드백 또한 나타날 수 있다. 그러나 대기에 포함된 수증기의 변화량을 측정하는 것 자체가 쉽지 않아 수증기의 증가가 기온에 어느 정도의 영향을 미칠지는 지금으로서는 판단하기 어렵다. 혹여 대기 중 수증기량이 증가하더라도 그 영향이 그리 크지 않을 것으로 보는 사람이 많다. 수증기가 흡수할 수 있는 파장대의 지구 복사에너지는 이미 현재 대기 중에 분포하고 있는 수증기에 의해 대부분 흡수되고 있기 때문이다.

반면 대기의 이산화탄소량 변화와 기온 간 관계는 비교적 뚜렷한 편이다. 1700년대 중반 산업혁명이 시작된 이래로 인류는 석탄, 석유, 천연가스를 채굴하고 나무를 벌채해 태우면서 지구의 탄소 순환에 큰 변화를 가져왔다. 산업혁명 이전 대기의 이산화탄소 농도는 280피피엠에 불과했다. 지금은 400피피엠을 상회한다(그림 13.4). 산업혁명 이후 40퍼센트 이상 증가한 셈이다. 과

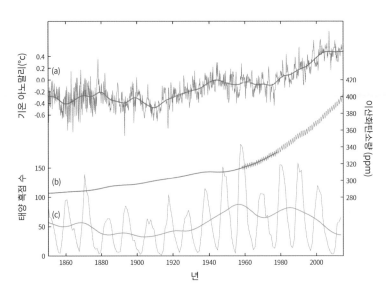

그림 13.4 1850년 이후 (a) 전 세계 월평균 기온 변화(HadCRUT 자료, 1961~1990 평균 기온 기준) (b) 이산화탄소량 변화 (c) 태양 흑점 수 변화. 이산화탄소량과 기온은 계속 증가하는 반면, 태양 흑점 수는 1950~1960년대부터 꾸준히 감소하고 있다. 현재의 지구 온난화는 자연스러운 환경 변화가 아니며 인위적인 교란의 결과라는 사실을 알 수 있다.

거 65만 년 동안 이산화탄소 농도가 180에서 300피피엠 사이에서 움직였으므로 현재 농도는 문자 그대로 전례가 없는 기록적인 수치다.[17] IPCC 보고서는 21세기 말에는 이산화탄소 농도가 490~1260피피엠까지 오를 수 있다고 경고하고 있다. 이는 산업혁명 이전보다 무려 75~380퍼센트나 높은 수치다.[18]

메탄은 이산화탄소 못지않게 지구 온난화 문제를 심화시키는 것으로 알려져 있다. 특히 최근 들어 많은 우려를 낳고 있다. 메탄은 이산화탄소에 비해 농도는 낮지만 적외선을 매우 효과적으로 흡수한다. 그나마 다행인 것은 메탄이 대기 중에 머무는 시간(10~12년)이 다른 온실 기체보다 짧다는 점이다. 메탄은 보통 늪이나 논과 같이 오랜 시간 물에 잠겨 있어 산소가 부족한 환경에서 생성되는데, 인구 증가로 논 면적이 늘어나고 지구 온난화로 해수면이 상승하면서 침수된 땅은 꾸준히 증가하는 추세다. 한편 지구 온난화로 북극 지역의 동토와 빙하가 녹는 바람에 지하에 갇혀 있던 메탄이 빠져나오는 경우도 늘고 있다. 천연가스나 석유를 채굴할 때 의도하지 않게 방출되기도 한다.

최근에는 소가 방귀나 트림으로 내뿜는 메탄 또한 무시할 수 없는 수준에 이르렀다. 중국과 같이 인구가 많은 개발도상국에서 생활 수준이 높아짐에 따라 소의 사육 두수가 급증하고 있기 때문이다. 그렇지만 대기 중 메탄 농도가 높아지기만 한 것은 아니었다. 1978년부터 1990년까지는 매년 1퍼센트씩 농도 증가세가 꾸준했지만, 1999년부터 2006년까지는 변화가 거의 없었다. 2007년부터 다시 증가하기 시작한 메탄 농도가 현시점까지 상승 일변도라 다시금 경각심을 불러일으키는 중이다.[19] 1999년부터 7년간 농도가 증가하지 않은 이유에 대해서는 의견이 분분한데, 대기오염 물질의 감소와 건조한 날씨에 따른 습지 감소가 그 원인으로 지목되고 있다.

이외에도 대기오염 물질인 오존과 미세먼지를 생성하는 것으로 이미 악명이 높은 질소산화물 또한 지구 온난화 문제를 심화시키는 온실 기체 가운데 하나다. 대표적인 질소산화물인 아산화질소는 농도는 낮지만 대기 중에 오래 머무를 수 있어 지구 온난화에 미치는 영향이 적지 않다. 오존 또한 대기오염 물질인 동시에 지구 온난화를 부추기는 공범 역할을 한다. 성층권에 있는 오존층 덕분에 지구가 생명체가 살아갈 수 있는 공간으로 탈바꿈한 것은 사실이지만, 대류권에 있는 오존은 인간에게 골칫거리일 뿐이다. 오존은 대기의 질소산화물이나 휘발성 유기화합물이 강한 햇빛을 만날 때 생성되며 인간에게 호흡기 질환을 유발한다. 더불어 대기의 창을 통과하는 파장대의 지구 복사에너지를 매우 효과적으로 흡수하기 때문에 오존의 증가는 지구 온난화의 강화로 직결된다. 성층권의 오존은 좋은 오존이며, 대류권의 오존은 나쁜 오존이다.

지구 온난화로 인한 기온 상승은 우리의 삶에 직접적인 영향을 미치고 있다. 가뭄, 폭우, 태풍과 같은 이상 기상 현상이 빈번해지고, 해빙과 함께 해수면이 상승하면서 세계 곳곳에서 자연재해가 발생하고 있다. 특히 자연재해로 인한 피해가 저개발 국가와 빈곤층에 집중되고 있어 사태의 심각성을 더하고 있다.

14장

지구를 위협하는 변화의 증후들

무엇이 기후 변화를 추동하는가?

19세기 말 이후 지구의 지표면 온도는 0.87도 정도 상승했다.[1] 온난화 경향은 최근 들어 더욱 강해지고 있다. 2015년의 IPCC 보고서는 1983년부터 2012년까지가 과거 1400년 동안 북반구에서 가장 더웠던 30년이었다고 기술하고 있다. 또한 기온 관측이 제대로 이뤄지기 시작한 1880년대 이후로 평균 기온이 가장 높았던 다섯 해가 모두 2014년 이후에 몰려 있을 정도로 지구 온난화 문제는 현실로 다가오고 있다. 전 지구에 걸쳐 기온이 높아지는 중이지만 특히 고위도에서의 온도 상승이 가파르다. 강수량의 경우 지역별로 조금씩 다른 경향을 보인다. 북반구 고위도 지역, 남아메리카 남부, 호주 북부 등지에서는 강수량이 증가하는 반면, 적도 아프리카와 남아시아에서는 강수량의 감소가 관찰된다.

기온 상승과 해수면 변화

바닷물의 온도 또한 약간의 부침은 있지만 1970년대 이후 꾸준히 상승하는 중이다. 바닷물은 땅보다 비열이 커서 지구 온난화로 쌓이는 에너지의 대부분을 흡수한다. 지구 온난화로 높아진 수온은 산호의 백화 현상을 불러와 산호를 둘러싼 주변 먹이사슬과 생태계를 교란시키고 있다. 백화 현상은 산호와 공생하던 조류가 고수온에 스트레스를 받아 빠져나감에 따라 산호의 표면이 흰색으로 변하는 현상을 의미한다(그림 14.1). 원래는 얕은 바다에서만 발생했으나 지구 온난화가 심해지면서 이러한 현상이 깊은 바다로까지 전이되고 있어 많은 우려를 낳고 있다. 산호의 생장에 위협을 가하는 요인은 또 있다. 화석 연료 사용으로 급증한 대기의 이산화탄소가 해양으로 과도하게 흡수되면서 나타나는 바다의 산성화가 바로 그것이다. 산업혁명이 시작된 후 바닷물의 산성도

그림 14.1 지구 온난화로 인한 산호 백화 현상

는 30퍼센트나 증가했다.[2] 바다의 산성화는 산호 외에도 조개류와 같이 탄산칼슘으로 이루어진 모든 해양 생명체의 생존을 위협하고 있다.

해양의 열에너지 증가로 해류와 대기 순환에 변화가 생기면서 이상 기상 현상은 더욱 잦아졌다. 이미 여러 번 언급한 바 있는 엘니뇨는 해수면 온도 변화로 발생하는 이상 기상 현상의 대표적인 예다. 엘니뇨는 오랜 과거부터 존재해왔으므로 엘니뇨로 파생되는 피해를 어느 정도는 감수해야 하는 것도 사실이다. 그러나 최근 들어 엘니뇨가 출현하는 주기가 점점 짧아지고 있다는 점이 문제다. 엘니뇨가 현재의 지구 온난화에 의해서 강화되고 있다는 구체적인 증거는 없다. 그러나 학계에서는 대체로 지구 온난화로 해수면 온도가 상승하면 엘니뇨의 빈도가 증가할 것으로 추정한다.[3] 지구 온난화와 엘니뇨의 상관성은 현재 관련 학계에서 가장 활발하게 다뤄지는 연구 주제 중 하나다.

1976년과 1977년에 강한 엘니뇨 남방진동이 발생한 이후로 엘니뇨의 강도는 점진적으로 높아지고 있는데, 이와 함께 해양의 열에너지 또한 급격하게 증가하는 추세이다. 해양 열에너지의 증가는 바닷물의 열팽창으로 이어져 해수면의 상승을 부추기고 있다. 지난 110년(1901~2010년) 동안 평균적으로 연 1.7밀리미터씩 상승했고, 그 결과 지구의 평균 해수면은 1900년대에 비해 19센티미터나 높아졌다.[4] 이러한 상승률은 지난 수천 년의 해수면 변동 추이에 비추어 볼 때 이례적으로 높다.

해수면 상승은 향후 전 세계에 많은 피해를 가져올 가능성이 농후해 보인다. 방송 등에서 자주 접하는 태평양이나 인도양의 작은 섬들뿐 아니라 세계 유수의 대도시들 또한 이 문제에서 자유롭지 않다. 하와이에서 남쪽으로 대략 1600킬로미터 떨어진 키리바시는 여러 개의 환초로 구성되어 있는 조그마한 섬나라다. 이 국가는 해발고도가 5미터도 채 되지 않는 곳이 대부분으로, 이미 해수면 상승으로 식수 확보에 큰 어려움을 겪고 있다. 과거 키리바시와 한 국가였던 투발루 또한 유사한 문제를 안고 있다. 연평균 해수면 상승률이 3.9밀리미터 정도인데, 이대로라면 50~100년 사이에 국토의 대부분이 수몰될 것이라는 예측이 나온다.[5] 한동안 국내 신혼부부들에게 인기가 많았던 인도양의 몰디브 또한 해수면 상승으로 국토가 사라질 위험에 처해 있는 대표적인 나라 가운데 하나다.

　해수면 상승은 태평양의 작은 섬들만의 문제가 아니다. 세계 인구의 40퍼센트가 해안으로부터 100킬로미터 이내 지역에 모여 산다. 또한 세계 인구의 10퍼센트가 해발고도 10미터 이하 해안 지역에서 거주하고 있다.[6] 태평양과 대서양 해안에는 수많은 대도시들이 위치하고 있다. 인구 규모로 전 세계 10대 대도시들 가운데 중국의 상하이와 톈진, 파키스탄의 카라치, 터키의 이스탄불, 방글라데시의 다카, 일본의 도쿄, 필리핀의 마닐라, 인도의 뭄바이 등 총 여덟 개가 해안 도시이다. 특히 삼각주에 위치한 도시들은 지반의 침하가 일어날 위험성이 상존하므로 해수면 상승에 더욱 취약할 수밖에 없다. 방글라데시 다카, 중국의 광저우와 홍콩, 베트남의 호찌민, 필리핀 마닐라, 호주 멜버른, 미국의 마이애미, 뉴올리언스, 뉴욕, 네덜란드 로테르담, 일본 도쿄, 이탈리아 베네치아 등 삼각주 위의 도시에 거주하는 인구만 3억 4000만 명에 달한다.[7] 이들 중 저소득 국가의 해안 대도시에서는 주민들의 지하수 남용으로 지반 또한 가라앉고 있어 사태의 심각성을 키우고 있다. 과거 지리상의 대발견 이후 해안 도시들은 바다에 면해 있다는 지리적 이점을 최대한 활용해 번영을 구가해왔다. 그러나 지구 온난화의 현 추세로 볼 때 해안에 위치하고 있다는 점이 도시의 성장에 오히려 불리하게 작용하는 시기가 언젠가 닥칠 것으로 보인다. 미래 해안 도시의 지속 가능 여부는 해수면 상승에 얼마나 효과적으로 대응할 수 있는지에 달려 있다고 해도 과언이 아니다.

현재 해수면 상승을 주도하는 원인은 지구 온난화에 의한 바닷물의 열팽창과 지구 빙하의 해빙이다. TV 프로그램에서 해수면 상승을 다룰 때 북극의 빙하 귀퉁이가 녹아 바다로 떨어지는 장면이 빈번하게 나와서인지 해수면이 상승하는 원인으로 극 지역에서 녹고 있는 빙하만을 떠올리는 사람이 많다. 그러나 현재의 해수면 상승은 해수의 온도가 높아지면서 부피가 팽창하는 현상과도 관련이 깊다. 단 앞으로 기온이 더욱 상승해 빙하의 감소가 가속화된다면, 융빙수의 유입에 따른 해수면 상승 효과는 상대적으로 더 커질 것으로 보인다.

지구 온난화로 전 세계 빙하는 고도나 위도가 높은 곳을 향해 꾸준히 후퇴하는 중이다. 외진 곳의 빙하가 녹는 것이 인류에게 무슨 해가 된다는 것인지 의아해하는 사람도 있을 것이다. 그러나 빙하의 소멸은 해수면 상승과 연결될 뿐 아니라 아시아나 남아메리카 같은 저개발 지역의 식수 공급과도 얽혀 있어 가볍게 볼 문제가 아니다. 또한 빙하 면적의 축소는 반사도의 감소를 의미한다. 이는 지구 온난화를 가속화시킬 수 있다. 최근 양극 지역의 빙산 부피가 확연히 줄어들고 있다. 고지대의 빙하 또한 면적, 부피, 질량 등 모든 면에서 감소 추세에 있다. 특히 남부 안데스 산맥과 아시아의 여러 산에서 빙하의 소멸이 뚜렷하게 관찰된다. 최근 지구 온난화로 기온 상승 속도가 빨랐기 때문에 지구 전체의 빙하 부피는 현재의 기온과 어울리지 않게 여전히 큰 편이다. 따라서 앞으로 더욱 빠른 속도로 빙하가 소멸될 가능성이 크며, 이에 대한 우려의 목소리는 점점 커지고 있다.[8]

고지대 얼음의 해빙과 탄저균의 재등장

온난화가 생태계에 미치는 충격은 위도가 높을수록 커진다. 북극 주변 지역에서는 영구동토층이 녹는 문제가 심각하게 대두되고 있다. 영구동토층 밑에는 많은 탄소가 갇혀 있다. 대기 중 탄소량의 두 배에 이른다.[9] 지구 온난화로 동토층이 녹게 되면 이산화탄소와 메탄이 한꺼번에 대량 방출될 수 있기 때문에 지구 온난화 문제를 크게 악화시킬 수 있다. 동토층이 녹으면서 지하로 물이 빠져나가는 바람에 수많은 빙하 호수들이 사라지기도 한다. 사람들의 거주 지역에서는 땅이 연약해지면서 도로, 집, 시설 등이 기울어지거나 무너지는 문제도 나타나고 있다. 최근에는 영구동토층의 해동과 함께 과거에 사라졌던 세균이나 바이러스가 다시 창궐할 수 있다는 경고음도 들린다. 실제 2016년에는 영구동토층이 녹아 외부로 드러난 순록 사체에서 휴면 상태에 있던 탄저균이 확산해 주위 수천 마리의 순록이 감염되기도 했다. 급기야 감염된 순록 고기를 먹은 러시아 소년이 탄저병으로 사망하는 일까지 발생해 영구동토층의 해동이 초래할 환경 문제들을 심층적으로 논의하는 계기가 되었다.

고도가 높은 곳에서도 지구 온난화가 미치는 영향은 뚜렷하다. 1850년 미국 몬태나의 빙하국립공원에는 150개의 빙하가 존재하고 있었으나 지금은 26개뿐이며, 1950년에서 2000년 사이에 중국 서부에서는 빙하의 82퍼센트가 사라졌다. 스위스에서 가장 큰 빙하인 알레치Aletsch 빙하는 1990년부터 2009년까지 2.7킬로미터나 후퇴했으며, 킬리만자로산의 퍼탱글러Furtwangler 빙하 또한 2000년 크기가 과거 1976년의 절반에 불과할 정도로 눈에 띄게 위축되었다.[10] 1980년대 후반만 해도, 뉴기니섬에서 가장 높은 봉우리인 푼착자야Puncak Jaya 산에는 다섯 개의 빙하가 있었다. 그러나 2009년 들어 두 개가 사라졌고 나머지 세 개의 크기도 현격하게 감소했다.[11] 한편 페루 안데스 산지 퀼카야Quelccaya 빙상은 가장자리 일부가 25년 만에 완전히 녹아 사라졌다.[12] 이것이 형성되는 데 걸린 시간은 무려 1600년이었다!

빙하가 감소하면서 여러 문제가 동시다발적으로 나타나고 있다. 우선 기온 상승으로 산지 경사면에 놓인 빙하가 아래로 미끄러져 내려올 가능성이 커지고 있다. 따뜻해진 날씨로 고산 지대 빙하의 밑부분이 녹으면서 기반암과의 마찰력이 감소하기 때문이다. 프랑스 몽블랑산의 타코나즈Taconnaz 빙하는 대표적인 예다.[13] 산지 빙하의 급작스러운 이동은 엄청난 재난을 초래할 수 있다. 2002년 러시아와 조지아 경계에 있는 콜카Kolka 빙하가 무너져 내리면서 아랫마을 거주민 100여 명이 사망하는 일도 있었다. 당시 눈사태의 속도는 시속 280킬로미터에 달했다.[14]

대기 온도의 상승으로 빙하가 후퇴하고 남은 공간은 융빙수로 채워진다. 이때 앞쪽에 형성된 모레인이 호수의 댐 역할을 하게 된다. 모레인 뒤편 빙하호에는 물이 빠져나갈 수 있는 수로가 없다. 날씨가 더워져 빙하가 많이 녹는다면 호숫물이 모레인 댐을 넘칠 수 있는 것이다. 따라서 상류의 빙하호는 하류에 사는 거주민들에게 시한폭탄이나 다름없다. 페루에서는 1941년 팔카코차

Palcacocha 호수의 모레인 댐이 터지면서 하류에 위치한 도시 와라즈의 3분의 1이 파괴되고 수천 명이 사망하는 대재앙이 일어난 적이 있다. 이후에도 유사한 대홍수가 연이어 발생하고 있는데, 지금까지 총 사망자가 무려 3만 명에 이를 정도다.[15] 페루의 빙하호 홍수 사례는 학계에서 모레인 댐의 위험성을 깊이 다루게 되는 계기가 되었다. 네팔의 여러 지역 또한 유사한 위험에 노출되어 있다. 히말라야의 빙하들이 운반하는 퇴적물의 양이 상당해 빙하의 전단부에 모레인 지형이 쉽게 형성되기 때문이다.

지구 온난화로 빙하 안에 숨어 있는 빙수의 양이 점점 증가하는 것도 골칫거리이다. 실제 1892년 몽블랑산의 테트로우스Tete Rousse 빙하 속에 있던 물이 갑자기 터져 나와 프랑스 상제르베 지역 거주민 175명이 사망한 대형 재해가 발생한 적이 있다. 우려스럽게도 최근에 테트로우스 빙하 안에 거대한 물주머니가 재형성되고 있음이 밝혀져 인근 주민의 고민이 커지고 있다. 만약 이것이 터진다면 계곡 하류에 거주하는 3000명의 주민이 몰살할 수도 있는 위험한 상황이라, 이를 사전에 방지하기 위한 작업이 현재 진행 중이다.[16]

산지 빙하는 자연이 만든 물탱크다. 특히 건조한 지역에 있는 산지 빙하는 주변 하천에 물을 대줄 수 있는 유일한 수원일 때가 많다. 그러나 지구 온난화로 산지 빙하의 부피가 감소하면서 식수나 농업 용수가 저지대에 제때 공급되지 못하고 있다. 몇몇 국가에서는 이를 사회 기반을 무너뜨릴 수 있는 심각한 환경 문제로 인식한다. 캘리포니아는 미국 내에서 농산물 생산량이 가장 높은 주로, 이 지역 농업은 시에라네바다 산맥의 만년설에 크게 의존한다. 최근 2012년에서 2016년 사이 캘리포니아의 대가뭄으로 만년설의 양과 지하수위가 저하되면서 센트럴밸리 남부 지역의 농업은 심각한 타격을 입었다. 거기에 지하수의 과다한 이용과 산불 규모의 증가 등 2차적인 환경 문제까지 발생함에 따라 가뭄과 만년설 감소는 캘리포니아가 가장 시급히 해결해야 할 현안으로 떠올랐다.[17]

대기 온도의 상승으로 눈보다는 비가 많이 내리는 최근의 경향도 가뭄 문제를 악화시키고 있다. 비는 내리는 즉시 많은 양이 빠른 속도로 바다로 빠져나가지만, 눈은 겨울에 산지에서 얼었다가 봄과 여름에 천천히 녹아 흘러내리므로 음용수나 농업 용수로의 이용 효율성이 훨씬 높은 편이다. 물 부족은 전반적인 농업 생산성뿐 아니라 생물 종 다양성까지 감소시키므로 경제에 미치는 부정적 영향이 크다. 한편 유럽 국가들은 물 부족 문제 때문에 원자력 발전소의 가동에도 어려움을 겪고 있다. 론강은 알프스 산지에서 시작해 프랑스를 지나 지중해로 들어가는 하천이다. 원래도 수위가 낮은 하천이었지만 지구 온난화로 알프스 빙하의 부피가 줄어들면서 수위는 더욱 낮아지고 있다. 지난 15년간 꾸준히 감소한 하천 수량 탓에 가뭄 해의 여름철에는 발전소를 돌리기 어려운 수준까지 하천의 수위가 낮아진 상태다.[18] 원자력 발전으로 전체 전기의 75퍼센트 이상을 충당하는 프랑스로서는 론강의 수량 감소에 신경이 곤두설 수밖에 없다.

변화하는 한반도 생태계와 자연재해

우리나라의 최근 30년(1987~2017년) 연평균 기온은 20세기 초의 30년(1912~1941년)과 비교할 때 1.4도나 높다. 지구 평균 증가치를 한참 상회하는 수치다. 2010년대는 지난 1900년 이래로 기온이 가장 높았던 순년(10년)이었다. 이 기간의 연평균 기온은 14.1도에 이르고 있다. 최근 30년의 연평균 강수량은 20세기 초의 30년보다 124밀리미터나 많다. 또한 20세기 초에 비해 현재 여름은 19일 길어진 반면 겨울은 18일 짧아지면서 진달래나 벚꽃 등 봄꽃의 개화 시기도 점점 빨라지고 있다.[19] 1973년 이후 우리나라에서 연평균 기온이 가장 높았던 해는 2016년이었으며, 하계 평균 기온이 가장 높았던 해는 2018년이었다. 2018년 여름에는 기온뿐 아니라 폭염 일수와 열대야 일수도 1973년 통계 작성을 시작한 이래 가장 높은 수치를 기록할 정도로 더위가 맹위를 떨쳤다. 이러한 사실은 모두 최근에 기온이 뚜렷하게 상승하고 있음을 방증한다.

한편 이와 같이 높은 상승률이 나타난 이면에는 도시의 확장으로 점차 심화되고 있는 도시 열섬 현상이 숨어 있다. 도시 열섬은 도시 주변부에 비해 도심의 온도가 상대적으로 높아지는 현상을 의미하는데, 그 발생 원인은 다양하다. 우선 도시 내에는 녹지가 부족해 증발산에 의한 냉각 작용이 활발하지 않다. 또한 주간에 어두운 색의 아스팔트나 콘크리트에 의해 흡수된 태양 에너지가 야간에 열에너지 형태로 방출되어 밤 기온이 쉽게 떨어지질 않는다. 최근 더욱 빈번해진 열대야에는 주야간을 막론하고 쉬지 않고 돌아가는 냉방기구의 열기도 한몫하고 있다. 빼곡하게 들어찬 빌딩들 탓에 바람길이 막혀 도시 내에서 열이 잘 빠져나가지 못하는 것도 도시의 온도가 높은 이유다.

지구 온도의 상승은 태풍이나 허리케인 같은 열대성 저기압의 강도를 높인다. 우리나라에서도 초여름부터 초가을까지 한반도와 그 주변을 지나가는 태풍으로 매년 발생하는 재산의 피해가 적지 않다. 태풍의 세기가 강화되고 발생 빈도가 증가하는 최근 경향에 맞춰 장기적인 대책을 마련할 필요가 있다. 우리나라에 영향을 미치는 열대성 저기압(태풍)은 여름철에 필리핀 동쪽 해상의 해수면 온도 상승과 함께 수면 위의 공기가 달궈지면서 형성된다. 태풍은 보통 해수면 온도가 높아질수록 증발량이 많아져 더 많은 에너지를 품게 되므로 높은 해수면 온도는 곧 강한 태풍을 의미한다. 우려스럽게도 지구 온난화로 높아진 해수면 온도 때문에 태풍의 강도는 점차 세지고 있다. 저위도뿐 아니라 고위도 지역의 해수면 온도도 동반 상승하고 있어 태풍이 북쪽을 향해 이동하면서도 세력이 좀처럼 위축되지 않는다. 따라서 일본에 비해 상대적으로 태풍의 피해가 적었던 한반도도 이제 안심할 수 없는 처지가 되고 있다. 게다가 1980년대 이후로 태풍의 순간 최대 풍속은 빨라진 반면 태풍 자체의 이동 속도는 느려지면서, 피해 규모는 더욱 커지는 추세다.

　태풍은 보통 엄청난 양의 비와 강한 바람을 동반하므로 해안이나 강변에 침수 피해를 가져올 때가 많다. 최근 전 세계적으로 폭풍해일의 위험성이 증가하고 있는데, 우리나라에서도 2003년 거대한 해일이 경남 마산 시내를 덮쳐 많은 사상자가 발생한 적이 있었다. 당시 태풍 매미와 만조가 겹치는 바람에 남해안 지역이 큰 피해를 입었다. 태풍의 세기가 지속적으로 강화되고 있어 앞으로 우리나라 해안 지역의 해일 피해 규모는 더욱 커질 것으로 예상된다. 지구 온난화로 높아진 해수면도 해일의 파괴력을 키우는 요인이다. 최근 40년간 한반도 주변의 해수면은 약 10센티미터 상승했다. 2015년 말 기준으로 연평균 해수면 상승률은 2.48밀리미터에 이른다. 해역별로 나눠 보면 남해가 2.89밀리미터, 동해 2.69밀리미터, 서해 1.31밀리미터 순이다.[20] 전세계 평균 해수면 상승률을 약간 상회하는 수준인데, 이러한 추세가 계속된다면 2100년까지 남한 국토 면적의 4퍼센트가 해수 침수 피해를 볼 것이라는 예측도 나온다.[21]

2002년 태풍 루사와 2003년 태풍 매미는 최근 들어 태풍의 강도가 더욱 강해지고 있음을 여실히 보여준 사례였다. 태풍 루사는 250여 명의 사망·실종과 5조 원 이상의 재산상 피해를 가져왔다. 우리나라 역사상 최대의 재산 손실을 초래한 태풍이었다. 이듬해의 태풍 매미도 루사 못지않은 피해를 입혔다. 사망·실종이 130여 명에 이르렀고 재산 피해는 4조 원 이상이었으며 수많은 이재민이 발생했다. 특히 강원도와 경상남도에서는 순간 집중호우로 발생한 산사태가 주택가를 휩쓸면서 인명 피해가 컸다.

일반적인 경우는 아니지만, 산간 지역이 아닌 도시에서도 대형 산사태가 발생할 수 있다. 2011년의 집중호우는 서울 시내에서 대규모의 산사태를 일으켰다. 그해 장마가 거의 끝나가던 7월 26일과 27일에 시간당 최대 100밀리미터의 폭우가 서울 남부에 쏟아지면서 우면산 일부가 무너져 내렸다. 이 산사태로 17명이 사망했고 우면동의 수십 가구가 고립되는 상황이 발생했다. 당시 우면산 산사태의 인재 여부를 둘러싸고 논란이 컸다. 물론 유례없던 집중호우가 일차적 원인이었지만, 산사태의 위험이 상존하는 지역임에도 산림 관리에 소홀했다는 비판을 피할 수 없었다.

한편 한반도 생태계에서도 온난화에 따른 변화가 점점 뚜렷해지고 있다. 원래 여름 철새였던 왜가리나 백로는 기온 상승으로 텃새화되어 겨울철에도 우리나라 강가에서 쉽게 관찰된다. 마찬가지로 과거 동남아, 중국, 대만, 일본 등지에서 주로 서식하던 아열대성의 흰줄숲모기, 등검은말벌, 꽃매미 등도 지금은 흔하게 볼 수 있는 곤충이 되었다. 이러한 곤충들은 사람들에게 열대성 질환을 전파하고, 토종 곤충의 세력을 약화시키고, 가로수나 과수에 피해를 입힌다. 외부에서 최근 들어왔기 때문에 효과적인 방재 대책이 없을 뿐 아니라 천적도 거의 없어 새로운 환경 문제로 떠오르고 있다.

우리나라 연안의 여름철 바다 수온 또한 빠르게 상승 중이다. 2010년 이후 7월 평균 수온이 매년 0.34도씩 올랐는데, 이는 해수 온도 측정이 시작된 1997년 이후 7월 평균 상승치인 0.14도와 비교할 때 약 2.4배 높은 값이다. 최근 10년 사이에 해수 온도가 급격하게 오르고 있음을 알 수 있다.[22] 수온의 상승은 적조 현상으로 이어져 어패류 양식업자들의 피해도 커지고 있다.

해양 생태계 변화도 크다. 동해안에서는 과거에 주로 잡히던 명태나 도루묵과 같은 한대성 어종의 어획량이 크게 감소했다. 현재 시중에서 유통되는 명태는 대부분 러시아 산이다. 대신 지구 온난화로 남쪽에서 이동해온 오징어와 멸치의 어획량은 점차 증가하는 추세다. 최근 제주도 인근에서는 전형적인 아열대성 어종인 참다랑어가 많이 잡힌다. 19세기까지 주로 호남 지역에 서식하던 대나무는 수도권까지 북상했다. 한라산의 식물들은 전체적으로 높은 고도를 향해 이동 중이며 고산식물인 돌매화나무, 시로미, 구상나무 등은 갈 곳을 찾지 못한 채 사라지고 있다. 사과, 배, 포도, 복숭아 등 우리나라 전통 과일들의 재배 적지 또한 점점 북쪽으로 이동하고 있다. 앞으로 온난화가 계속된다면 언젠가는 아열대성 작물인 벼마저 한반도에서 생산량이 감소할 수 있다는 경고는 의미심장하다.[23]

선견지명과 올바른 판단

제4기 내내 인간 사회에 영향을 미쳤던 기후 변화는 지구 공전 궤도 변화, 자전축 변동, 세차운동 등 지구의 움직임이 달라졌거나 태양 흑점 수, 화산 폭발, 해양 순환 등의 변화가 나타났을 때 발생했다. 대부분 자연적인 현상이었고 따라서 주기적으로 찾아왔다. 기후가 예기치 않게 변화할 때마다 수백만 년 전 고인류 시대는 말할 것도 없고 인류가 금속을 이용할 정도로 기술이 발전했던 청동기와 철기 시대에도 인간 사회는 큰 충격을 받았다.

산업혁명 이후 빠른 성장을 거듭하여 슈퍼컴퓨터를 이용하고 AI를 논하는 시대가 왔지만 여전히 내일의 날씨조차 정확히 예측하지 못하는 것이 현실이다. 과거 선사인들은 오죽했을까. 번창하던 문명들도 갑작스럽게 나타나는 기후 변화와 기상 이변에는 속수무책이었다. 그러나 지배층의 올바른 선견지명 덕에 예측 불가의 환경 변화에 흔들리지 않고 전성기를 누린 사례들도 얼마든지 찾아볼 수 있다.

고대 중국에서는 나라를 다스리는 사람의 가장 중요한 덕목으로 치수를 들었다. '대우치수大禹治水'의 고사로 중국인에게 친숙한 전설 속의 우임금이 후대에 위대한 성군으로 칭송받는 이유는 황하 유역의 치수에 성공했기 때문이다. 천년에 한번 나옴 직한 제왕이라는 뜻의 '천고일제千古一帝'라 불렸으며 중국사를 통틀어 가장 뛰어난 군주로 손꼽히는 청나라의 강희제 또한 치수에 많은 공을 기울였다. 강희제는 1661년에 즉위하여 1722년까지 총 61년간 재위함으로써 중국 역사상 가장 오랜 기간 통치한 황제로도 알려져 있다. 그가 제위에 있던 시기는 소빙기 내에서도 흑점 수가 눈에 띄게 감소하여 기온 하강이 두드러졌던 몬더 극소기와 정확히 일치한다(11장 참고). 조선에서도 경신대기근과 을병대기근이 연이어 발생하면서 사회적인 혼란이 만연했던 시기다. 그러나 청나라는 강희제가 이룬 정치적 안정 덕분에 이후 옹정제와 건륭제로 이어지는 전성기를 누리면서 기후 변화와 상관없이 번영을 구가할 수 있었다.

강희제는 무엇보다 홍수를 조절하고 가뭄을 방지하는 데 전력을 다했다. 수리 시설을 개선하고 정비하여 앞으로 닥칠지 모를 재해에 대비했다. 자연재해로 피해를 입은 백성들을 구휼하는 일에도 신속하게 움직였다. 기근이 있을 조짐이 보이면 재해 상황이 아님에도 세금을 면제해주는 정책을 펼쳐 민심을 얻었다. 불확실한 미래를 철저히 대비하려 했던 모습에서 그의 실용주의적 가치관을 느낄 수 있다. 기우제와 같은 주술적 행위를 멀리한 것은 아니지만 여기에 큰 의미를 두지는 않았다. 대신 기후 변화에 따른 잠재적 재해에 미리 대처하여 피해를 최소화하는 데 많은 힘을 쏟았다.

강희제가 청나라를 다스리던 시기와 지금의 과학 기술을 비교해보면 천지 차이지만, 여전히 미래의 장기적인 기후 변화를 정확히 예측하는 것은 불가능에 가깝다. 대중에게 알려져 있는 미래의 기후와 관련된 정보들은 대부분 근거가 부족하고 수많은 가정이 포함된 '이야기'에 불과하다. 연구자들은 연구의 가치를 인정받기 위해 가용한 자료가 불확실하고 불충분하더라도 사회에 반향을 불러올 수 있는 결론을 내고 싶어 한다.[24] 또 설령 연구자가 결과를 단정 짓지 않고 다양한 시나리오를 제시해도[25] 언론은 이 중에서 가장 자극적인 시나리오를 골라 대중에게 전할 때가 많다. 예를 들어 "지구 온난화가 이대로 지속되면 2035년에 히말라야의 빙하가 모두 녹을 것"이라거나 "온실 기체 배출을 감축하지 않으면 2150년의 기후는 지금보다 10도 이상 높아져 5000만 년 전 에오세의 기후와 비슷해진다"라고 주장하는 식이다.

반대편에서는 지구 온난화는 허구라면서 음모론을 제기하거나 그 위험성이 과장되었다는 이유로 무시하려는 태도를 취한다. 이들 중 대다수가 화석 연료 기업으로부터 지원받는 것을 개의치 않으므로 연구의 저의를 의심케 할 때가 많다. 그들의 반대는 과학적인 증거에 근거한다기보다는 다분히 정치적인 이유에서 비롯된 것으로 보인다. 전 세계 국가들은 지구 온난화의 속도를 늦추기 위해 화석 연료 사용에 대한 규제를 지속적으로 강화하고 있는데, 지구 온난화에 대한 음모론을 거론하는 이들은 보통 정부의 지나친 개입을 거부하는 신자유주의 보수주의자들이다.

지구 온난화와 관련된 정보의 양은 크게 늘고 있다. 이러한 정보들은 사회와 대중의 경각심을 불러일으켜 지구 온난화의 속도를 늦추는 데 기여한다. 또한 지구 온난화에 대한 근거 없는 불안감을 완화시켜주기도 한다. 그러나 정보의 양에 비해 그 질은 여전히 기대에 미치지 못한다. 우리는 수많은 자의적 가정을 거쳐 이루어진 '이야기'를 맹신하기보다는 왜 이러한 '이야기'들이 오가고 있는지 객관적으로 바라볼 필요가 있다. 지구 온난화의 위험성을 과장하여 강조하는 사람들은 과학 기술을 통한 인간의 문제 해결 능력을 무시하고 기후 변화의 불가항력을 지나치게 두려워하는 경향을 보인다. 반대로 '기후 변화는 허구'라는 말로 선동하는 사람들은 회의적인 생각에 휩싸여 자기 주장에 맞는 자료만 수집하는 확증편향적인 모습을 보인다. 따라서 우리 스스로 소위 전문가라고 불리는 사람들의 견해를 받아들이기 전에 논리적인 비약은 없는지 그리고 판단 근거는 충분히 신뢰할 만한 것인지 세심하게 따져봐야 한다.

현 상황에서는 그 어떤 전문가라도 미래 기후 변화의 향방에 대해 정확한 판단을 내리기 어렵다. 여태껏 자연적인 기후 변화 메커니즘조차 제대로 파악하지 못했다. 거기에 인간의 행동 요소까지 더해졌으니 앞으로의 기후를 어떻게 예측할 수 있겠는가? 지금 우리가 우려하고 있는 지구 온난화는 자연적으로 발생한 기후 변화가 아닌 인위적으로 유발된 기후 변화이다. 과학에 인간의 요소가 들어가는 순간 과학의 범주에서 벗어나기 마련이다. 인간의 행동 패턴을 예측하기란 거의 불가능에 가깝기 때문이다. 경제에 정통한 주식 전문가의 의견을 따랐다가 주식 거래에서 큰 손해를 입어본 경험이 있는 사람이라면 누구나 이 말이 의미하는 바를 이해할 수 있을 것이다. 그렇다면 우리는 현 상황에서 지구 온난화 문제에 어떻게 대처해야 할까? 미래의 변화가 좀더 뚜렷해질 때까지 기다려야 할까? 아니면 잠재적 손해를 감수하고라도 지금부터 움직여야 하는 것일까?

과거에서 한번 답을 찾아보자. 원시 농경 사회가 기후 변화에 맞닥뜨렸을 때 쓸 수 있는 방법이라 해봐야 몇 가지 없었다. '이주'는 그 가운데에서 가장 적극적인 해결책이었지만 그만큼 위험부담 또한 컸다. 농경민이 조상 대대로 일군 익숙한 땅을 버리고 새로운 곳을 찾아 움직인다는 것은 쉽게 행동으로 옮기기 어려운 결정이다. 일단 농경에 적합한 땅을 찾으리라는 보장이 없었다. 운 좋게 괜찮은 땅을 찾았다 하더라도 타인과의 경쟁은 불가피했다. 내가 선호하는 땅은 당연히 다른 사람에게도 매력적이다. 또 땅을 차지했다 하더라도 집을 만들고 주변을 정리하고 농경지를 개간하는 등 정착 초기 단계는 고난의 연속이다. 많은 노동력과 시간을 투자했음에도 예상치 못한 변수 때문에 새로운 터전을 찾는 일이 헛수고가 되는 경우도 비일비재했을 것이다. 이러한 어려움들이 빤히 보이는데, 선뜻 이주를 시도한 사람들이 많았을 리 없다.

기후 악화에도 불구하고 자기 땅에서 버티고 있다가 속절없이 아사하는 사람들이 늘기 시작하면서 사회 분위기는 점차 험악해졌을 것이다. 엘리트층과 하위 계층민 사이의 갈등이 표면화되고 사소한 다툼도 걷잡을 수 없는 폭력으로 번진다. 제 식구 건사하기도 힘든 상황에서 기후 변화의 여파로 외부인은 눈에 띄게 불어난다. 원주민과 이방인의 또 다른 갈등이 새로운 사회 문제로 대두된다. 원시 사회의 갈등 해결 능력은 지금에 비해 현저히 낮았다. 엘리트들은 내부 갈등의 심화로 사회가 붕괴되는 모습을 지켜보면서 이를 운명으로 받아들였을 것이다.

한편, 사회가 붕괴될 조짐이 보이던 변동 초기에 손해를 무릅쓰고 과감하게 움직였던 사람들은 이후 자원 경쟁에서 상대적으로 유리한 위치를 점할 수 있었다. 이와 반대로 끝까지 자기 땅에서 버티거나 막판에 몰려 어쩔 수 없이 이주를 결심한 이들은 먹을거리 부족과 극심한 사회 혼란 속에서 생존을 위해 사투를 벌여야 했다. 과거의 사례들은 미래 우리 사회가 기후 변화로 큰 피해를 보지 않으려면 적극적이고 선제적인 조치를 과감하게 취할 필요가 있다는 점을 시사한다. 현재를 세심히 관찰하고 미래의 기근에 대비했던 청나라 황제 강희제 그리고 사회 변동 초기에 이주라는 과감한 결정을 내린 일군의 송국리 문화인들은 모두 선견지명을 지녔던 사람들이었다.

지구 온난화에 어떻게 대응할 것인가

과거의 기후 변화와 미래의 기후 변화는 속성이 다르다. 우리의 우려를 낳고 있는 지구 온난화는 인위적으로 발생한 변화다. 이전의 소빙기나 4.2ka 이벤트 등과 같은 자연적인 기후 변화와는 형성 원인 측면에서 상이하다. '인위적인'이라는 단어는 우리에게 중요한 사실을 알려준다. 자연적으로 나타나는 기후 변화는 우리가 어찌 손쓸 방법이 없다. 하지만 지구 온난화는 다르다. 우리의 의지 여부에 따라 충분히 극복 가능하다.

인류는 지구의 생태계가 회복 불가의 임계점에 다다르기 전에 온실 기체의 증가를 제어할 수 있는 방법을 찾아야 한다. 이 일의 가능 여부가 미래 인류의 생존을 결정할지도 모른다. 다행스럽게도 태양광이나 풍력과 같은 신재생에너지의 효율성이 높아지면서 조만간 지구 온난화 문제가 해결될 것이라는 희망 또한 커지고 있다. 지적 활동의 생산성이 높아지면서 과학기술은 놀라운 발전 속도를 보이고 있다. 동시에 세계화, 인본주의, 자유민주주의, 인권 등 인류의 공존에 필요한 여러 요소의 가치는 점점 높아진다. 공감 능력과 도덕성이 갖는 의미들이 새롭게 조명되면서 폭력성은 뚜렷이 감소하는 추세다. 이렇듯 지구 온난화를 둘러싼 사회적 갈등이 원만하게 해소될 수 있는 분위기는 이미 갖춰져 있다. 아마 잘 해결될 것이다. 호모 사피엔스가 농경 시작 이후 문명을 이루고 국가를 완성하는 과정에서 보여준 혁신 능력은 실로 대단했다. 인류가 지나온 과거를 돌아볼 때 미래도 그리 나쁘지 않을 가능성이 크다.

최근 전 세계적으로 기업의 가치를 높이기 위한 전략적 사고로 ESG(환경, 사회, 거버넌스Environmental, Social, and Governance) 개념이 인기다. 현대 사회는 지구 온난화, 환경오염, 종 다양성 감소 등 지구의 지속 가능성을 저해하는 여러 문제의 해결에 기업이 적극적으로 나서주길 원한다. 실제 선진국을 중심으로 공생의 가치를 중시하고 탄소 중립에 앞장서는 친환경 기업을 선호하는 경향이 뚜렷해지고 있다. 이러한 사회 변화는 지구 온난화가 예상만큼 난해한 문제가 아닐 수도 있다는 희망을 준다.

　미래를 낙관적으로 바라볼 만한 이유는 이와 같이 충분히 많다. 그러나 과거에 비해 나아졌다는 이야기이지 문제가 전혀 없다는 말은 아니다. 폭력을 정당화하는 이데올로기에 올라타 참혹한 테러 행위를 일삼는 집단들도 여전히 존재한다. 경쟁심, 이기심, 복수심을 제어하지 못한 채 다른 나라에 비이성적인 태도로 일관하는 국가들도 있다. 인권을 거스르는 행동을 서슴없이 저지르는 군부나 환경의 가치를 무시하고 이윤만을 좇는 기업도 흔히 접할 수 있다. 만약 이러한 갈등이 해소되지 못한 채 오히려 깊어지기만 한다면 지구 온난화는 영영 풀리지 않는 난제로 남을 수 있다. 지구 온난화는 전 세계 국가와 시민들이 합심하여 풀어나가야 하는 전 지구적 환경 문제이기 때문이다.

　우리는 항상 비관적인 시나리오에서 돌출될 수 있는 예기치 못한 상황들을 고려해야 한다. 국가 간의 협의가 지지부진하여 지구 온난화가 더욱 심각해지는 상황이 올 수도 있다. 이산화탄소 배출량 감축 등 지구 온난화 문제 해결을 위한 국제 공조에는 적극 나서되, 동시에 지구 온난화를 현실로 받아들이고 이를 감당할 수 있는 수준의 대비 태세를 갖추는 것이 중요하다. 2015년 파리 협정에서 의결한 기온 목표치(온도 상승 폭을 산업화 이전 대비 2도 이하로 유지)는 선진국 몇 나라가 노력한다고 해서 이룰 수 있는 성질의 것이 아니다. 선진국뿐 아니라 개발도상국 그리고 후진국까지 모든 나라의 협조가 필요한 지난한 작업이 될 터이므로 계획대로 진행되지 않을 가능성도 염두에 두어야 한다.

지구 온난화가 제어되지 못한 채 오히려 심화된다고 가정해보자. 홍수, 가뭄, 해일, 산사태, 태풍, 거기에 전염병까지 지구 온난화로 빈번해질 자연재해가 당장 우리에게 시급한 문제로 다가올 것이다. 평균 기온이 1~2도 상승하는 것에 신경 쓸 겨를도 없이 즉각적인 피해를 입히는 재해를 막기 위해 정신이 없을 것이다. 언제 어디서 어떠한 형태로 재해가 나타날지 우리는 알 수 없다. 닥쳐서 허둥댈 것이 아니라 청나라 황제 강희제가 그러했듯이 미리 대비책을 강구해놓는 것이 중요하다. 물론 효과가 불분명한 선제적 대책 마련에 아까운 자원만 낭비한다는 지적이 항상 뒤따를 것이다. 그러나 지구 온난화는 점점 피할 수 없는 현실에 가까워지고 있다. 국가와 지자체는 지구 온난화의 후폭풍이 조금이라도 우려된다면 적극적으로 이에 대비하여야 한다. 불확실하다는 이유로 아무런 조치 없이 넘어갔다가 호미로 막을 것을 가래로 막아야 하는 상황이 올 수도 있다.

많은 이의 지지를 얻기 위해서는 정책이 보다 창의적이어야 한다. 언론은 정치와 자본에 구애받지 말고 기존 정책을 비판하고 끊임없이 새로운 대안을 제시할 필요가 있다. 사회 구성원들이 현실을 직시할 수 있도록 대중 교육과 학교 교육 또한 세심하게 가다듬어야 한다. 이제부터라도 지구 온난화의 심각성을 진지하게 받아들이고 이의 해결을 위해 능동적으로 움직이자. 기후의 힘을 억제해야 우리가 산다.

에필로그

    전 세계적으로 미래의 지구 온난화에 대한 우려가 증폭되고 있다. 그러나 안타깝게도 최근의 파리기후협약에서 보듯 정치적·경제적 이해관계에 따라 서로 복잡하게 얽혀 있는 국제 사회에서 온난화 문제의 해결은 요원해 보인다. 온난화가 앞으로 우리의 삶에 어떠한 파장을 미칠지 누구도 예측하기 어렵지만 아무 일도 없이 지나가지는 않을 것이다. 기후 변화가 필연이라면, 새로운 환경을 오히려 발전의 기회로 삼는 역발상의 아이디어도 필요하다. 과거의 여러 사례는 기후 변화에 최대한 적극적으로 대응했을 때 위기를 극복할 수 있었다는 사실을 잘 보여준다.

    3000~2000년 전 기후 악화는 당시 한반도 농경민에게 큰 충격을 안겼다. 자포자기 상태로 기후 변화에 굴복한 사람도 있었지만 위기를 기회 삼아 성공한 사람들도 있었다. 규슈로 넘어간 진취적인 농경민들은 일본에서 새로운 역사를 창조했다. 소극적인 자세로는 환경 변화라는 거대한 파도를 헤쳐나갈 수 없다. 한반도에서 번영하던 송국리 문화는 형성된 후 불과 1000년도 되기 전에

갑자기 사라진 반면, 일본에 전파된 송국리 문화는 후신인 야요이 문화를 발전시켰다. 야요이인은 현재 일본인의 근간을 이룬다. 기후가 계속 나빠지고 있음에도 원래 있던 곳에 남기로 한 농경민과 온화하다고 알려진 남쪽으로 그리고 일본으로의 힘든 이주를 결심한 농경민은 모두 같은 송국리 문화인이었다. 그러나 당시 그들의 서로 다른 선택은 유전자의 확산 측면에서 엄청난 차이로 이어졌다. 이렇듯 인간 사회에 치명적인 외부 교란이 가해지더라도 활발한 정보 수집과 적극적인 대응을 통해 위기를 기회로 반전시킬 수 있다.

우리나라 동해안에는 다양한 모양의 석호가 있다. 필자는 그중 하나인 강릉 근처의 순포개호에서 퇴적물을 시추한 적이 있었는데, 4미터 깊이의 실트 퇴적물 속에 뜬금없이 박혀 있던 복숭아씨를 발견하고 흥미로워했던 기억이 난다. 연대 측정을 해보니 대략 7000년 전의 씨였다. 도대체 이 씨는 어떻게 0.005밀리미터 정도밖에 되지 않는 미세한 입자들과 함께 퇴적될 수 있었을까? 입자들의 크기로 보건대, 호수 외곽이 아니라 호수의 한가운데로 복숭아씨가 난데없이 떨어진 것이 분명했다. 적어도 물에 의한 퇴적은 아니었다. 머릿속에서 상상의 나래를 폈다. 고대인들이 멀리 던지기 놀이를 하다가 그곳에 떨어진 것이 아닐까? 까치나 까마귀 같은 날짐승들이 복숭아를 먹고 씨를 호수에 떨어뜨린 걸까? 아니면 뗏목을 띄워 고기를 잡던 고대인들이 먹고 뱉은 것일까?

증거가 없으니 정답은 아무도 알 수 없다. 인문학적 상상력은 연구의 전체적인 방향을 잡을 때는 필요하지만, 여기서 더 뭔가를 기대하는 것은 욕심이다. 그래서 고환경 연구자들은 여러 자연과학적 방법을 동원해 자료들을 확보하고 이를 근거로 문제를 해결하려 한다. 가령, 퇴적물의 생지화학적 분석을 수행하거나 복숭아 씨의 동위원소 분석 등을 수행한다면, 이 씨의 정체와 관련한 경우의 수를 한층 줄일 수 있을 것이다. 그러나 아무리 확보한 자료가 많아도 과거에 대한 연구로부터 100퍼센트 확신할 수 있는 '사실'을 찾을 수는 없다. 단지 '사실'일 가능성이 있는 '가설'을 제시할 수 있을 뿐이다. 심지어 과거 문헌에 명시적으로 기록된 '사실'일지라도 이의 과장·축소 여부는 항상 의심해봐야 한다.

오랫동안 반론이 없어 마치 '사실'같이 받아들여진 기존 연구 결과들 또한 참이 아닐 가능성은 항상 있다. 특히 최근에는 분석 기법의 발전 덕에 새롭고 정밀한 증거들이 다량 축적되고 있다. 과거의 이론이 뒤집히거나 정답에 대한 논의가 뒤로 미뤄지는 경우를 자주 접하게 된다. 연구자는 연구의 진척 정도에 따라 여태 받아들여졌던 이론이 순식간에 폐기될 수도 있음을 유념하고 자신의 연구 결과에 대한 확언은 가급적 피해야 한다.

책 후기에 이러한 이야기들을 진지하게 늘어놓는 이유는 독자들이 책에 실린 내용이 모두 진실일 것이라고 믿는 것을 막기 위함이다. 과거를 다루는 글을 읽을 때는 항상 비판적인 시각을 견지해야 한다. 고환경·고고학 연구자들은 최대한 객관적인 시각으로 과거를 바라보기 위해 가용한 과학적 방법을 총동원해 다양한 자료를 확보한다. 그러나 어찌 됐든 과거의 완벽한 복원이란 있을 수 없다. 비어 있는 지점은 항상 존재하기 마련이다. 이를 채우기 위해 근거가 약한 가정, 즉 어느 정도의 상상이 해석 과정에서 개입되는 것은 불가피한 일이다. 마치 오래된 퍼즐의 잃어버린 조각을 직접 만들어 채우듯이 신선하면서도 논리적인 상상은 연구의 완성도와 가치를 높일 수 있다. 하지만 빈틈을 무리하게 메우다가 학자 자신도 모르게 비논리적이고 과도한 상상에 휩싸여 오류를 범하는 경우가 있다. 비판적인 독서는 그래서 필요하다.

책을 힘껏 다 써놓고는 독자들에게 그 내용의 진실성을 의심하라고 하니 이상하게 느껴질지도 모르겠다. 독자의 흥미를 끌기 위한 책을 쓰기 위해 너무 쉽게 환경 결정론적인 인과관계에 빠져드는 것을 스스로 경계하려 한다. 그러나 환경 결정론적 사유라도 논리적 근거가 충분하다면 이를 적극적으로 개진하고자 했다. 책의 내용을 믿고 안 믿고는 독자의 몫이다. 책에 수록된 다양한 이야기들이 훗날 새롭게 발견될 사실에 의해 어떻게 변형될지는 아무도 모른다. 따라서 여러 가능성 가운데 하나일 뿐 정답은 아직 모른다는 마음가짐으로 책을 읽어주길 부탁드린다.

감사의 글

미국에서 지리학 박사 학위를 받고 전남대학교를 거쳐 서울 대학교에서 자리를 잡고 행복했던 것도 잠깐, 나는 곧 어깨에 무거운 짐을 짊어진 것 같은 느낌을 받았다. 부족한 능력이지만 비인기 학문인 지리학을 많은 사람에게 알려야 한다는 의무감 같은 것이 마음 한편에 자리하고 있었기 때문이다. 학문적 성과를 위해 영문으로 작성한 SCI 논문들은 대중이 읽지 않으니 의미가 없었다. 시험을 위해 외운 단순한 지식이 아닌, 학문으로서 '지리학'이 갖는 학술적·실용적 장점을 어떻게 알릴 수 있을지 끊임없이 고민했다. 궁리 끝에 정년을 보장받으면 지리학자의 시각에서 '기후 변화'와 관련된 책을 써야겠다고 다짐했다. 기후 변화를 제대로 이해할 수 있는 전문가는 기상학자와 같은 자연과학자가 아니라 인간을 함께 공부하는 지리학자라 믿었기 때문이다. 기후 변화가 인류에 미친 영향에 대해 지리학자만큼 관심을 두는 사람이 또 있을까? 하지만 테뉴어를 받은 후에도 펜을 들 엄두가 쉬이 나질 않았다.

책을 집필하게 된 계기는 갑작스럽게 찾아왔다. 한마음평화연구재단에서 과거 기후 변화에 대한 자문을 요청해왔고, 이 인연이 책으로 이어지게 됐다. 한반도 인류의 기원에 큰 관심을 가지고 있던 남승우 상근고문께서 기후 변화와 인류사에 대한 책을 써보는 것이 어떻겠냐고 제안했다. 며칠 고민 끝에 결정을 내리고 집필에 들어갔는데, 책을 다 완성한 지금에 와서 보면 적절한 판단이었다는 생각이 든다. 이 책을 진행하는 과정에서 한마음평화연구재단의 많은 지원을 받았다. 남승우 상근고문이 주신 다채로운 조언은 책의 얼개를 짜고 내용의 다양성을 높이는 데 큰 도움이 되었다. 또한 재단의 이정이 사무총장과 박태규 이사장께서도 집필에 집중할 수 있도록 세심히 배려해줬다. 지면을 빌어 그들에게 감사의 마음을 전한다.

또한 서울대학교 지리학과의 동료 교수들에게도 감사의 말을 전한다. 점심시간이나 술자리에서 그들과 나눈 다양한 관점의 이야기들이 책을 완성하는 데 큰 도움이 되었다. 마지막으로 오랫동안 홀로 두 아들의 뒷바라지를 하느라 고생하신 어머니와 공부한다는 핑계로 집안일은 거들떠보지도 않는 남편의 집필 작업을 열렬히 응원한 아내에게 감사하다는 말을 전한다.

참고문헌

1장 기후 변화, 인류의 진화를 추동하다

1 Smithsonian National Museum of Natural History. (2018). Climate Effects on Human Evolution. https://s.si.edu/3jmg5Ay

2 Rodman, P. S., & McHenry, H. M. (1980). Bioenergetics and the origin of hominid bipedalism. *American Journal of Physical Anthropology*, 52(1), 103-106.

3 Bramble, D. M., & Lieberman, D. E. (2004). Endurance running and the evolution of Homo. *Nature*, 432(7015), 345-352.

4 Dunbar, R. I. (1998). The social brain hypothesis. *Evolutionary Anthropology: Issues, News, and Reviews: Issues, News, and Reviews*, 6(5), 178-190.

5 Potts, R. (1996). Evolution and climate variability. *Science*, 273(5277), 922-923.

6 Demenocal, P. B. (1995). Plio-pleistocene African climate. *Science*, 270(5233), 53-59.

7 Lambeck, K., Esat, T. M., & Potter, E. K. (2002). Links between climate and sea levels for the past three million years. *Nature*, 419(6903), 199-206.

8 Dennell, R., & Roebroeks, W. (2005). An Asian perspective on early human dispersal from Africa. *Nature*, 438(7071), 1099-1104.

9 Zhu, Z., Dennell, R., Huang, W., Wu, Y., Qiu, S., Yang, S., ... & Ouyang, T.

(2018). Hominin occupation of the Chinese Loess Plateau since about 2.1 million years ago. *Nature*, 559(7715), 608-612.

10 Fleagle, J. G., Shea, J. J., Grine, F. E., Baden, A. L., & Leakey, R. E. (Eds.). (2010). *Out of Africa I: the first hominin colonization of Eurasia*. Springer Science & Business Media.

11 Drake, N. A., Breeze, P., & Parker, A. (2013). Palaeoclimate in the Saharan and Arabian Deserts during the Middle Palaeolithic and the potential for hominin dispersals. *Quaternary International*, 300, 48-61.

12 Timmermann, A., & Friedrich, T. (2016). Late Pleistocene climate drivers of early human migration. *Nature*, 538(7623), 92-95.

13 Rampino, M. R., & Self, S. (1992). Volcanic winter and accelerated glaciation following the Toba super-eruption. *Nature*, 359(6390), 50-52.

14 Reich, D. (2018). *Who we are and how we got here: Ancient DNA and the new science of the human past*. Oxford University Press.

15 Bird, M. I., Taylor, D., & Hunt, C. (2005). Palaeoenvironments of insular Southeast Asia during the Last Glacial Period: a savanna corridor in Sundaland?. *Quaternary Science Reviews*, 24(20-21), 2228-2242.

16 HUGO Pan-Asian SNP Consortium. (2009). Mapping human genetic diversity in Asia. *Science*, 326(5959), 1541-1545.

17 Chu, J. Y., Huang, W., Kuang, S. Q., Wang, J. M., Xu, J. J., Chu, Z. T., ... & Jin, L. (1998). Genetic relationship of populations in China. *Proceedings of the National Academy of Sciences*, 95(20), 11763-11768.

18 Kim, J., Jeon, S., Choi, J. P., Blazyte, A., Jeon, Y., Kim, J. I., ... & Bhak, J. (2020). The origin and composition of Korean ethnicity analyzed by ancient and present-day genome sequences. *Genome Biology and Evolution*, 12(5), 553-565.

19 Siska, V., Jones, E. R., Jeon, S., Bhak, Y., Kim, H. M., Cho, Y. S., ... & Manica, A. (2017). Genome-wide data from two early Neolithic East Asian individuals dating to 7700 years ago. *Science Advances*, 3(2), e1601877.

20 Park, J., Lim, H. S., Lim, J., Yu, K. B., & Choi, J. (2014). Orbital-and millennial-scale climate and vegetation changes between 32.5 and 6.9 k cal a BP from Hanon Maar paleolake on Jeju Island, South Korea. *Journal of Quater-*

nary Science, 29(6), 570-580.

21 Lee, G. A. (2011). The transition from foraging to farming in prehistoric Korea. *Current Anthropology*, 52(S4), S307-S329.

22 Ahn, S. M. (2010). The emergence of rice agriculture in Korea: archaeobotanical perspectives. *Archaeological and Anthropological Sciences*, 2(2), 89-98.

23 Rowley-Conwy, P. (2011). Westward Ho! The spread of agriculture from Central Europe to the Atlantic. *Current Anthropology*, 52(S4), S431-S451.

24 Olalde, I., Brace, S., Allentoft, M. E., Armit, I., Kristiansen, K., Booth, T., ... & Reich, D. (2018). The Beaker phenomenon and the genomic transformation of northwest Europe. *Nature*, 555(7695), 190-196.

25 Jin, H. J., Tyler-Smith, C., & Kim, W. (2009). The peopling of Korea revealed by analyses of mitochondrial DNA and Y-chromosomal markers. *PloS One*, 4(1), e4210.

26 Jeong, C. (2020). A population genetic perspective on Korean prehistory. *Korean Studies*, 44(1), 27-53.

27 Robbeets, M. (2017). Austronesian influence and Transeurasian ancestry in Japanese: A case of farming/language dispersal. *Language Dynamics and Change*, 7(2), 210-251.

28 Whitman, J. (2011). Northeast Asian linguistic ecology and the advent of rice agriculture in Korea and Japan. *Rice*, 4(3-4), 149-158.

29 Kim, J., & Park, J. Millet vs rice: an evaluation of the farming/language dispersal hypothesis in the Korean context, Evolutionary Human Sciences 2, e15 (2020)

30 이융조. (2006). 두루봉 연구 30 년. **선사와 고대**, 25, 35-78.

31 이상희. (2018). 흥수아이 1 호는 과연 구석기시대 매장 화석인가?. **한국상고사학보**, 100, 205-217.

32 이융조, & 우종윤. (2006). 청원 두루봉동굴 유적의 고고학적 접근. **선사와 고대**, 25, 99-116.

2장 빙하기란 무엇인가

1 Crutzen, P. J. (2006). The "Anthropocene", in E. Ehler & T. Krafft (Eds.). *Earth System Science in the Anthropocene*, Springer, 13-18.

2 Kump, L. R., Kasting, J. F. & Crane, R. G. (2004). *The Earth System*. Pearson Prentice Hall Upper Saddle River, NJ.

3 Lisiecki, L. E., & Raymo, M. E. (2005). A Pliocene-Pleistocene stack of 57 globally distributed benthic $\delta^{18}O$ records. *Paleoceanography*, 20(1).

4 Black, R. (2012). Carbon emissions 'will defer Ice Age', BBC News. https://bbc.in/2T4pyln

5 Ganopolski, A., Winkelmann, R., & Schellnhuber, H. J. (2016). Critical insolation–CO_2 relation for diagnosing past and future glacial inception. *Nature*, 529(7585), 200-203.

6 Schulz, M. (2002). On the 1470-year pacing of Dansgaard-Oeschger warm events. *Paleoceanography*, 17(2), 4-1.

7 North Greenland Ice Core Project members. (2004). High resolution record of Northern Hemisphere climate extending into the last interglacial period. *Nature*, 431(7005), 147-151.

8 Rasmussen, S. O., Bigler, M., Blockley, S. P., Blunier, T., Buchardt, S. L., Clausen, H. B., ... & Winstrup, M. (2014). A stratigraphic framework for abrupt climatic changes during the Last Glacial period based on three synchronized Greenland ice-core records: refining and extending the INTIMATE event stratigraphy. *Quaternary Science Reviews*, 106, 14-28.

9 Heinrich, H. (1988). Origin and consequences of cyclic ice rafting in the northeast Atlantic Ocean during the past 130,000 years. *Quaternary Research*, 29(2), 142-152.

10 Ruddiman, W. F. (1977). Late Quaternary deposition of ice-rafted sand in the subpolar North Atlantic (lat 40 to 65 N). *Geological Society of America Bulletin*, 88(12), 1813-1827.

11 Ruddiman, W. F. (2003). The anthropogenic greenhouse era began thousands of years ago. *Climatic Change*, 61(3), 261-293.

12 Bond, G., Heinrich, H., Broecker, W., Labeyrie, L., McManus, J., Andrews,

J., ... & Ivy, S. (1992). Evidence for massive discharges of icebergs into the North Atlantic ocean during the last glacial period. *Nature*, 360(6401), 245-249.

13 Bond, G., Broecker, W., Johnsen, S., McManus, J., Labeyrie, L., Jouzel, J., & Bonani, G. (1993). Correlations between climate records from North Atlantic sediments and Greenland ice. *Nature*, 365(6442), 143-147.

14 Staubwasser, M., Drăgușin, V., Onac, B. P., Assonov, S., Ersek, V., Hoffmann, D. L., & Veres, D. (2018). Impact of climate change on the transition of Neanderthals to modern humans in Europe. *Proceedings of the National Academy of Sciences*, 115(37), 9116-9121.

15 Broecker, W. S. (1998). Paleocean circulation during the last deglaciation: a bipolar seesaw?. *Paleoceanography*, 13(2), 119-121.

16 Wolff, E. W., Chappellaz, J., Blunier, T., Rasmussen, S. O., & Svensson, A. (2010). Millennial-scale variability during the last glacial: The ice core record. *Quaternary Science Reviews*, 29(21-22), 2828-2838.

17 Mayewski, P. A., Meeker, L. D., Twickler, M. S., Whitlow, S., Yang, Q., Lyons, W. B., & Prentice, M. (1997). Major features and forcing of high-latitude northern hemisphere atmospheric circulation using a 110,000-year-long glaciochemical series. *Journal of Geophysical Research: Oceans*, 102(C12), 26345-26366.

18 Bond, G., Kromer, B., Beer, J., Muscheler, R., Evans, M. N., Showers, W., ... & Bonani, G. (2001). Persistent solar influence on North Atlantic climate during the Holocene. *Science*, 294(5549), 2130-2136.

19 Wanner, H., Beer, J., Bütikofer, J., Crowley, T. J., Cubasch, U., Flückiger, J., ... & Widmann, M. (2008). Mid-to Late Holocene climate change: an overview. *Quaternary Science Reviews*, 27(19-20), 1791-1828.

20 MacAyeal, D. R. (1993). Binge/purge oscillations of the Laurentide ice sheet as a cause of the North Atlantic's Heinrich events. *Paleoceanography*, 8(6), 775-784.

21 Bassis, J. N., Petersen, S. V., & Mac Cathles, L. (2017). Heinrich events triggered by ocean forcing and modulated by isostatic adjustment. *Nature*, 542(7641), 332-334.

22 Porter, S. C., & Zhisheng, A. (1995). Correlation between climate events in the North Atlantic and China during the last glaciation. *Nature*, 375(6529), 305-308.

23 Wang, Y. J., Cheng, H., Edwards, R. L., An, Z. S., Wu, J. Y., Shen, C. C., & Dorale, J. A. (2001). A high-resolution absolute-dated late Pleistocene monsoon record from Hulu Cave, China. *Science*, 294(5550), 2345-2348.

24 Wang, Y., Cheng, H., Edwards, R. L., He, Y., Kong, X., An, Z., ... & Li, X. (2005). The Holocene Asian monsoon: links to solar changes and North Atlantic climate. *Science*, 308(5723), 854-857.

25 Jo, K. N., Woo, K. S., Cheng, H., Edwards, L. R., Wang, Y., Kim, R., & Jiang, X. (2010). Textural and carbon isotopic evidence of monsoonal changes recorded in a composite-type speleothem from Korea since MIS 5a. *Quaternary Research*, 74(1), 100-112.

26 Park, J., Lim, H. S., Lim, J., Yu, K. B., & Choi, J. (2014). Orbital-and millennial-scale climate and vegetation changes between 32.5 and 6.9 k cal a BP from Hanon Maar paleolake on Jeju Island, South Korea. *Journal of Quaternary Science*, 29(6), 570-580.

27 윤석훈. (2019). 제주도 하논 화산분화구의 지질유산 가치와 활용방안. **지질학회지**, 55(3), 353-363.

28 Park, J., & Park, J. (2015). Pollen-based temperature reconstructions from Jeju island, South Korea and its implication for coastal climate of East Asia during the late Pleistocene and early Holocene. *Palaeogeography, Palaeoclimatology, Palaeoecology*, 417, 445-457.

29 Liu, X., Liu, J., Chen, S., Chen, J., Zhang, X., Yan, J., & Chen, F. (2020). New insights on Chinese cave $\delta^{18}O$ records and their paleoclimatic significance. *Earth-Science Reviews*, 103216.

3장 지구에 엄청난 추위가 밀려들다

1 CLIMAP Project. (1981). *Seasonal reconstructions of the Earth's surface at the last*

glacial maximum. Geological Society of America.

2 Mix, A. C., Bard, E., & Schneider, R. (2001). Environmental processes of the ice age: land, oceans, glaciers (EPILOG). *Quaternary Science Reviews*, 20(4), 627-657.

3 Sarnthein, M., Gersonde, R., Niebler, S., Pflaumann, U., Spielhagen, R., Thiede, J., ... & Weinelt, M. (2003). Overview of glacial Atlantic Ocean mapping (GLAMAP 2000). *Paleoceanography*, 18(2).

4 Clark, P. U., Dyke, A. S., Shakun, J. D., Carlson, A. E., Clark, J., Wohlfarth, B., ... & McCabe, A. M. (2009). The last glacial maximum. *Science*, 325(5941), 710-714.

5 Schneider von Deimling, T., Ganopolski, A., Held, H., & Rahmstorf, S. (2006). How cold was the last glacial maximum?. *Geophysical Research Letters*, 33(14).

6 USGS. (N/A). How does present glacier extent and sea level compare to the extent of glaciers and global sea level during the Last Glacial Maximum (LGM)?. https://on.doi.gov/3w5lONI

7 Parzinger, H. (2020). *Die Kinder des Prometheus: Eine Geschichte der Menschheit vor der Erfindung der Schrift.* CH Beck. (헤르만 파르칭거 지음. 나유신 옮김. (2020). 인류는 어떻게 역사가 되었나. 글항아리.)

8 Ray, N., & Adams, J. (2001). A GIS-based vegetation map of the world at the last glacial maximum (25,000-15,000 BP). *Internet Archaeology*, 11.

9 Haffer, J. (1969). Speciation in Amazonian forest birds. *Science*, 165(3889), 131-137.

10 World Wide Fund For Nature. (N/A). About the Amazon. https://bit.ly/3A89iAb

11 Hubbell, S. P., He, F., Condit, R., Borda-de-Água, L., Kellner, J., & Ter Steege, H. (2008). How many tree species are there in the Amazon and how many of them will go extinct?. *Proceedings of the National Academy of Sciences*, 105(Supplement 1), 11498-11504.

12 Willis, K. J., & Whittaker, R. J. (2000). The refugial debate. *Science*, 287(5457), 1406-1407.

13 Rocha, D. G. D., & Kaefer, I. L. (2019). What has become of the refugia hy-

pothesis to explain biological diversity in Amazonia?. *Ecology and Evolution*, 9(7), 4302-4309.

14 Gilbert, G. K. (1890). *Lake Bonneville* (Vol. 1). United States Geological Survey.

15 Pyne, S. J. (2007). *Grove Karl Gilbert: a Great Engine of Research*. University of Iowa Press.

16 Barringer, B. (1964). Daniel Moreau Barringer (1860–1929) and His Crater: The Beginning of the Crater Branch of Meteoritics. *Meteoritics*, 2(3), 183-199.

17 Irmscher, C. (2013). *Louis Agassiz: Creator of American Science*. Houghton Mifflin Harcourt.

18 Schaetzl, R. J., Bettis, E. A., Crouvi, O., Fitzsimmons, K. E., Grimley, D. A., Hambach, U., ... & Zech, R. (2018). Approaches and challenges to the study of loess—Introduction to the LoessFest Special Issue. *Quaternary Research*, 89 (3), 563-618.

19 Park, J., & Park, J. (2015). Pollen-based temperature reconstructions from Jeju island, South Korea and its implication for coastal climate of East Asia during the late Pleistocene and early Holocene. *Palaeogeography, Palaeoclimatology, Palaeoecology*, 417, 445-457.

20 Tarasov, P. E., Nakagawa, T., Demske, D., Österle, H., Igarashi, Y., Kitagawa, J., ... & Fleck, A. (2011). Progress in the reconstruction of Quaternary climate dynamics in the Northwest Pacific: A new modern analogue reference dataset and its application to the 430-kyr pollen record from Lake Biwa. *Earth-Science Reviews*, 108(1-2), 64-79.

21 Park, J., Lim, H. S., Lim, J., Yu, K. B., & Choi, J. (2014). Orbital-and millennial-scale climate and vegetation changes between 32.5 and 6.9 k cal a BP from Hanon Maar paleolake on Jeju Island, South Korea. *Journal of Quaternary Science*, 29(6), 570-580.

22 Tsukada, M. (1983). Vegetation and climate during the last glacial maximum in Japan. *Quaternary Research*, 19(2), 212-235.

23 Qu, T., Bar-Yosef, O., Wang, Y., & Wu, X. (2013). The Chinese Upper Paleolithic: geography, chronology, and techno-typology. *Journal of Archaeologi-*

cal Research, 21(1), 1-73.

24 Wu, X., Zhang, C., Goldberg, P., Cohen, D., Pan, Y., Arpin, T., & Bar-Yosef, O. (2012). Early pottery at 20,000 years ago in Xianrendong Cave, China. *Science*, 336(6089), 1696-1700.

25 d'Alpoim Guedes, J., Austermann, J., & Mitrovica, J. X. (2016). Lost foraging opportunities for East Asian hunter-gatherers due to rising sea level since the Last Glacial Maximum. *Geoarchaeology*, 31(4), 255-266.

26 Xu, D., Lu, H., Wu, N., & Liu, Z. (2010). 30 000-Year vegetation and climate change around the East China Sea shelf inferred from a high-resolution pollen record. *Quaternary International*, 227(1), 53-60.

27 Correll, D. L. (1978). Estuarine productivity. *BioScience*, 28(10), 646-650.

28 Yoo, D. G., Lee, G. S., Kim, G. Y., Kang, N. K., Yi, B. Y., Kim, Y. J., ... & Kong, G. S. (2016). Seismic stratigraphy and depositional history of late Quaternary deposits in a tide-dominated setting: An example from the eastern Yellow Sea. *Marine and Petroleum Geology*, 73, 212-227.

29 Norton, C. J., & Gao, X. (2008). Zhoukoudian upper cave revisited. *Current Anthropology*, 49(4), 732-745.

4장 빠르게 따뜻해지는 지구

1 Hughen, K. A., Overpeck, J. T., Peterson, L. C., & Trumbore, S. (1996). Rapid climate changes in the tropical Atlantic region during the last deglaciation. *Nature*, 380(6569), 51-54.

2 Alley, R. B. (2000). The Younger Dryas cold interval as viewed from central Greenland. *Quaternary Science Reviews*, 19(1-5), 213-226.

3 Walker, M., Johnsen, S., Rasmussen, S. O., Popp, T., Steffensen, J. P., Gibbard, P., ... & Schwander, J. (2009). Formal definition and dating of the GSSP (Global Stratotype Section and Point) for the base of the Holocene using the Greenland NGRIP ice core, and selected auxiliary records. *Journal of Quaternary Science: Published for the Quaternary Research Association*, 24(1),

3-17.

4 Lev-Yadun, S., Gopher, A., & Abbo, S. (2000). The cradle of agriculture. *Science*, 288(5471), 1602-1603.

5 Yasuda, Y., Kitagawa, H., & Nakagawa, T. (2000). The earliest record of major anthropogenic deforestation in the Ghab Valley, northwest Syria: a palynological study. *Quaternary International*, 73, 127-136.

6 Stebich, M., Mingram, J., Han, J., & Liu, J. (2009). Late Pleistocene spread of (cool-) temperate forests in Northeast China and climate changes synchronous with the North Atlantic region. *Global and Planetary Change*, 65(1-2), 56-70.

7 Nakagawa, T., Kitagawa, H., Yasuda, Y., Tarasov, P. E., Nishida, K., Gotanda, K., & Sawai, Y. (2003). Asynchronous climate changes in the North Atlantic and Japan during the last termination. *Science*, 299(5607), 688-691.

8 Wang, Y. J., Cheng, H., Edwards, R. L., An, Z. S., Wu, J. Y., Shen, C. C., & Dorale, J. A. (2001). A high-resolution absolute-dated late Pleistocene monsoon record from Hulu Cave, China. *Science*, 294(5550), 2345-2348.

9 Park, J., Lim, H. S., Lim, J., & Park, Y. H. (2014). High-resolution multi-proxy evidence for millennial-and centennial-scale climate oscillations during the last deglaciation in Jeju Island, South Korea. *Quaternary Science Reviews*, 105, 112-125.

10 Xu, D., Lu, H., Wu, N., Liu, Z., Li, T., Shen, C., & Wang, L. (2013). Asynchronous marine-terrestrial signals of the last deglacial warming in East Asia associated with low-and high-latitude climate changes. *Proceedings of the National Academy of Sciences*, 110(24), 9657-9662.

11 Park, J., & Park, J. (2015). Pollen-based temperature reconstructions from Jeju island, South Korea and its implication for coastal climate of East Asia during the late Pleistocene and early Holocene. *Palaeogeography, Palaeoclimatology, Palaeoecology*, 417, 445-457.

12 Whitehouse, D. World's 'oldest' rice found. BBC News. https://bbc.in/35X-luGg

13 박태식, & 이융조. (2004). 소로리 볍씨 발굴로 살펴본 한국 벼의 기원. **농업사연구**, 3(2), 119-132.

14 안승모. (2009). 청원 소로리 토탄층 출토 볍씨 재고. **한국고고학보**, 70, 192-237.

15 Ahn, S. M. (2010). The emergence of rice agriculture in Korea: archaeobo-tanical perspectives. *Archaeological and Anthropological Sciences*, 2(2), 89-98.

16 Huang, X. et al. A Map of rice genome variation reveals the origin of culti-vated rice. *Nature*, 490(7421), 497-501.

17 Kim, K. J., Lee, Y. J., Woo, J. Y., & Jull, A. T. (2013). Radiocarbon ages of Sorori ancient rice of Korea. *Nuclear Instruments and Methods in Physics Research Section B: Beam Interactions with Materials and Atoms*, 294, 675-679.

5장 끊임없이 변화하는 해안선

1 Waelbroeck, C., Labeyrie, L., Michel, E., Duplessy, J. C., McManus, J. F., Lambeck, K., ... & Labracherie, M. (2002). Sea-level and deep water temperature changes derived from benthic foraminifera isotopic records. *Quaternary Science Reviews*, 21(1-3), 295-305.

2 Siddall, M., Rohling, E. J., Almogi-Labin, A., Hemleben, C., Meischner, D., Schmelzer, I., & Smeed, D. A. (2003). Sea-level fluctuations during the last glacial cycle. *Nature*, 423(6942), 853-858.

3 Clark, P. U. (2009). Ice sheet retreat and sea level rise during the last deglacia-tion. *PAGES News*, 17(2), 64-66.

4 Cronin, T. M. (2012). Rapid sea-level rise. *Quaternary Science Reviews*, 56, 11-30.

5 Deschamps, P., Durand, N., Bard, E., Hamelin, B., Camoin, G., Thomas, A. L., ... & Yokoyama, Y. (2012). Ice-sheet collapse and sea-level rise at the Bølling warming 14,600 years ago. *Nature*, 483(7391), 559-564.

6 Fairbanks, R. G. (1989). A 17,000-year glacio-eustatic sea level record: influ-ence of glacial melting rates on the Younger Dryas event and deep-ocean circulation. *Nature*, 342(6250), 637-642.

7 Bard, E., Hamelin, B., & Delanghe-Sabatier, D. (2010). Deglacial meltwater pulse 1B and Younger Dryas sea levels revisited with boreholes at Tahiti.

Science, 327(5970), 1235-1237.

8 Blanchon, P., & Shaw, J. (1995). Reef drowning during the last deglaciation: evidence for catastrophic sea-level rise and ice-sheet collapse. *Geology*, 23(1), 4-8.

9 d'Alpoim Guedes, J., Austermann, J., & Mitrovica, J. X. (2016). Lost foraging opportunities for East Asian hunter-gatherers due to rising sea level since the Last Glacial Maximum. *Geoarchaeology*, 31(4), 255-266.

10 Törnqvist, T. E., & Hijma, M. P. (2012). Links between early Holocene ice-sheet decay, sea-level rise and abrupt climate change. *Nature Geoscience*, 5(9), 601-606.

11 Rovere, A., Stocchi, P., & Vacchi, M. (2016). Eustatic and relative sea level changes. *Current Climate Change Reports*, 2(4), 221-231.

12 Nakanishi, T., Hong, W., Sung, K. S., & Lim, J. (2013). Radiocarbon reservoir effect from shell and plant pairs in Holocene sediments around the Yeongsan River in Korea. *Nuclear Instruments and Methods in Physics Research Section B: Beam Interactions with Materials and Atoms*, 294, 444-451.

13 최성자. (2018). 한반도 서해안의 후기 홀로세 해수면 변동 곡선에 대한 검토. **자원환경지질**, 51(5), 463-471.

14 황상일, 윤순옥, 조화용. (1997). Holocene 중기에 있어서 근대천유역의 퇴적 환경 변화. **대한지리학회지**, 32(4), 403-420.

15 Park, Y. A., & Bloom, A. L. (1984). Holocene sea-level history in the Yellow Sea, Korea. **지질학회지**, 20(3), 189-194.

16 Song, B., Yi, S., Yu, S. Y., Nahm, W. H., Lee, J. Y., Lim, J., ... & Saito, Y. (2018). Holocene relative sea-level changes inferred from multiple proxies on the west coast of South Korea. *Palaeogeography, Palaeoclimatology, Palaeoecology*, 496, 268-281.

17 Park, J., Park, J., Yi, S., Kim, J. C., Lee, E., & Jin, Q. (2018). The 8.2 ka cooling event in coastal East Asia: High-resolution pollen evidence from southwestern Korea. *Scientific Reports*, 8(1), 1-9.

18 Ceci, L. (1984). Shell midden deposits as coastal resources. *World Archaeology*, 16(1), 62-74.

19 하인수. (2013). 신석기 시대 패총 문화의 이해. **한국매장문화재 조사연구방법론**, 8,

7-40. 국립문화재연구소.

20 하인수. (2012). 반구대 암각화의 조성시기론. **한국신석기연구**, 23, 49-74.

21 김건수. (2011). 구로시오 (黑潮) 와 남해안지방 신석기문화. **한국신석기연구**, 21, 85-101.

22 Lee, S. A. (2014). Ancient petroglyphs captivate archeologists. KOREA.net. https://bit.ly/3h04fKP

23 김원용. (1980). 울주 반구대 암각화에 대하여. **한국고고학보**, 9, 6-22.

24 황상일 & 윤순옥. (2000). 울산 태화강 중하류부의 Holocene 자연환경과 선사인의 생활 변화. **한국고고학보**, 43, 67-112.

6장 거대 동물이 갑자기 사라지다

1 Koch, P. L., & Barnosky, A. D. (2006). Late Quaternary extinctions: state of the debate. *Annual Review of Ecology, Evolution, and Systematics*, 37.

2 Barnosky, A. D. (1986). "Big game" extinction caused by late Pleistocene climatic change: Irish elk (Megaloceros giganteus) in Ireland. *Quaternary Research*, 25(1), 128-135.

3 Pruitt, S. (2019) Are Scientists on the Verge of Resurrecting the Woolly Mammoth?. HISTORY. https://bit.ly/35YlmWQ

4 Coope, G. R., & Lister, A. M. (1987). Late-glacial mammoth skeletons from Condover, Shropshire, England. *Nature*, 330(6147), 472-474.

5 Martin, P. S., & Klein, R. G. (Eds.). (1989). *Quaternary Extinctions: a Prehistoric Revolution*. University of Arizona Press.

6 Barnosky, A. D., Koch, P. L., Feranec, R. S., Wing, S. L., & Shabel, A. B. (2004). Assessing the causes of late Pleistocene extinctions on the continents. *Science*, 306(5693), 70-75.

7 Stuart, A. J., Kosintsev, P. A., Higham, T. F. G., & Lister, A. M. (2004). Pleistocene to Holocene extinction dynamics in giant deer and woolly mammoth. *Nature*, 431(7009), 684-689.

8 Aune, K., & Plumb, G. (2019). *Theodore Roosevelt & Bison Restoration on the Great*

Plains. Arcadia Publishing.

9 Aune, K., Jørgensen, D., & Gates, C. (2017). Bison bison. The IUCN Red list of threatened species 2017: e. T2815A45156541.

10 Guthrie, R. D. (2013). *Frozen Fauna of the Mammoth Steppe: the Story of Blue Babe.* University of Chicago Press.

11 Nikolskiy, P. A., Sulerzhitsky, L. D., & Pitulko, V. V. (2011). Last straw versus Blitzkrieg overkill: Climate-driven changes in the Arctic Siberian mammoth population and the Late Pleistocene extinction problem. *Quaternary Science Reviews,* 30(17-18), 2309-2328.

12 Mann, D. H., Groves, P., Gaglioti, B. V., & Shapiro, B. A. (2019). Climate-driven ecological stability as a globally shared cause of Late Quaternary megafaunal extinctions: the Plaids and Stripes Hypothesis. *Biological Reviews,* 94(1), 328-352.

13 Haynes Jr, C. V. (1991). Geoarchaeological and paleohydrological evidence for a Clovis-age drought in North America and its bearing on extinction. *Quaternary Research,* 35(3), 438-450.

14 Diamond, J. (1997). *Gun, Germs and Steel.* W. W Norton & Company.

15 Roberts, R. G., Flannery, T. F., Ayliffe, L. K., Yoshida, H., Olley, J. M., Prideaux, G. J., ... & Smith, B. L. (2001). New ages for the last Australian megafauna: continent-wide extinction about 46,000 years ago. *Science,* 292(5523), 1888-1892.

16 Flannery, T. F., & Roberts, R. G. (1999). Late Quaternary extinctions in Australasia. *Extinctions in Near Time* (pp. 239-255). Springer, Boston, MA.

17 Miller, G. H., Fogel, M. L., Magee, J. W., Gagan, M. K., Clarke, S. J., & Johnson, B. J. (2005). Ecosystem collapse in Pleistocene Australia and a human role in megafaunal extinction. *Science,* 309(5732), 287-290.

18 Vartanyan, S. L., Arslanov, K. A., Karhu, J. A., Possnert, G., & Sulerzhitsky, L. D. (2008). Collection of radiocarbon dates on the mammoths (Mammuthus primigenius) and other genera of Wrangel Island, northeast Siberia, Russia. *Quaternary Research,* 70(1), 51-59.

19 Guthrie, R. D. (2004). Radiocarbon evidence of mid-Holocene mammoths stranded on an Alaskan Bering Sea island. *Nature,* 429(6993), 746-749.

20 Barnosky, A. D., Matzke, N., Tomiya, S., Wogan, G. O., Swartz, B., Quental, T. B., ... & Ferrer, E. A. (2011). Has the Earth's sixth mass extinction already arrived?. *Nature*, 471(7336), 51-57.

21 Quammen, D. (2012). *The Song of the Dodo: Island Biogeography in an Age of Extinctions.* Random House.

22 Paddle, R. (2002). *The Last Tasmanian Tiger: the History and Extinction of the Thylacine.* Cambridge University Press.

23 김동진. (2017). **조선의 생태환경사.** 푸른역사.

24 환경부. (2018). 환경부, 인간과 반달가슴곰의 생태적 공존 추진. https://bit.ly/35W05NF

25 이원혁. (2019). 98주년 맞은 봉오동전투의 주역 홍범도는 호랑이 사냥꾼. **시사저널.** https://bit.ly/3A2DmNH

26 山本唯三郎. (1918). 征虎記. (야마모토 다다사부로 지음. 이은옥 옮김. (2014). **정호기: 일제강점기 한 일본인의 한국 호랑이 사냥기.** 에이도스.)

27 이성규. (2006). 마지막 한국 늑대. **사이언스타임즈.** https://bit.ly/3jh5mas

7장 자연을 길들이다

1 Sauer, C. O. (1952). *Agricultural Origins and Dispersals.* The American Geographical Society.

2 Higgs, E. S. (1972). *Papers in Economic Prehistory.* Cambridge University Press.

3 Harlan, J. R. (1985). *Crops and Man.* American Society of Agronomy Madison.

4 Childe, V. G. (2014). *New Light on the Most Ancient East.* Routledge.

5 Harris, D. R. (1990). Vavilov's concept of centres of origin of cultivated plants: its genesis and its influence on the study of agricultural origins. *Biological Journal of the Linnean Society*, 39(1), 7-16.

6 Pringle, P. (2008). *The murder of Nikolai Vavilov: The Story of Stalin's Persecution of One of the Great Scientists of the Twentieth Century.* Simon and Schuster. (피터 브링글 지음. 서순승 옮김. (2011). **바빌로프 20세기 최고의 식량학자.** 아카이브.)

7 Loskutov, I. G. (2009). *Vavilov and his Institute: a History of the World Collection of Plant Genetic Resources in Russia.* International Plant Genetic Resources Institute.

8 Abt, J. (2012). *American Egyptologist: the Life of James Henry Breasted and the Creation of his Oriental Institute.* University of Chicago Press.

9 MacNairn, B. & Childe, V. G. (1980). *The Method and the Theory of V. Gordon Childe: Economic, Social and Cultural Interpretations of Prehistory.* University Press.

10 Watson, P. J. (2005). Robert John Braidwood. *Proceedings of the American Philosophical Society,* 149(2), 233.

11 Braidwood, L. S. (1983). *Prehistoric Archeology Along the Zagros Flanks.* Oriental Institute Publications of Chicago.

12 Davis, M. C. (2016). *Dame Kathleen Kenyon: Digging up the Holy Land.* Routledge.

13 Moore, A. M. T., Hillman, G. C. & Anthony, (2000). J. *Village on the Euphrates: from Foraging to Farming at Abu Hureyra.* Oxford University Press.

14 Fuller, D. Q., Willcox, G., & Allaby, R. G. (2011). Cultivation and domestication had multiple origins: arguments against the core area hypothesis for the origins of agriculture in the Near East. *World Archaeology,* 43(4), 628-652.

15 Riehl, S., Zeidi, M., & Conard, N. J. (2013). Emergence of agriculture in the foothills of the Zagros Mountains of Iran. *Science,* 341(6141), 65-67.

16 Reich, D. (2018). *Who We Are and How We Hot Here: Ancient DNA and the New Science of the Human Past.* Oxford University Press.

17 Bar-Yosef, O., & Belfer-Cohen, A. (1989). The origins of sedentism and farming communities in the Levant. *Journal of World Prehistory,* 3(4), 447-498.

18 Parzinger, H. (2020). *Die Kinder des Prometheus: Eine Geschichte der Menschheit vor der Erfindung der Schrift.* CH Beck. (헤르만 파르칭거 지음. 나유신 옮김. (2020). 인류는 어떻게 역사가 되었나. 글항아리.)

19 Brown, T. A., Jones, M. K., Powell, W., & Allaby, R. G. (2009). The complex origins of domesticated crops in the Fertile Crescent. *Trends in Ecology &*

Evolution, 24(2), 103-109.

20 Fuller, D. Q., & Allaby, R. (2018). Seed dispersal and crop domestication: shattering, germination and seasonality in evolution under cultivation. *Annual Plant Reviews online*, 238 296.

21 Fuller, D. Q., Harvey, E., & Qin, L. (2007). Presumed domestication? Evidence for wild rice cultivation and domestication in the fifth millennium BC of the Lower Yangtze region. *Antiquity*, 81(312), 316-331.

22 Hopf, M. & Zohary, D. (2001). *Domestication of Plants in the Old World: the Origin and Spread of Cultivated Plants in West Asia, Europe, and the Nile Valley.* Oxford University Press.

23 Barnes, G. L. (2015). *Archaeology of East Asia: the Rise of Civilization in China, Korea and Japan.* Oxbow Books.

24 Crawford, G. W., & Shen, C. (1998). The origins of rice agriculture: recent progress in East Asia. *Antiquity*, 72(278), 858-866.

25 Huang, X., Kurata, N., Wang, Z. X., Wang, A., Zhao, Q., Zhao, Y., ... & Han, B. (2012). A map of rice genome variation reveals the origin of cultivated rice. *Nature*, 490(7421), 497-501.

26 Civáň, P., Craig, H., Cox, C. J., & Brown, T. A. (2015). Three geographically separate domestications of Asian rice. *Nature Plants*, 1(11), 1-5.

27 Choi, J. Y., Platts, A. E., Fuller, D. Q., Wing, R. A., & Purugganan, M. D. (2017). The rice paradox: multiple origins but single domestication in Asian rice. *Molecular Biology and Evolution*, 34(4), 969-979.

28 Chi, Z., & Hung, H. C. (2013). Jiahu 1: earliest farmers beyond the Yangtze River. *Antiquity*, 87(335), 46-63.

29 Bevan, A., Colledge, S., Fuller, D., Fyfe, R., Shennan, S., & Stevens, C. (2017). Holocene fluctuations in human population demonstrate repeated links to food production and climate. *Proceedings of the National Academy of Sciences*, 114(49), E10524-E10531.

30 Bellwood, P. (2006). Asian farming diasporas? Agriculture, languages, and genes in China and Southeast Asia. *Archaeology of Asia*, 96-118.

31 Lee, G. A. (2011). The transition from foraging to farming in prehistoric Korea. *Current Anthropology*, 52(S4), S307-S329.

32 Choe, C. P., & Bale, M. T. (2002). Current perspectives on settlement, subsistence, and cultivation in prehistoric Korea. *Arctic Anthropology*, 95-121.

33 Ahn, S. M. (2010). The emergence of rice agriculture in Korea: archaeobotanical perspectives. *Archaeological and anthropological sciences*, 2(2), 89-98.

34 Choe, C. P. (1982). The diffusion route and chronology of Korean plant domestication. *The Journal of Asian Studies*, 41(3), 519-529.

35 Akazawa, T. (1982). Cultrual change in prehistoric Japan: receptivity of rice agriculture in the Japanese archipelago, In F. Wendorf & A. E. Close (Eds.), *Advances in World Archaeology* Vol. 1. (pp. 151-211). Academic Press.

36 Shoda, S. Y. (2010). Radiocarbon and archaeology in Japan and Korea: What has changed because of the Yayoi dating controversy?. *Radiocarbon*, 52(2), 421-427.

37 천선행. (2015). 주변의 청동기시대 문화: 일본 열도. **한국 청동기문화 개론**, 224-246. 진인진.

8장 대홍수와 함께 다시 찾아온 강추위

1 Ryan, W. B., Pitman III, W. C., Major, C. O., Shimkus, K., Moskalenko, V., Jones, G. A., ... & Yüce, H. (1997). An abrupt drowning of the Black Sea shelf. *Marine Geology*, 138(1-2), 119-126.

2 Bondevik, S., Mangerud, J., Dawson, S., Dawson, A., & Lohne, Ø. (2003). Record-breaking height for 8000-year-old tsunami in the North Atlantic. *Eos, Transactions American Geophysical Union*, 84(31), 289-293.

3 Roberts, N. (2013). *The Holocene: an Environmental History*. John Wiley & Sons.

4 Kobashi, T., Severinghaus, J. P., Brook, E. J., Barnola, J. M., & Grachev, A. M. (2007). Precise timing and characterization of abrupt climate change 8200 years ago from air trapped in polar ice. *Quaternary Science Reviews*, 26(9-10), 1212-1222.

5 Broecker, W. S. (1997). Thermohaline circulation, the Achilles heel of our climate system: Will man-made CO2 upset the current balance?. *Science*,

278(5343), 1582-1588.

6 Alley, R. B., Marotzke, J., Nordhaus, W. D., Overpeck, J. T., Peteet, D. M., Pielke, R. A., ... & Wallace, J. M. (2003). Abrupt climate change. *Science*, 299(5615), 2005-2010.

7 Broecker, W. S., Kennett, J. P., Flower, B. P., Teller, J. T., Trumbore, S., Bonani, G., & Wolfli, W. (1989). Routing of meltwater from the Laurentide Ice Sheet during the Younger Dryas cold episode. *Nature*, 341(6240), 318-321.

8 Rasmussen, S. O., Vinther, B. M., Clausen, H. B., & Andersen, K. K. (2007). Early Holocene climate oscillations recorded in three Greenland ice cores. *Quaternary Science Reviews*, 26(15-16), 1907-1914.

9 University of BRISTOL. (2018). New study reveals evidence of how Neolithic people adapted to climate change. https://bit.ly/3gY6Q7N

10 Roffet-Salque, M., Marciniak, A., Valdes, P. J., Pawłowska, K., Pyzel, J., Czerniak, L., ... & Evershed, R. P. (2018). Evidence for the impact of the 8.2-kyBP climate event on Near Eastern early farmers. *Proceedings of the National Academy of Sciences*, 115(35), 8705-8709.

11 Weninger, B., Alram-Stern, E., Bauer, E., Clare, L., Danzeglocke, U., Jöris, O., ... & van Andel, T. (2006). Climate forcing due to the 8200 cal yr BP event observed at Early Neolithic sites in the eastern Mediterranean. *Quaternary Research*, 66(3), 401-420.

12 Head, M. J. (2018). IUGS ratifies Holocene subdivision. SQS. https://bit.ly/3heHrph

13 Wang, Y., Cheng, H., Edwards, R. L., He, Y., Kong, X., An, Z., ... & Li, X. (2005). The Holocene Asian monsoon: links to solar changes and North Atlantic climate. *Science*, 308(5723), 854-857.

14 Park, J., Shin, Y. H., & Byrne, R. (2016). Late-Holocene vegetation and climate change in Jeju Island, Korea and its implications for ENSO influences. *Quaternary Science Reviews*, 153, 40-50.

15 Park, J., Park, J., Yi, S., Kim, J. C., Lee, E., & Jin, Q. (2018). The 8.2 ka cooling event in coastal East Asia: High-resolution pollen evidence from southwestern Korea. *Scientific Reports*, 8(1), 1-9.

16 Park, J., Park, J., Yi, S., Kim, J. C., Lee, E., & Choi, J. (2019). Abrupt Holocene climate shifts in coastal East Asia, including the 8.2 ka, 4.2 ka, and 2.8 ka BP events, and societal responses on the Korean peninsula. *Scientific Reports*, 9(1), 1-16.

17 Thomas, E. R., Wolff, E. W., Mulvaney, R., Steffensen, J. P., Johnsen, S. J., Arrowsmith, C., ... & Popp, T. (2007). The 8.2 ka event from Greenland ice cores. *Quaternary Science Reviews*, 26(1-2), 70-81.

18 Cheng, H., Fleitmann, D., Edwards, R. L., Wang, X., Cruz, F. W., Auler, A. S., ... & Matter, A. (2009). Timing and structure of the 8.2 kyr BP event inferred from δ^{18}O records of stalagmites from China, Oman, and Brazil. *Geology*, 37(11), 1007-1010.

19 Domínguez-Villar, D., Fairchild, I. J., Baker, A., Wang, X., Edwards, R. L., & Cheng, H. (2009). Oxygen isotope precipitation anomaly in the North Atlantic region during the 8.2 ka event. *Geology*, 37(12), 1095-1098.

20 Dykoski, C. A., Edwards, R. L., Cheng, H., Yuan, D., Cai, Y., Zhang, M., ... & Revenaugh, J. (2005). A high-resolution, absolute-dated Holocene and deglacial Asian monsoon record from Dongge Cave, China. *Earth and Planetary Science Letters*, 233(1-2), 71-86.

21 Kim, J., & Seong, C. (2020). Final Pleistocene and early Holocene population dynamics and the emergence of pottery on the Korean Peninsula. *Quaternary International*.

9장 생태계가 풍요로워지다

1 Bates, R. L., & Jackson, J. A. (1987). Glossary of Geology: American Geological Institute. *Alexandria, Virginia*, 788, 65.

2 Jansen, E., Overpeck, J., Briffa, K. R., Duplessy, J. C., Joos, F., Masson-Delmotte, V., ... & Zhang, D. (2007). Palaeoclimate In S. Solomon, D. Qin, M. Manning, M. Marquis, K. Averty, M. Tignor, ... Z. Chen (Eds.). *Climate change 2007: The Physical Science Basis* (pp 434-497). Intergovernmental Pan-

el on Climate Change (IPCC), Cambridge University Press, Cambridge.

3 Folland, C. K., Karl, T. R., & Vinnikov, K. Y. (1990). Observed climate varia-
   tions and change. *Climate Change: the IPCC Scientific Assessment*, 195-238.

4 Overpeck, J., Anderson, D., Trumbore, S., & Prell, W. (1996). The southwest
   Indian Monsoon over the last 18 000 years. *Climate Dynamics*, 12(3), 213-
   225.

5 Haug, G. H., Hughen, K. A., Sigman, D. M., Peterson, L. C., & Röhl, U. (2001).
   Southward migration of the intertropical convergence zone through the
   Holocene. *Science*, 293(5533), 1304-1308.

6 Fleitmann, D., Burns, S. J., Mangini, A., Mudelsee, M., Kramers, J., Villa, I.,
   ... & Matter, A. (2007). Holocene ITCZ and Indian monsoon dynamics re-
   corded in stalagmites from Oman and Yemen (Socotra). *Quaternary Science
   Reviews*, 26(1-2), 170-188.

7 Andersen, K. K., Azuma, N., Barnola, J. M., Bigler, M., Biscaye, P., Caillon,
   N., ... & White, J. (2004). High-resolution record of the Northern Hemi-
   sphere climate extending into the last interglacial period. *Nature*, 431, 147-
   151.

8 Hodell, D. A., Curtis, J. H., & Brenner, M. (1995). Possible role of climate in
   the collapse of Classic Maya civilization. *Nature*, 375(6530), 391-394.

9 Ritchie, J. C., Eyles, C. H., & Haynes, C. V. (1985). Sediment and pollen evi-
   dence for an early to mid-Holocene humid period in the eastern Sahara.
   Nature, 314(6009), 352-355.

10 Roberts, N. (2013). *The Holocene: an Environmental History*. John Wiley &
   Sons.

11 Bar-Matthews, M., Ayalon, A., Kaufman, A., & Wasserburg, G. J. (1999).
   The Eastern Mediterranean paleoclimate as a reflection of regional
   events: Soreq cave, Israel. *Earth and Planetary Science Letters*, 166(1-2), 85-
   95.

12 An, Z., Porter, S. C., Kutzbach, J. E., Xihao, W., Suming, W., Xiaodong, L.,
   ... & Weijian, Z. (2000). Asynchronous Holocene optimum of the East
   Asian monsoon. *Quaternary Science Reviews*, 19(8), 743-762.

13 Zhou, X., Sun, L., Zhan, T., Huang, W., Zhou, X., Hao, Q., ... & Smol, J. P.

(2016). Time-transgressive onset of the Holocene Optimum in the East Asian monsoon region. *Earth and Planetary Science Letters*, 456, 39-46.

14 Park, J., Park, J., Yi, S., Kim, J. C., Lee, E., & Choi, J. (2019). Abrupt Holocene climate shifts in coastal East Asia, including the 8.2 ka, 4.2 ka, and 2.8 ka BP events, and societal responses on the Korean peninsula. *Scientific Reports*, 9(1), 1-16.

15 Oh, Y., Conte, M., Kang, S., Kim, J., & Hwang, J. (2017). Population fluctuation and the adoption of food production in prehistoric Korea: using radiocarbon dates as a proxy for population change. *Radiocarbon*, 59(6), 1761.

10장 흑점 수 변동이 가져온 파장

1 Ganopolski, A., Winkelmann, R., & Schellnhuber, H. J. (2016). Critical insolation–CO_2 relation for diagnosing past and future glacial inception. *Nature*, 529(7585), 200-203.

2 Kump, L. R., Kasting, J. F., & Crane, R. G. (2004). *The Earth System* (Vol. 432). Upper Saddle River, NJ: Pearson Prentice Hall.

3 Kelly, P. M., & Sear, C. B. (1984). Climatic impact of explosive volcanic eruptions. *Nature*, 311(5988), 740-743.

4 Stuiver, M., & Braziunas, T. F. (1993). Sun, ocean, climate and atmospheric $^{14}CO_2$: an evaluation of causal and spectral relationships. *The Holocene*, 3(4), 289-305.

5 Stuiver, M., Grootes, P. M., & Braziunas, T. F. (1995). The GISP2 $\delta^{18}O$ climate record of the past 16,500 years and the role of the sun, ocean, and volcanoes. *Quaternary Research*, 44(3), 341-354.

6 Stuiver, M., Reimer, P. J. & Reimer, R. (2019). CALIB Radiocarbon Calibration. http://calib.org/calib

7 Bowman, S. (1990). *Radiocarbon Dating* (Vol. 1). University of California Press.

8 Yang, H. J., Park, C. G., Cho, K. S., & Jeon, J. (2019). Solar activities and

climate change during the last millennium recorded in Korean chronicles. *Journal of Atmospheric and Solar-Terrestrial Physics*, 186, 139-146.

9 Bond, G., Kromer, B., Beer, J., Muscheler, R., Evans, M. N., Showers, W., ... & Bonani, G. (2001). Persistent solar influence on North Atlantic climate during the Holocene. *Science*, 294(5549), 2130-2136.

10 Wanner, H., & Buetikofer, J. (2008). Holocene Bond Cycles: real or imaginary. *Geografie*, 113(4), 338-349.

11 Cronin, T. M. (2009). *Paleoclimates: Understanding Climate Change Past and Present.* Columbia University Press.

12 Lean, J., Skumanich, A., & White, O. (1992). Estimating the Sun's radiative output during the Maunder Minimum. *Geophysical Research Letters*, 19(15), 1591-1594.

13 Rind, D. (2002). The Sun's role in climate variations. *Science*, 296(5568), 673-677.

11장 가뭄과 고대인의 수난

1 MacDonald, G. M., Moser, K. A., Bloom, A. M., Potito, A. P., Porinchu, D. F., Holmquist, J. R., ... & Kremenetski, K. V. (2016). Prolonged California aridity linked to climate warming and Pacific sea surface temperature. *Scientific Reports*, 6(1), 1-8.

2 Constantine, M., Kim, M., & Park, J. (2019). Mid-to late Holocene cooling events in the Korean Peninsula and their possible impact on ancient societies. *Quaternary Research*, 92(1), 98-108.

3 Kim, H. K., & Seo, K. H. (2016). Cluster analysis of tropical cyclone tracks over the western North Pacific using a self-organizing map. *Journal of Climate*, 29(10), 3731-3751.

4 Moy, C. M., Seltzer, G. O., Rodbell, D. T., & Anderson, D. M. (2002). Variability of El Niño/Southern Oscillation activity at millennial timescales during the Holocene epoch. *Nature*, 420(6912), 162-165.

5 Donders, T. H., Wagner-Cremer, F., & Visscher, H. (2008). Integration of proxy data and model scenarios for the mid-Holocene onset of modern ENSO variability. *Quaternary Science Reviews*, 27(5-6), 571-579.

6 Weiss, H. (2015). Megadrought, collapse, and resilience in late 3rd millennium BC Mesopotamia, In H. W. Arz, R. Jung, H. Meller, & R. Risch (Eds). *2200 BC-A Climatic Breakdown as a Cause for the Collapse of the Old World?* (pp. 35-52)

7 Weiss, H. (2016). Global megadrought, societal collapse and resilience at 4.2–3.9 ka BP across the Mediterranean and west Asia. *Pages Magazine*, 24(2), 62-63.

8 Bernhardt, C. E., Horton, B. P., & Stanley, J. D. (2012). Nile Delta vegetation response to Holocene climate variability. *Geology*, 40(7), 615-618.

9 Dixit, Y., Hodell, D. A., & Petrie, C. A. (2014). Abrupt weakening of the summer monsoon in northwest India~ 4100 yr ago. *Geology*, 42(4), 339-342.

10 Giosan, L., Clift, P. D., Macklin, M. G., Fuller, D. Q., Constantinescu, S., Durcan, J. A., ... & Syvitski, J. P. (2012). Fluvial landscapes of the Harappan civilization. *Proceedings of the National Academy of Sciences*, 109(26), E1688-E1694.

11 Liu, F., & Feng, Z. (2012). A dramatic climatic transition at~ 4000 cal. yr BP and its cultural responses in Chinese cultural domains. *The Holocene*, 22(10), 1181-1197.

12 Kawahata, H., Yamamoto, H., Ohkushi, K. I., Yokoyama, Y., Kimoto, K., Ohshima, H., & Matsuzaki, H. (2009). Changes of environments and human activity at the Sannai-Maruyama ruins in Japan during the mid-Holocene Hypsithermal climatic interval. *Quaternary Science Reviews*, 28(9-10), 964-974.

13 Park, J., Park, J., Yi, S., Kim, J. C., Lee, E., & Choi, J. (2019). Abrupt Holocene climate shifts in coastal East Asia, including the 8.2 ka, 4.2 ka, and 2.8 ka BP events, and societal responses on the Korean peninsula. *Scientific Reports*, 9(1), 1-16.

14 Oh, Y., Conte, M., Kang, S., Kim, J., & Hwang, J. (2017). Population fluctuation and the adoption of food production in prehistoric Korea: using

radiocarbon dates as a proxy for population change. *Radiocarbon*, 59(6), 1761.

15 Kim, J., Jeon, S., Choi, J. P., Blazyte, A., Jeon, Y., Kim, J. I., ... & Bhak, J. (2020). The origin and composition of Korean ethnicity analyzed by ancient and present-day genome sequences. *Genome Biology and Evolution*, 12(5), 553-565.

16 이창희. (2017). 한국 원사고고학의 기원론과 연대론. 한국고고학보, 102, 250-273.

17 Plunkett, G., & Swindles, G. T. (2008). Determining the Sun's influence on Lateglacial and Holocene climates: a focus on climate response to centennial-scale solar forcing at 2800 cal. BP. *Quaternary Science Reviews*, 27(1-2), 175-184.

18 이희진. (2016). 환위계적 적응순환 모델로 본 송국리문화의 성쇠. 한국청동기학보, 18, 24-53.

19 Kanzawa-Kiriyama, H., Kryukov, K., Jinam, T. A., Hosomichi, K., Saso, A., Suwa, G., ... & Saitou, N. (2017). A partial nuclear genome of the Jomons who lived 3000 years ago in Fukushima, Japan. *Journal of Human Genetics*, 62(2), 213-221.

20 Shoda, S. Y. (2010). Radiocarbon and archaeology in Japan and Korea: What has changed because of the Yayoi dating controversy?. *Radiocarbon*, 52(2), 421-427.

21 Xu, D., Lu, H., Chu, G., Liu, L., Shen, C., Li, F., ... & Wu, N. (2019). Synchronous 500-year oscillations of monsoon climate and human activity in Northeast Asia. *Nature Communications*, 10(1), 1-10.

22 Kim, J., & Park, J. (2020). Millet vs rice: an evaluation of the farming/language dispersal hypothesis in the Korean context. *Evolutionary Human Sciences*, 2.

23 박정재, & 진종헌. (2019). 제주 중산간 지역의 과거 경관 변화와 인간그리고 오름의 환경사적 의미. 대한지리학회지, 54(2), 153-163.

24 Kim, M., Oh, R., Bang, M., Rha, J. W., & Jeong, Y. (2018). Rice and social differentiation on a volcanic island: an archaeobotanical investigation of Yerae-dong, Korea. *Cambridge Archaeological Journal*, 28(3), 475-491.

25 Park, J., Shin, Y. H., & Byrne, R. (2016). Late-Holocene vegetation and

climate change in Jeju Island, Korea and its implications for ENSO influences. *Quaternary Science Reviews*, 153, 40-50.

26 김상호. (1979). 한국 농경 문화의 생태학적 연구. **사회과학논문집**, 4, 81-122.

12장 작은 기후 변화가 인간 사회를 뒤흔들다

1 Lamb, H. H. (1965). The early medieval warm epoch and its sequel. *Palaeogeography, Palaeoclimatology, Palaeoecology*, 1, 13-37.

2 Lamb, H. H. (2013). *Climate: Present, Past and Future (Routledge Revivals): Volume 2: Climatic History and the Future* (Vol. 2). Routledge.

3 Bradley, R. S., Hughes, M. K., & Diaz, H. F. (2003). Climate in medieval time. *Science*, 302(5644), 404-405.

4 Biello, D. (2010). Negating "Climategate": Copenhagen Talks and Climate Science Survive Stolen E-Mail Controversy. *Scientific American*. https://bit.ly/3dlCqdE

5 Diamond, J. (2015). *Collapse: How Societies Choose to Fail or Succeed*. Penguin.

6 Grove, J. (2009). The place of Greenland in medieval Icelandic saga narrative. *Journal of the North Atlantic*, 2(sp2), 30-51.

7 Mowat, F. (1965). *Westviking: The Ancient Norse in Greenland and North America*. Little Brown.

8 Kump, L. R., Kasting, J. F. & Crane, R. G. *The Earth System*. Vol. 432 (Pearson Prentice Hall Upper Saddle River, NJ, 2004).

9 Bryson, R. A. (1977). Climates of Hunger: Mankind and the World's Changing Weather. Univ of Wisconsin Press.

10 Matthews, J. A., & Briffa, K. R. (2005). The 'Little Ice Age': Re-evaluation of an evolving concept. *Geografiska Annaler: Series A, Physical Geography*, 87(1), 17-36.

11 Le Roy Ladurie, E. (1988). *Times of Feast, Times of Famine: a History of Climate Since the Year 1000*. Farrar Straus & Giroux.

12 Lamb, H. H. (2002). *Climate, History and the Modern World*. Routledge.

13 Herschel, W. (1801). XIII. Observations tending to investigate the nature of the sun, in order to find the causes or symptoms of its variable emission of light and heat; with remarks on the use that may possibly be drawn from solar observations. *Philosophical Transactions of the Royal Society of London*, (91), 265-318.

14 Gray, L. J., Beer, J., Geller, M., Haigh, J. D., Lockwood, M., Matthes, K., ... & White, W. (2010). Solar influences on climate. *Reviews of Geophysics*, 48(4).

15 Usoskin, I. G., Solanki, S. K., & Kovaltsov, G. A. (2007). Grand minima and maxima of solar activity: new observational constraints. *Astronomy & Astrophysics*, 471(1), 301-309.

16 Usoskin, I. G. (2017). A history of solar activity over millennia. *Living Reviews in Solar Physics*, 14(1), 3.

17 Pustil'nik, L. A., & Din, G. Y. (2004). Influence of solar activity on the state of the wheat market in medieval England. *Solar physics*, 223(1), 335-356.

18 Love, J. J. (2013). On the insignificance of Herschel's sunspot correlation. *Geophysical Research Letters*, 40(16), 4171-4176.

19 Hoyt, J. B. (1958). The cold summer of 1816. *Annals of the Association of American Geographers*, 48(2), 118-131.

20 Oppenheimer, C. (2003). Climatic, environmental and human consequences of the largest known historic eruption: Tambora volcano (Indonesia) 1815. *Progress in Physical Geography*, 27(2), 230-259.

21 Martí, J. & Ernst, G. G. (2008). *Volcanoes and the Environment*. Cambridge University Press.

22 Gao, C., Gao, Y., Zhang, Q., & Shi, C. (2017). Climatic aftermath of the 1815 Tambora eruption in China. *Journal of Meteorological Research*, 31(1), 28-38.

23 Heidorn, K. C. (2004). Eighteen Hundred and Froze To Death, The Year There Was No Summer. https://bit.ly/3jlEaYi

24 Kump, L. R., Kasting, J. F. & Crane, R. G. (2004). *The Earth System*. Pearson Prentice Hall Upper Saddle River, NJ.

25 Kinealy, C. (1994). *This Great Calamity: the Irish Famine 1845-52.* Gill & Macmillan Ltd.

26 Donnelly, J. S. (2002). *Great Irish Potato Famine*. The History Press.

27 Park, J., Han, J., Jin, Q., Bahk, J., & Yi, S. (2017). The link between EN-SO-like forcing and hydroclimate variability of coastal East Asia during the last millennium. *Scientific Reports*, 7(1), 1-12.

28 한정수. (2006). 고려후기 천재지변과 왕권. **역사교육**, 99, 135-164.

29 Pederson, N., Hessl, A. E., Baatarbileg, N., Anchukaitis, K. J., & Di Cosmo, N. (2014). Pluvials, droughts, the Mongol Empire, and modern Mongolia. *Proceedings of the National Academy of Sciences*, 111(12), 4375-4379.

30 Morgan, D. (2007). *The Mongols*. Blackwell Publishing.

31 Jenkins, G. (1974). A note on climatic cycles and the rise of Chinggis Khan. *Central Asiatic Journal*, 18(4), 217-226.

32 박권수. (2010). [승정원일기] 속의 천변재이 기록. **사학연구**, 100, 65-108.

33 이태진. (1996). 소빙기 (1500~ 1750) 천변재이 연구와 조선왕조실록. **역사학보**, 149, 203-236.

34 김연옥. (1984). 한국의 소빙기 기후-역사 기후학적 접근의 일시론. **지리교육논집**, 14, 1-16.

35 김덕진. (2008). **대기근, 조선을 뒤덮다**. 푸른역사.

36 실록편찬관. (1677). **조선왕조실록: 현종실록**.

37 실록편찬관. (1838). **조선왕조실록: 순조실록**.

38 Esper, J., Cook, E. R., & Schweingruber, F. H. (2002). Low-frequency signals in long tree-ring chronologies for reconstructing past temperature variability. *Science*, 295(5563), 2250-2253.

39 Mann, M. E., & Jones, P. D. (2003). Global surface temperatures over the past two millennia. *Geophysical Research Letters*, 30(15).

40 Zhang, P., Cheng, H., Edwards, R. L., Chen, F., Wang, Y., Yang, X., ... & Johnson, K. R. (2008). A test of climate, sun, and culture relationships from an 1810-year Chinese cave record. *Science*, 322(5903), 940-942.

41 Büntgen, U., Myglan, V. S., Ljungqvist, F. C., McCormick, M., Di Cosmo, N., Sigl, M., ... & Kirdyanov, A. V. (2016). Cooling and societal change during the Late Antique Little Ice Age from 536 to around 660 AD. *Nature Geoscience*, 9(3), 231-236.

42 전덕재. (2013). 삼국과 통일신라시대 가뭄 발생 현황과 정부의 대책. **한국사연구**, 160, 1-46.

43 Park, J. (2017). Solar and tropical ocean forcing of late-Holocene climate change in coastal East Asia. *Palaeogeography, Palaeoclimatology, Palaeoecology*, 469, 74-83.

44 황상일, & 윤순옥. (2013). 자연재해와 인위적 환경변화가 통일신라 붕괴에 미친 영향. **한국지역지리학회지**, 19(4), 580-599.

45 이정호. (2010). 여말선초 자연재해 발생과 고려·조선정부의 대책. **한국사학보**, 40, 347-379.

46 Weiss, H. (2017). *Megadrought and Collapse from Early Agriculture to Angkor*. Oxford University Press.

47 Haldon, J., Mordechai, L., Newfield, T. P., Chase, A. F., Izdebski, A., Guzowski, P., ... & Roberts, N. (2018). History meets palaeoscience: Consilience and collaboration in studying past societal responses to environmental change. *Proceedings of the National Academy of Sciences*, 115(13), 3210-3218.

48 Wahl, D., Anderson, L., Estrada-Belli, F., & Tokovinine, A. (2019). Palaeoenvironmental, epigraphic and archaeological evidence of total warfare among the Classic Maya. *Nature Human Behaviour*, 3(10), 1049-1054.

13장 지구 온난화는 허구인가?

1 Kaniewski, D., Van Campo, E., & Weiss, H. (2017). 3.2 Ka BP Megadrought and the Late Bronze Age Collapse, In *Megadrought and Collapse: From Early Agriculture to Angkor*, 161-182.

2 Park, J., Byrne, R., & Böhnel, H. (2019). Late Holocene climate change in Central Mexico and the decline of Teotihuacan. *Annals of the American Association of Geographers*, 109(1), 104-120.

3 Lachniet, M. S., Bernal, J. P., Asmerom, Y., Polyak, V., & Piperno, D. (2012). A 2400 yr Mesoamerican rainfall reconstruction links climate and cultural change. *Geology*, 40(3), 259-262.

4 Manzanilla, L. R. (2015). Cooperation and tensions in multiethnic corporate

societies using Teotihuacan, Central Mexico, as a case study. *Proceedings of the National Academy of Sciences,* 112(30), 9210-9215.

5 Hodell, D. A., Curtis, J. H., & Brenner, M. (1995). Possible role of climate in the collapse of Classic Maya civilization. *Nature,* 375(6530), 391-394.

6 Medina-Elizalde, M., & Rohling, E. J. (2012). Collapse of Classic Maya civilization related to modest reduction in precipitation. *Science,* 335(6071), 956-959.

7 Wahl, D., Anderson, L., Estrada-Belli, F., & Tokovinine, A. (2019). Palaeo-environmental, epigraphic and archaeological evidence of total warfare among the Classic Maya. *Nature Human Behaviour,* 3(10), 1049-1054.

8 Ortloff, C. R., & Kolata, A. L. (1993). Climate and collapse: agro-ecological perspectives on the decline of the Tiwanaku state. *Journal of Archaeological science,* 20(2), 195-221.

9 Buckley, B. M., Anchukaitis, K. J., Penny, D., Fletcher, R., Cook, E. R., Sano, M., ... & Hong, T. M. (2010). Climate as a contributing factor in the demise of Angkor, Cambodia. *Proceedings of the National Academy of Sciences,* 107(15), 6748-6752.

10 Benson, L., Petersen, K., & Stein, J. (2007). Anasazi (pre-Columbian Native-American) migrations during the middle-12th and late-13th centuries–were they drought induced?. *Climatic Change,* 83(1), 187-213.

11 Van West, C. R., & Dean, J. S. (2000). Environmental characteristics of the AD 900–1300 period in the Central Mesa Verde region. *Kiva,* 66(1), 19-44.

12 Mann, M. E., Bradley, R. S., & Hughes, M. K. (1999). Northern hemisphere temperatures during the past millennium: Inferences, uncertainties, and limitations. *Geophysical Research Letters,* 26(6), 759-762.

13 Roppolo, M. (2014). Americans More Skeptical of Climate Change Than Others in Global Survey. *CBS News,* 23.

14 Kosaka, Y., & Xie, S. P. (2013). Recent global-warming hiatus tied to equatorial Pacific surface cooling. *Nature,* 501(7467), 403-407.

15 Rampino, M. R., & Caldeira, K. (1994). The Goldilocks problem: climatic evolution and long-term habitability of terrestrial planets. *Annual Review of Astronomy and Astrophysics,* 32(1), 83-114.

16 Kiehl, J. T., & Trenberth, K. E. (1997). Earth's annual global mean energy budget. *Bulletin of the American Meteorological Society*, 78(2), 197-208.

17 ACS. (N/A). What are the greenhouse gas changes since the Industrial Revolution?. https://bit.ly/35YvqPU

18 Houghton, J. T., Ding, Y., Noguer, M., van der Linden, P. J., Dai, X., K. Maskell, K., & Johnson, C. A. (Eds.) (2001). *Climate Change 2001: The Scientific Basis: Contribution of Working Group I to the Third Assessment Report of the Intergovernmental Panel on Climate Change*. Cambridge University Press.

19 Nisbet, E. G., Manning, M. R., Dlugokencky, E. J., Fisher, R. E., Lowry, D., Michel, S. E., ... & White, J. W. (2019). Very strong atmospheric methane growth in the 4 years 2014–2017: Implications for the Paris Agreement. *Global Biogeochemical Cycles*, 33(3), 318-342.

14장 지구를 위협하는 변화의 증후들

1 Payne, T. (2018). Summary for Policymakers. In *Global warming of 1.5° C*. (p. 32). World Meteorological Organization Technical Document.

2 Hall-Spencer, J. M., Rodolfo-Metalpa, R., Martin, S., Ransome, E., Fine, M., Turner, S. M., ... & Buia, M. C. (2008). Volcanic carbon dioxide vents show ecosystem effects of ocean acidification. *Nature*, 454(7200), 96-99.

3 Timmermann, A., Oberhuber, J., Bacher, A., Esch, M., Latif, M., & Roeckner, E. (1999). Increased El Niño frequency in a climate model forced by future greenhouse warming. *Nature*, 398(6729), 694-697.

4 Church, J. A., Clark, P. U., Cazenave, A., Gregory, J. M., Jevrejeva, S., Levermann, A., ... & Unnikrishnan, A. S. (2013). *Sea Level Change*. PM Cambridge University Press.

5 Kench, P. S., Ford, M. R., & Owen, S. D. (2018). Patterns of island change and persistence offer alternate adaptation pathways for atoll nations. *Nature Communications*, 9(1), 1-7.

6 The Ocean Conferences. (2017). Fact sheet: People and Oceans. https://bit.

ly/3qwnsHd

7   Muggah, R. (2019). The world's coastal cities are going under. Here's how some are fighting back. World Economic Forum. https://bit.ly/2SxyXl5

8   Vaughan, D., Comiso, J., Allison, I., Carrasco, J., Kaser, G., Kwok, R., ... & Zhang, T. (2013). Observations: Cryosphere, In *Climate Change: The Physical Science Basis. Contribution of Working Group I to the Fifth Assessment Report of the Intergovernmental Panel on Climate Change.* Cambridge University Press, 317-382.

9   Turetsky, M. R., Abbott, B. W., Jones, M. C., Anthony, K. W., Olefeldt, D., Schuur, E. A., ... & Sannel, A. B. K. (2019). Permafrost collapse is accelerating carbon release. *Nautre.*

10 Cho, R. (2017). The glaciers are going. Phys.org. https://bit.ly/3w3dy0J

11 NASA Earth Observatory. (N/A). Ice Loss on Puncak Jaya. https://go.nasa.gov/3A1XAXU

12 Gillis, J. (2013). In Sign of Warming, 1,600 Years of Ice in Andes Melted in 25 Years. https://nyti.ms/2T3Pmhr

13 Le Meur, E., & Vincent, C. (2006). Monitoring of the Taconnaz ice fall (French Alps) using measurements of mass balance, surface velocities and ice cliff position. *Cold Regions Science and Technology*, 46(1), 1-11.

14 Evans, S. G., Tutubalina, O. V., Drobyshev, V. N., Chernomorets, S. S., McDougall, S., Petrakov, D. A., & Hungr, O. (2009). Catastrophic detachment and high-velocity long-runout flow of Kolka Glacier, Caucasus Mountains, Russia in 2002. *Geomorphology*, 105(3-4), 314-321.

15 Carey, M. (2005). Living and dying with glaciers: people's historical vulnerability to avalanches and outburst floods in Peru. *Global and Planetary Change*, 47(2-4), 122-134.

16 BBC News. (2010). France drains lake under Mont Blanc glacier. https://bbc.in/3jj2zgO

17 Lund, J., Medellin-Azuara, J., Durand, J., & Stone, K. (2018). Lessons from California's 2012–2016 drought. *Journal of Water Resources Planning and Management*, 144(10), 04018067.

18 REUTERS. (2019). EDF to curb Bugey nuclear reactor output as Rhone river

flow slows. https://reut.rs/2T6EZcK

19 국립기상과학원. (2018). **한반도 100년의 기후 변화**. https://bit.ly/3jkFkTR

20 해양수산부. (2015). 우리나라 해수면 지난 40년간 약 10cm 상승. https://bit.ly/3dnGzOi

21 조광우. (2013). **국가 해수면 상승 사회·경제적 영향평가III**. 한국환경정책평가연구원.

22 해양기상과. (2018). 여름철 바다 수온 상승 최근 10년 새 더 빨라져. 기상청. https://bit.ly/3hchlmX

23 최인명. (2012). 한반도 아열대 심화… 쌀 등 주요 작물 피해 '눈덩이'. KDI 경제정보센터. https://bit.ly/3A4CBDR

24 Cogley, J. G., Kargel, J. S., Kaser, G., & van der Veen, C. J. (2010). Tracking the source of glacier misinformation. *Science*, 327(5965), 522.

25 Burke, K. D., Williams, J. W., Chandler, M. A., Haywood, A. M., Lunt, D. J., & Otto-Bliesner, B. L. (2018). Pliocene and Eocene provide best analogs for near-future climates. *Proceedings of the National Academy of Sciences*, 115(52), 13288-13293.

이미지 출처

1.1 Wikimedia Commons. Global average temperature estimates for the last 540 My. https://bit.ly/2Xlqe7V

1.4 충북대학교 박물관 제공. 홍수아이 1호.

2.9 (사)하논분화구복원 범국민추진위원회 제공. 하논분화구 전경사진.

2.10 강원대학교 조경남 교수 제공.

3.2 Wikimedia Commons. Lake bonneville map 참고. https://bit.ly/3921d40

3.3 Wikimedia Commons. (a) The Hitching Stone. https://bit.ly/3C7sZs2 (b) Glacial striations on an eroded rock alongside the Moiry Glacier. https://bit.ly/3nsPW58 (c) Geirangerfjord. https://bit.ly/3lhcKSC (d) Damodar Himal. https://bit.ly/38YmNq1 (e) Loess landscape china. https://bit.ly/3E8pGTo

5.3 (a) 보령시청. https://bit.ly/2XSL7aP (b) Wikimedia Commons. Conchero al sur de Puerto Deseado. https://bit.ly/3z6PUSC

5.4 울산박물관 제공. 골촉 박힌 고래뼈.

5.5 Wikimedia Commons. Bangudae3. https://bit.ly/3lfAiHC

6.1 Wikimedia Commons. Skeleton of Mammuthus columbi. https://bit.ly/3C4cKft

6.5 Wikimedia Commons. Thylacinus. https://bit.ly/3hngHUA

7.3 (아래) Wikimedia Commons. Museum for Prehistory in Thuringia. https://bit.ly/3lhfDTs

9.3 Wikimedia Commons. Painting of swimmers in the Cave of the Swimmers, Wadi Sura, Western Desert, Egypt. https://bit.ly/2Xn8vNf

12.2 Rijksmuseum. Winter Landscape with Skaters. https://bit.ly/3k4VS1V

12.4 Wikimedia Commons. Boy and Girl at Cahera. https://bit.ly/3C4fOZ1

13.1 Wikimedia Commons. 클라우스 비터만Klaus Bittermann의 그래프 일부 수정. https://bit.ly/3Aanb0C

13.3 Wikimedia Commons. Wiens Law. https://bit.ly/3z6ZmĦ1

13.4 Wikimedia Commons. 릴런드 매키니스Leland McInnes의 그래프 일부 수정. https://bit.ly/3k3SO68

찾아보기

개러드, 도러시 Garrod, Dorothy 154

경신대기근 249, 251, 257, 301

고대 후기 소빙기 Late Antique Little Ice Age 254

과잉 살육 가설 128~131

관음굴(강원도) 64

괴베클리테페(유적) 154, 155

《국부론》 239

국제층서위원회 176, 177, 212

그레이트솔트호 83, 84

그린란드 232~236

기후변화에관한정부간협의체 53, 54, 264, 275, 284, 287

기후원격상관 44, 45, 63, 65, 102, 105, 196, 217

길버트, 그로브 칼 Gilbert, Grove Karl 84, 85

꽃가루 분석 73~7

꽃가루(광양) 177~179, 219, 220, 223

꽃가루(비금도) 177~179

꽃가루(아마존) 84

꽃가루(오스트레일리아) 135

꽃가루(일본) 91

꽃가루(제주도) 68, 76, 90, 91, 228

남극한랭반전기 101

네안데르탈인 26, 27

다이아몬드, 재러드 Diamond, Jared 258

단스고르, 윌리 Dansgaard, Willi 53

단스고르-외슈거(온난) 이벤트 52~55, 60, 62, 64, 68, 99, 113, 175

단스고르-외슈거(한랭) 이벤트 54, 57, 60, 62

달튼 극소기 240, 241, 243, 249, 252, 253

대서양 자오선 역전순환 56, 57, 59, 60, 62, 63, 104~106, 175, 195

더글러스, 앤드루 Douglass, Andrew 72

도거뱅크 173

도도 137

《도도의 노래》 137

동거 동굴(중국) 64, 185

램, 휴버트Lamb, Hubert 230~232, 236

러디먼, 윌리엄Ruddiman, William 55

로렌타이드 빙상 80, 90, 113, 173~175, 207

로베이츠, 마르티너Robbeets, Martine 36, 37

리비, 윌러드Libby, Willlard 150

마야 문명 185, 257, 259, 270, 271

마틴, 폴Martin, Paul 129

만, 마이클Mann, Michael 276

만빙기(퇴빙기) 100~102, 104~106, 113, 114, 119, 125, 127~132, 133~135, 175

매머드 125~127

모레인 89, 173, 293, 294

모헨조다로(유적) 215

몬더 극소기 240, 249, 251, 252, 300

무레이베트 151, 152

《문명과 기후》 9

밀 가격 239

밀란코비치 주기 46, 69

밀란코비치, 밀루틴Milankovitch, Milutin 44, 45

바빌로프, 니콜라이Vavilov, Nikolai 144~146

바빌로프식물산업연구소 146

바빌론(유적) 213

바이킹 232~234

반구대 암각화 122~124

방사성탄소 연대 측정 39

벼 농경 31~37, 93, 109~111, 161, 164~168

벼의 순화 162

보너빌 호수 82, 84, 85, 133

본드 이벤트 60, 210, 211

본드, 제러드Bond, Gerard 55, 60, 64, 201, 204

빌링기 100, 101, 106, 107, 109, 110, 114, 115

빌링-알레뢰드기 100~103, 105~107, 109, 110, 114, 127

브래스티드, 제임스 헨리Breasted, James Henry 147

브레이드우드, 로버트Braidwood, Robert 150

브뢰커, 월리스Broecker, Wallace 56

블라쉬, 비달 드 라Blache, Vidal de la 258

비옥한 초승달 147~157

비와 호수 91

빙운쇄설물 54, 55

사우어, 칼Sauer, Carl 143

사헬란트로푸스 차덴시스 19

사홀랜드 27, 28

산나이-마루야마(유적) 216

삼각산 수직굴(강원도) 71

세차운동 25, 26, 44~50, 190, 194, 195, 201, 210, 300

소로리 볍씨 108~111

송국리 문화 167, 168, 219~227, 304, 308, 309

순다랜드 27~29, 35, 82

스미스, 애덤Smith, Adam 239

스칸디나비아 빙상 113, 173

스투버, 민즈Stuiver, Minze 201, 202, 204
스푀러 극소기 240, 249
습지 퇴적물 8, 177
심해저 유공충 48, 49, 53, 113
아간빙기 51~54, 100
아부후레이라 151~154
아일랜드 대기근 243~245
아카드 왕국 212~214, 257, 267
악마문 동굴(러시아) 30, 34, 41
알레뢰드기 101, 102, 106
알마시, 라스즐로Almásy, Lázló 187
앙코르 문명 257, 272, 273
애거시즈, 루이Agassiz, Louis 86
양극간 시소 현상 59, 101
양사오 문화 161
엘니뇨 남방진동 198, 199, 209~211, 271, 289
여름이 사라진 해 26, 242
여몽전쟁 28, 245, 247, 256
열대수렴대 25, 186, 189
열염순환 55~59, 175, 177, 196, 208
영거드라이아스 100~107, 114, 147, 154, 156, 163, 166, 175, 183, 194
오로린 투게넨시스 19, 20
오르트 극소기 240
오스트랄로피테쿠스 아파렌시스 21, 22
온실 효과 53, 201, 278~281, 283
와디소라 187, 188
외슈거, 한스Oeschger, Hans 53
울프 극소기 240
융빙수 펄스 114, 115
을병대기근 251

이미안 간빙기 20, 51
이집트 고왕국 214, 215, 267
인더스 문명 215, 267
인류세 44, 55
잉카 제국 134, 270, 271
저수지 효과 117
중기 플라이스토세 기후 전환기 48
중세 온난기 228, 230~232, 236, 238. 245~247, 249
지구 온난화 휴지기 277
차일드, 고든Childe, Gordon 143, 148
차탈회위크 151, 152, 176
쳉, 하이Cheng, Hai 63
《총, 균, 쇠》 258
최종빙기 최성기 10, 29, 31, 76~79, 82, 84, 85, 90~95, 99, 100, 109, 110, 113~115, 128, 132, 133, 173
카발리 스포르자, 루카Cavalli-Sforza, Luca 32
캐니언, 캐슬린Kenyon, Kathleen 150
쾀멘, 데이비드Quammen, David 137
탐보라 화산 26, 241, 243, 253
털매머드 135
테오티우아칸 문명 257, 269~271
토바 화산 26
패총 120~122
피난처 가설 82, 84
피오르 86, 87
하논(제주도) 63~68, 76, 90, 91, 105~107, 110
하라파(유적) 215
하라판 문화 188

하인리히 이벤트 54~56, 60~65, 68, 79, 100, 101, 109, 113, 210

하인리히, 하르트무트 Heinrich, Hartmut 54, 55

하퍼, 위르겐 Haffer, Jügen 82

할란, 잭 Harlan, Jack 143

허무두(유적) 163

허셜, 윌리엄 Herschel, William 239, 240

헌팅턴, 엘스워스 Huntington, Ellsworth 9

헤엄치는 사람의 동굴 187

호모 사피엔스 25, 26, 27, 28, 29

호모 에렉투스 21, 22, 23, 24

호모 에르가스테르 21, 24

호모 하빌리스 21

홀로세 기후최적기 109, 166, 181~192, 218, 219

홍경래의 난 249, 253

환경 결정론 9, 257, 258, 259, 311

훌루 동굴(중국) 63~65, 102, 105, 106, 110

홍산 문화 192, 223

휘트먼, 존 Whitman, John 36, 37

홍수아이 37~41

힉스, 에릭 Higgs, Eric 143

기후의 힘

기후는 어떻게 인류와 한반도 문명을 만들었는가?

초판 1쇄 발행   2021년 11월 5일
초판 6쇄 발행   2024년 4월 1일

지은이   박정재
기획   김은수
책임편집   정일웅
디자인   김슬기

펴낸곳   (주)바다출판사
주소   서울시 마포구 성지1길 30 3층
전화   322-3885(편집), 322-3575(마케팅)
팩스   322-3858
E-mail   badabooks@daum.net
홈페이지   www.badabooks.co.kr

ISBN   979-11-6689-049-9 93450

※ 이 책은 한마음평화연구재단의 연구 지원을 통해 제작되었습니다.